"两宽一高"地震勘探技术

张少华　詹仕凡　等编著

石油工业出版社

内容提要

本书从地震勘探空间采样的基本原理出发，较为全面地介绍了"两宽一高"（宽方位、宽频带、高密度）三维反射地震勘探技术的基本原理、实现方法及配套的高效采集技术和仪器设备等；论述了如何充分发挥"两宽一高"地震资料的高精度、高分辨率优势，挖掘油气储层的相关地质信息，为精准的油气钻探和开发提供资料和技术支撑；明确了"两宽一高"地震勘探技术的核心是通过高密度空间采样获得高信噪比、高分辨率和高保真的地震成像资料；其核心是"宽频激发、多视角观测、高密度采样和五维处理解释"。

本书适合从事石油地震勘探工作的科研人员和相关高等院校的师生学习参考。

图书在版编目（CIP）数据

"两宽一高"地震勘探技术 / 张少华等编著 . —北京：
石油工业出版社，2021.4

ISBN 978-7-5183-4390-4

Ⅰ . ①两… Ⅱ . ①张… Ⅲ . ①地震勘探 Ⅳ . ① P631.4

中国版本图书馆 CIP 数据核字（2020）第 228451 号

出版发行：石油工业出版社
　　　　　（北京市朝阳区安华里 2 区 1 号　　100011）
　　　　　网　址：www.petropub.com
　　　　　编辑部：(010) 64523533　图书营销中心：(010) 64523633
经　　销：全国新华书店
印　　刷：北京晨旭印刷厂

2021 年 4 月第 1 版　　2021 年 4 月第 1 次印刷
787 毫米 ×1092 毫米　　开本：1/16　印张：14.25
字数：360 千字

定价：128.00 元

《"两宽一高"地震勘探技术》编写人员

张少华	詹仕凡	曹孟起	李培明	邓志文	张慕刚	陶知非
何永清	宁宏晓	王乃建	罗国安	王文闯	王梅生	夏建军
蔡锡伟	李伟波	王井富	甘志强	李道善	万忠宏	何宝庆
肖　虎	陈茂山	雷云山	卢秀丽	安佩君	王狮虎	

序 言

我国油气资源十分丰富，但地质条件十分复杂。经过半个多世纪的艰苦努力，油气勘探取得了举世瞩目的成就，其中 80% 以上油气圈闭和勘探目标都是依靠地震勘探来发现和落实的；世界油气勘探发现史也在不断地证明，地震勘探方法是寻找油气圈闭的最有效方法。进入 21 世纪以来，复杂区高陡构造、碳酸盐岩、复杂断块、地层岩性和非常规油气藏、超深层地质目标等对地震勘探提出了更高的要求，传统的稀疏、窄方位三维地震勘探技术已不能满足这些复杂油气勘探开发的需求，尽快研究一种新的高精度三维地震勘探技术成为地球物理科研人员的首要任务。

"十一五"末，"两宽一高"（宽频带、宽方位、高密度）三维反射地震勘探技术受到业界高度关注，被认为是未来地震勘探的主要发展方向。十多年来，在三期国家油气重大专项的支持下，以中国石油集团东方地球物理勘探有限责任公司为代表的广大科技人员围绕"两宽一高"地震勘探理论与配套技术这一目标开展了持续攻关和研究，形成了具有完全自主知识产权软件和装备支撑的"两宽一高"地震勘探技术，实现了我国陆上油气地震勘探技术的升级换代。

该技术目前已在国内外得到大规模推广应用。大量的油气勘探实践证明，该技术能够大幅提高地震资料保真度、地质目标成像及储层预测精度和油气藏属性刻画准确度，在油气发现和开发中起到了不可替代的关键作用。在该技术的支撑下，在柴达木盆地英雄岭、准噶尔盆地环玛湖、塔里木盆地库车等地先后获得了一系列重大发现。相信随着其配套技术的不断完善和研究的进一步深入，"两宽一高"地震勘探技术在未来将继续在油气田的勘探开发中起到更为重要的关键作用。

本书分别从高密度、宽频带、宽方位三维反射地震勘探的基本原理出发，比较系统地阐述了"两宽一高"地震勘探资料采集、处理、解释及综合研究一体化技术与方法。相信本书的出版，将有助于更广大地球物理科技工作者的学习、借鉴和实践，并将极大地推动地震勘探技术在油气田勘探开发中发挥作用，也必将进一步促进地震勘探技术的进步和发展。

中国科学院院士 李承造

2020 年 11 月 20 日

前　言

　　21 世纪以来，随着国民经济的快速发展，国家对石油和天然气这一基础资源的需求量快速增加，我国能源安全问题更加凸显，加大油气勘探开发力度成为国家重大战略。这使得我国的油气勘探行业不得不探索更高精度的勘探方法，获得更加清晰的地下结构图像，以求能够找到和开采出更多的石油和天然气，满足国民经济发展和国家能源安全的需要。随着我国陆上油气勘探的重点迅速向复杂构造、地层岩性、碳酸盐岩和非常规储层四个领域转移；地震勘探的目标则朝着储层薄而破碎及微小断裂发育的方向发展。这对地震资料的纵向和横向分辨率要求越来越高。从地震勘探采集作业条件看，我国东部平坦区的油气勘探已经成为高成熟区；西部的山地、沙漠、黄土塬，东南部的城区、水网区，油田开发区等成为主要的勘探作业区域。地震数据采集工程实施的地表条件越来越恶劣，带来能量很强的各种干扰，所采集到的地震资料信噪比很低。针对地震勘探目标和作业条件的变化，近年来国内的地震勘探工作者们在学习国外物探新技术、新方法的基础上，逐步发展了适合我国实际地质环境的高精度地震勘探技术——宽方位、宽频带和高密度三维反射地震勘探技术（简称"两宽一高"地震勘探技术）。"两宽一高"地震勘探技术突破了波场科学观测、宽频激发装备、海量数据采集、高精度成像及技术经济可行等难题，与传统的"稀疏窄方位"三维地震勘探技术相比，具有更宽的接收方位角、更宽的信号频带、更高的激发和接收密度。中国石油集团东方地球物理勘探有限责任公司历经 10 多年技术攻关和系统研究，形成了"两宽一高"地震勘探技术系列，在国内外得到了大规模产业化应用，有力地支撑了国家油气重大发现。

　　全书共分为 6 章。第 1 章由张少华、罗国安、蔡锡伟、李培明执笔，从回顾地震勘探技术发展历程出发，论述了"两宽一高"地震勘探技术发展的必然性和基本技术理论；在进行理论研究和实际资料分析的基础上，提出高密度空间采样三维观测的技术理念，即充分采样、均匀采样、对称采样的观测技术理念；明确了"两宽一高"地震勘探技术的核心是通过高密度空间采样来得到高信噪比、高分辨率和高保真的地震成像资料。第 2 章由张少华、何永清、夏建军、何宝庆、李伟波、王乃建执笔，重点讨论了"两宽一高"地震勘探技术的实现方法，即面向成像的观测方案设计方法；从成像对地震勘探观测方案的要求出发，分别介绍了基于波动照明分析的观测系统设计方法、量化评价方法和观测系统压制噪声能力估算方法等，全面论述了如何设计一套科学合理的三维地震勘探观测系统。第 3 章由王梅生、甘志强、肖虎、邓志文执笔，论述了实现"两宽一高"地震勘探的宽频激发和海量数据接收技术。这两项基础技术的配套发展和应用使得"两宽一高"地震勘探技术从理念走向了实际应用。第4章由王井富、雷云山、张慕刚、陶知非、宁宏晓执笔，全面梳理和介绍了与"两宽一高"地震勘探技术相配套的可控震源高效采集技术及其技术核心，从工程实施的角度为"两宽一高"地震勘探技术的工业化实施提供了保障。第5章由李道善、王文闯、曹孟起、王狮虎执笔，介绍了"两宽一高"地震资料的相关偏移成像技术。第6章由万忠宏、陈茂山、詹仕凡执笔，从多个方面论述了如何充分发挥"两宽一高"地震资料的高精度、高分辨率优势，挖掘油气储层的相关地质信息，为精准的钻探和油气开发提供资料和技术支撑。全书由张少华、罗国安、安佩君统稿。

本书从地震勘探空间采样的基本原理出发，较为细致全面地介绍了"两宽一高"地震勘探技术的基本原理、实现方法及配套的高效采集和仪器设备技术等。希望本书能够为地震勘探科研人员及在校的大学生、研究生提供比较翔实的、理论与实践相结合的基础素材，并成为地震勘探技术研究的参考资料。

贾承造、藤吉文、李庆忠等院士对地震勘探技术的发展非常重视，长期对技术的攻关和发展给予指导，并对本书的编写提出了宝贵建议；中国石油各油气田分公司的领导和专家为本书的编写提供了相关的图件和素材；苟量、赵邦六、郝会民、杨举勇、宋强功、冯许魁、倪宇东、杨茂君等对本书的编写给予了大力的支持和指导；赵化昆、钱荣钧、张玮、刘雯林、姚逢昌、唐东磊等老专家在本书的编写过程中也给予了精心指导和审核，在此一并表示衷心的感谢。

由于笔者水平所限，错误和不当之处在所难免，恳请读者批评指正。

Contents 目录

1 "两宽一高"地震勘探技术内涵

1.1 概述

以人工震源为主的地震勘探方法发明于 19 世纪中叶，目前仍以其相对成本较低、精度较高的优点，成为油气资源勘探的主要手段，同时在国土资源及区域地质调查、矿产地质勘探、环境地质勘探、岩土工程勘探等方面也发挥着重要的作用。

地震勘探的基本原理是利用地下介质的速度和密度差异，基于地震波场传播理论，通过观测和分析地下介质对人工激发地震波的响应，推断地下岩层的性质和形态。

地震勘探技术发展的动力，主要来自人类对能源的需求及油气工业对经济效益的追求。由于油气资源通常埋深于数千米，地质学家很难对这个深度上的地质目标进行直接观测，盲目钻井代价太高。地震勘探的深度一般从数十米到数万米，在勘查的精度方面优于其他地球物理勘探方法，因而地震勘探在油气勘探这个舞台上有了用武之地，并随着仪器的进步及人类对地震波的认识不断深入、不断发展完善。

地震勘探技术主要包括三大方面，即地震信息采集技术、地震信息处理技术和地震信息解释技术。这三大技术既涉及地震勘探的三个主要过程，又涉及三个不同的技术领域，在其之下又有若干个分支技术，所有的技术组合在一起，构成了地震勘探技术体系。该技术涉及装备、施工、计算及存储等诸多领域。材料、制造工艺、电子、通信、计算机等技术的进步促进了地震勘探技术的飞跃式发展。同时，地震勘探的巨大技术和市场需求也强烈推动了相关领域的技术发展。

面向油气资源的地震勘探具有以下几个鲜明的特征：

（1）从数学的角度看，地震勘探方法是一种反演方法，即根据在被观测对象之外获得的信息去推测被观测对象的内部结构和特征的数学方法，因此地震勘探是一种间接的方法。其结果依赖于对观测到的信息与被观测对象内部结构和特征参数间的关系（即模型及响应方程）的假定，不同的假定导致了不同的计算方法及反演结果。同时，不同复杂度的模型也导致反演成本的巨大差异。

（2）地震勘探是一种经济活动，具有很强的经济概念。尽管新技术的发展总是积极因素，但应用新技术的成本也是必须考虑的重要因素。无论多么先进的理论，都必须形成具有市场竞争力的配套技术和工艺，才能得到大规模工业化生产应用，因此，不同时期的主流勘探技术均具有相应的时代特征。

（3）地震勘探施工环境复杂多样，包括复杂山地、沙漠、黄土塬、海陆过渡带、大型城区等，各种自然及人文干扰不可避免。如何经济有效地减轻这些干扰的影响，同样是地震勘探技术的重要研究内容。

（4）地震勘探方法在发展过程中，通过不断吸收其他学科的最新成果，包括数学、物理、地质、电子、通信、雷达，甚至航天、医学等技术的成就而不断成熟，随着相关技术的发展而不断丰富，形成了一个复杂、庞大而完整的科学体系。数学、物理、信息、计算机及地质学的各个分支都渗透其中，现代地震勘探已发展成为一门综合性的学科。

提供高质量的地质构造成像、地层物性参数及钻探目标，是地震勘探的终极目的，地震勘探的一切工作都围绕这一目的而展开。在地震勘探资料的采集、处理、解释三大环节中，采集是基础，是地震勘探的第一步，主要包括人工地震信号的激发、接收、记录等工序，以及施工现场环境调查等工作。如果信息采集不全面或者有错误，将直接影响后续的信息处理和资料解释，造成整个地震勘探结果失真。因此，采集方案的制定必须根据勘探目标的特点和施工区域的地表等环境条件，在拟采用的处理解释技术的指导和约束下进行，尤其要考虑地震成像技术和提高分辨率的需求。处理是关键，主要负责将野外记录的地震数据，根据地震波传播理论和地震勘探的基本原理、信号分析与处理的多种方法，经过"去粗取精、去伪存真"的处理，恢复为高信噪比、高分辨率的地下地层的图像及高保真度的波场信息和地震波传播速度以供解释使用。解释是核心，尽管经过处理后的地震数据已能反映地下地质构造的一些特点，但地下情况十分复杂，以及反演的多解性也可能导致某些假象。因此，必须以地质理论和地层沉积规律为指导，在处理提供的波场信息的基础上，综合地质、测井、钻井和其他物探资料，将地震信息转换为地质信息，识别出可能的储层位置，并进行储量预测、提供钻探井位。

由于地震勘探方法是通过观测和分析人工地震产生的地震波经地下岩层作用后在地表处的振动特征而推断地下岩层的性质和形态的反演方法，必然涉及对地下岩层的几何形态、物性变化特点及地震波在其中的传播规律的假定和认识。为了减小钻探风险，人们总是希望解释成果越准确、越精细越好，尤其对于复杂的勘探目标更是如此，由此，解释对处理成果的精细度、准确性及信息的丰富性提出了越来越高的要求。但处理技术的发展水平及勘探成本的限制是客观存在的，必须在这些客观条件的指导和限制下，制定最经济合理的勘探方案，即需要在对地下构造特征有一定了解的基础上，结合勘探目标的特点选择适当的介质模型和反演算法，并据此设计满足反演算法的基本要求且经济可行的采集方案。

地震勘探精度主要包括两个方面：一是对勘探目标的分辨能力，即能区分两个十分靠近的物体的能力，称为分辨率，一般用最小可分辨距离来表示；二是通过勘探数据估计的地层物性参数的误差程度，称为保真度。地震勘探中分辨率分为纵向分辨率与横向分辨率（水平分辨率或空间分辨率），分别用于描述地震勘探可查明地质体（包括断层）大小和地层薄厚的能力。如果不考虑噪声的影响，则纵向分辨率主要与信号的频带宽度有关，而横向分辨率主要与对波场的空间采样密度有关。

介质模型是对复杂真实勘探对象（地层）的抽象与简化，包括地下地层介质的分布形态及物性参数变化特点等。根据介质模型几何特征的不同，常用的地层模型有均匀模型、连续模型、层状模型、块状模型等；根据是否考虑地层对地震波的吸收作用，分为黏弹介质模型和弹性介质模型；根据模型的物性参数变化特点又可分为各向同性模型和各向异性模型，包括水平各向异性模型、垂直各向异性模型及正交各向异性模型；如果在固体地层之外，在模型中还加入了对油气等流体的考虑，则称为双相或三相模型。毫无疑问，越复杂的模型对真实地层的逼近程度越高，但需要的参数也越多、定义也越困难。

响应方程是描述地震波在相应介质模型中传播过程的数学方程。目前公认最为成熟的响应方程是基于弹性介质的波动方程，而经典的射线理论是对波动方程高频近似的结果。将在地表处记录的地震信号，按照响应方程的逆过程推断地下岩层的形态，即为反演过程，通常称为成像。单次覆盖连续剖面、水平叠加及基于波动方程的偏移，均是基于不同响应方程得到的对于地下地层的不同精度的成像。

按照地震波在介质中传播时质点振动与波传播方向的关系，波场可分为纵波和横波；从入射波场经地层界面作用后生成的新波场与界面的关系又有反射波、折射波与透射波之分。在不同介质模型下，不同的波场由不同的方程表示。

尽管现实的物理世界是三维的，真实的地层是不均匀甚至各向异性的，地震波场也是多种波场混叠的，但由于技术的限制，以及出于勘探目的和经济方面的考虑，必须要对拟使用的波场类型及响应方程做出抉择，并据此制定相应的勘探方法和处理解释技术方案。

目前在工业实现上广泛采用的是基于层状介质模型、弹性波理论的纵波方程和反射波勘探方法，并部分地利用了记录中的折射波以得到近地表信息；在垂直地震剖面（VSP）勘探中，部分涉及对透射波的应用。利用由入射纵波在界面处产生的反射横波（称为转换波）方法尽管在裂缝气藏的勘探中显示了一定的效果，但因采集成本高昂、配套理论和技术尚不完善阻碍了其进一步的大规模应用。而横波勘探方法仍在探索中，且需要专门的信号激发设备。基于全波场及非完全弹性介质理论的成像方法是目前研究的热点，也是地震勘探技术未来发展的重要方向。

1.2 地震勘探技术发展历程

回顾地震勘探技术不断创新、快速发展的历程，21世纪之前的地震勘探技术大概可以划分为萌芽期和五次飞跃几个阶段。

萌芽期：1845年，R.Mallet曾用人工激发的地震波来测量弹性波在地下介质中的传播速度，这是用人工爆炸所激发的地震来进行科学实验的最早记录。在第一次世界大战期间，交战双方都曾利用重炮后坐力产生的地震波来确定对方的炮位。此后，人工地震勘探理论逐渐成熟，并逐步运用于石油勘探中。最早用于石油勘探的地震技术是折射法，20世纪20年代在墨西哥湾沿岸地区，用扇形排列折射法发现了大量被盐丘圈闭的石油。

第一次飞跃：以20世纪30年代由地震折射法改进为反射法为标志。

反射法地震勘探最早起源于1913年前后R. A.Fessenden的工作，但当时的技术尚未达到能够实际应用的水平。1921年，J.C.Karcher将反射法地震勘探投入实际应用，在美国俄克拉荷马州首次记录到人工地震产生的清晰的反射波。1930年，通过反射法地震勘探工作，在该地区发现了3个油田，从此，反射法进入了工业应用阶段。

该时期以采用光点照相方式记录和资料的人工处理解释为特点，每个反射点只观测一次，只能产生单次覆盖记录，记录的动态范围小、频带窄、信噪比低，资料处理效率低下、手段少。

第二次飞跃：以20世纪50年代出现的多次覆盖技术为标志。

多次覆盖技术通过在不同接收点上接收来自地下同一反射点上的反射波，即对地下界面上的每个点进行多次观测得到多张地震记录，再将这些记录叠加在一起，可以削弱或压制多种干扰波并增强需要的有效波。模拟磁带地震仪的问世为推广多次覆盖技术创造了条件，从而可选用不同因素进行多次回放处理，地震勘探工作有了质的飞跃。

第三次飞跃：以20世纪60年代出现的数字地震仪及数字处理技术为标志。

20世纪60年代，模拟磁带记录又为数字磁带记录所取代，形成了以电子计算机为基础的数字记录、多次覆盖技术、地震数据数字处理技术相互结合的完整技术系统，大大提高了记录精度和解决地质问题的能力。同期出现的可控震源亦具有重大意义，它采用连续信号激发，在信号特征上显著区别于采用脉冲信号激发的炸药震源，不但其相关子波更接近零相位从而具有较高的分辨率，而且还可以通过对激发信号的设计实现一定程度的对子波频谱的控制。

该时期的地震成像技术仍以水平叠加为主。在水平叠加剖面上地震同相轴的展布及其形态与地下地质体的几何结构有一定的关联关系，当水平叠加剖面质量较好时可以识别出诸如背斜、向斜、断层、刺穿、礁体、砂体等地质构造或地质体。但由于水平叠加剖面是在水平层状介质模型假设下获得的，该剖面所反映的地下地质体的几何结构在多数情况下是畸变的，尤其是具有倾斜构造的地质体更是如此。

第四次飞跃：以20世纪70年代初期出现的偏移归位成像技术为标志。

基于波动方程的偏移成像能够大大减轻水平叠加对地层构造的畸变早已为人们所认识，但限于计算能力及缺少实现方法，一直未能实现工业化应用。20世纪70年代初，D.L.Loewenthal提出"爆炸界面"模型、J.F.Claerbout提出标量波动方程的有限差分近似解，80年代初，马在田院士提出高阶波动方程的分裂方法，解决了波动方程偏移方法成像和波场延拓（外推）的基本问题。随着计算机技术和运算能力的发展，单程波法、相移法和积分法等偏移方法相继发展，偏移成像技术逐渐得到广泛应用，显著提高了地质体的成像精度，并出现了采用地震资料研究岩性和岩石孔隙所含流体成分的技术，同时地震地层学、层序地层学等理论和技术也逐渐发展起来。

但该时期的处理技术和理念仍以二维为主，对于来自侧面的干扰没有有效的技术手段，也不能解决构造的横向归位问题，因此采集施工也要求按线状设计，并尽可能垂直于构造的走向，严重影响了对复杂目标和复杂地区的勘探。

第五次飞跃：以20世纪80年代出现的三维地震勘探技术为标志。

三维地震勘探技术包括三维采集、三维处理和三维解释。通常按面积布设的三维观测系统比二维方法扩展了一个维度，提供了更多的地下界面反射点，增加了记录道的密度和地下地层的覆盖次数，因此获得的信息量更丰富，能较精确地描绘地下非均匀介质的结构，并使干扰波受到更好的压制。尤其是三维偏移成像技术，较好地解决了侧面及大倾角反射界面的准确归位问题。在三维地震解释方面，出现了交互解释工作站，利用处理后得到的三维数据体，不但可以制作标准二维剖面，而且还可以得到任意时间切片图，或平剖结合的椅状投影图。利用这些新的手段可更详细地了解地层构造或细微的局部构造。

基于三维勘探的理念及取得的巨大成功，20世纪90年代初提出了时间推移地震勘探

（或称四维地震勘探）技术。该技术要求在同一块工区不同时间（可能相隔几个月或几年，时间为第四维）用相同的采集和处理方法将所得到的三维地震勘探成果进行比较，以观测地下储层和流体的变化情况。

但出于实用和经济方面的考虑，该时期的三维地震采集观测系统设计是在数据质量、采集设备能力及成本之间平衡的结果，没有实现地震观测空间的完全规则采样。由于仪器道数的限制，在 2000 年之前一般都采用线束状窄方位角观测系统，排列采用 2～8 线不等，覆盖次数一般为横向 2～3 次、纵向 10～15 次。这类地震观测系统的优点是形状简单、炮检距分布均匀，便于野外质量控制和室内处理。其缺点是方位角分布较窄、排列片横纵比小，所获得的地下信息主要沿纵测线方向分布，横向信息较少。

进入 21 世纪以来，随着勘探程度的不断提高，构造比较简单或埋藏较浅的构造型常规油气资源已经基本发现完毕，勘探目标日益转向复杂构造油气藏、地层岩性油气藏及剩余油气藏等，对勘探目标刻画的要求由构造为主转向构造与物性并重，对勘探精度的要求也越来越高。随着地震采集仪器的发展，野外采集道数不断增加，使点激发、小道距、小组合或不组合接收成为可能，出现了多种方式的高精度三维地震勘探方法，包括国外的高密度勘探技术和根据中国特殊地质条件及勘探需求发展形成的"两宽一高"地震勘探技术。

根据野外实施方法的不同，形成了两种类别的高密度地震勘探技术：一是小道间距、高成像道密度地震勘探技术，其核心思想是增加接收点和炮密度以达到提高空间采样率和分辨率的目的。野外采用模拟检波器组合、小面元、小道间距、较宽方位角采集，室内进行精细处理和反演解释，代表技术有 HD3D 和 Eye-D 一体化技术；二是野外单点接收、室内数字组合的高密度地震勘探技术，其核心思想是单点接收室内数字组合以达到提高信噪比、分辨率和保真度的目的。野外采用数字检波器单点、子线观测系统采集，室内进行数字组合压噪及静校正等特殊处理和油藏建模，代表技术为 Q-land 技术。

毫无疑问，高密度地震勘探技术有利于提高静校正精度、压制干扰、进行各向异性分析、提高地震资料的信噪比和空间分辨率。但这两种技术仍然存在以面元为中心的观测系统设计、对均匀性考虑不够等问题。

以基于数字组合 DGF（Digital Group Forming）技术的 Q-land 技术为例，其核心是把常规的野外组合改为接收单个检波器信号，然后用 DGF 技术进行处理形成组合道，即先记录各单点接收的数据，然后再根据需要通过组合和重新空间采样输出新的炮记录，如将野外 5m 道距的记录组合为 25m 道距的记录。同时，在这种理念的指导下形成了一套适应 DGF 处理的多子线接收的野外采集方法，即在原有的一条测线的位置平行布设几条线，并称为子线，以便通过 DGF 处理，在单点记录的基础上实现面积组合，提供优于野外组合的空间重采样的炮集记录。

该方法的优点是可以消除常规组合中存在的组内高差、动校时差、耦合差异等因素的影响以提高组合效果，并且通过组合减少一些处理工作量。但该方法的多子线接收方式仅从得到较高质量的炮记录出发，而忽略了处理技术的作用和对原始资料的要求，尤其是忽略了空间采样密度及均匀性对偏移效果的影响。因此，尽管该方法也使用了大量的接收线，但却存在接收线空间分布不均匀、重采样后空间采样密度较低等问题，这些都不利于叠前偏移成像，不能很好地解决我国西部复杂地区的油气勘探问题。同时，由于道密度和炮密度的增加导致需要投入更多的设备、更长的采集周期，使地震勘探成本大幅上升，严重制约了推广应用。

　　自"十一五"以来，以东方地球物理勘探有限责任公司（简称东方地球物理公司）为代表的石油物探单位历经 10 多年攻关，在地震勘探理论、装备、软件及配套技术等方面实现了重大突破，发展形成了新一代陆上"两宽一高"地震勘探技术，其核心是"宽频激发、多视角观测、高密度采样、五维处理解释"，在国内外得到了大规模产业化应用，有力地支撑了我国油气重大发现及参与国际勘探市场的竞争。从某种意义上说，这项技术是地震勘探技术的第六次飞跃。

1.3　高精度地震勘探的必由之路

　　对勘探精度的追求，是业界永恒的目标。要实现高精度地震勘探，必须明晰什么样的地震勘探是高精度的，以及如何度量地震勘探的精度。

　　高精度地震勘探是一个相对的概念，主要是指使地震勘探分辨率、成像精度及保真度得到不断提高的地震勘探。对勘探精度的追求在地震勘探中一直起着引领技术向前发展的作用，其中，高分辨率地震波成像是油气地震勘探的核心，也是进行精细油藏描述的基础。

　　衡量地震勘探精度的主要依据是地震分辨率，同时，通过反演得到的地层物性参数的保真度在衡量地震勘探精度时也极其重要。通俗地说，地震勘探精度可以用可分辨的两个相邻物体的大小及距离来粗略地进行定义，即分辨率或分辨力，包括纵向分辨率和横向分辨率。当然，高精度地震勘探的意义远远不限于分辨两个相邻的物体，而是为油气勘探提供更丰富、更精细的地质信息。对油气勘探而言，地震分辨率是指精细而且正确反映地下地质特征的能力，这种分辨能力是通过地震波同相轴的分离、组合、延伸、相互接触关系、振幅、频率变化等而对地下多个（不仅是两个）地质体及其之间的关系、沉积相、岩性、含油气性等对油气勘探至关重要的信息进行识别。因此，地震分辨率不仅仅是一个纯物理概念，而是一个地球物理概念，即地质加物理的概念。

　　当谈到地震分辨率时，不能不提到地震子波。在地震勘探中，地震子波是一个非常重要的概念，地震分辨率的大小主要体现在子波的形状与特征上。地震子波是指人工激发产生的地震波，在地下介质中传播并发生反射、折射等，然后被布设于地面上的检波器所接受到的脉冲信号。地震子波具有有限的能量和确定的起始时间，并且有 1～2 个非周期的振动。根据反射地震学的基本原理，反射地震记录是地震子波经一系列地震反射界面反射后叠合而成，因此，地震剖面的分辨率等价于分辨两个相邻反射子波的能力。研究表明，地震分辨率的高低与地震子波的形态、振幅谱和相位谱密切相关。从两个子波的时差考虑，横向分辨率与纵向分辨率的意义是一致的，但是从区别的尺度讲，横向可分辨的尺度的计算比较复杂。尽管对于纵向分辨率，人们已经进行了大量的研究，取得了许多一致的观点和准则，但因地震记录并非纯空间的观测，而是基于地震子波的空间—时间域记录，因此关于横向分辨率还没有严格的准则。一般认为，对于叠加地震剖面，横向可分辨的尺度是菲涅尔半径，但通过偏移可使可分辨的尺度减小，这与偏移的质量有关，其极限等于纵向分辨率，且不小于道间距。

　　从反射地震学的观点来看，单一地层的反射记录应与地震子波相对应，其理想状态为尖脉冲，但实际上不可能得到理想的脉冲型子波，理由如下：

（1）在爆炸的破碎带及塑性变形带之外，地层的形变及位移终将消失，亦即子波的均值为 0，因此其振幅必然有正值与负值，且正值部分的和与负值部分的和相等；

（2）在爆炸的破碎带及塑性变形带之外，波动实际上是地层的自然过程，因此子波是一个能量有限、有确定的起始时间且在很短时间内衰减消失、波形平滑的非周期振动过程，亦即子波的频带宽度是有限的，这与介质的物性有关；

（3）地层不是完全弹性的，波动在传播过程中因地层的吸收会逐渐衰减，尤以高频为甚，亦即子波高频成分的吸收衰减强度大于低频成分。

不论纵向分辨率还是横向分辨率，讨论的方法都是基于地震信号的叠加理论。影响分辨率的环节很多，包括地震波从激发、传播、采集到处理、解释的全过程，涉及一系列问题。但对于一个静态的成像记录而言，其主要影响因素包括记录的信噪比、子波频带的宽度、子波的相位、子波边峰的振幅值与主瓣振幅值的比值及边峰以外震荡波形的振幅等。

1.3.1　纵向分辨率

通常认为反射地震记录是地震子波经一系列地震反射界面反射后叠合而成，因此对于顶底反射界面的到达时差大于子波延续长度的较厚地层，很容易利用反射记录识别其顶底反射界面，但实际上绝大部分情况下并非如此。当地层较薄时，其顶底反射界面产生的相邻两个反射子波彼此重叠，从而影响对地层的分辨。纵向分辨率就是分辨薄层顶底反射的能力，即可分辨时的顶底反射界面的时间差。

1.3.1.1　分辨率极限准则

对于不考虑噪声影响的情况下的分辨率极限问题，一些学者提出了不同的见解，主要有以下几种。

Rayleigh 准则：当两个相邻子波的时差不小于子波的半个视周期，则两个子波是可分辨的，否则是不可分辨的。

Ricker 准则：当两个相邻子波的时差不小于子波主极值两侧的两个最大陡度点的间距时，这两个子波可分辨，否则是不可分辨的。半个视周期是指子波的主极值与相邻反符号次极值的时间间隔（图 1.3.1）。

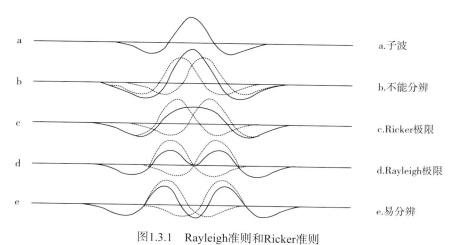

a.子波

b.不能分辨

c.Ricker极限

d.Rayleigh极限

e.易分辨

图1.3.1　Rayleigh准则和Ricker准则

Widess 准则：当两个极性相反的子波到达时间差小于 1/4 视周期时，合成波形非常接近于子波的时间倒数。极值位置不能反映到达的时间差，两个异号极值的间距始终等于子波的 1/2 周期。尽管此时合成波形的时差不能分辨薄层，但合成波形的幅度与时差近似于正比，利用振幅信息可解释薄层厚度。由于所获取地震波的双程时差，因此薄层厚度在 $\lambda/8 \sim \lambda/4$（λ 表示子波的视波长或视周期）时，可利用调谐振幅识别薄层。Widess 还提出了基于子波主极值的能量 b_m 与子波总能量 E 之比的分辨能力指标 P 为

$$P = b_m^2 / E \tag{1.3.1}$$

按此定义，对于具有相同能量的两类极端子波——具有无限宽频谱的尖脉冲子波与无限长度的单频波子波，前者具有无限大的分辨率而后者的分辨率为 0。

从上述分辨率准则可以看出，不同准则虽有区别，但相差不大，基本是将子波的 1/2 视周期的时差作为两个子波波形可分辨的极限值。两个子波时差在 1/4 ~ 1/2 视周期时，从波形角度难以分辨，但可以通过振幅值的变化进行估算。

纵向分辨率主要是分辨地层的厚度。对于一套地层而言，上下反射界面的时差是由双程时形成的，因此从波形解释的角度可分辨地层厚度的极限就是 $\lambda/4$。在地层尖灭的位置，可以利用振幅的变化预测厚度的变化，但极限是 $\lambda/8$。

1.3.1.2 频带宽度与分辨率的关系

依据分辨率准则，地震勘探的分辨率主要与子波的视主周期相关，因此可以很直接地推论，只要缩小子波视主周期，即缩短子波的时间延续度，就可以提高分辨率。按照傅里叶分析理论，在时间域缩短延续度，变换到频率域就要增加频带宽度。

按 Widess 分辨能力指标 P 的定义，主频为 f_c 的 Ricker 子波的 P 约为 $3.34 f_c$，频带范围为 $f_1 \sim f_2$，从而频带宽度为 $f_2 - f_1$、中心频率为 $f_c = (f_1 + f_2)/2$ 的零相位带通子波的 P 为 $2(f_2 - f_1)$ 或 $4(f_c - f_1)$。由此可见，分辨能力不但与子波的主频（或中心频率）及频带宽度成正比；对于带通型子波，还与其低截频 f_1 有关系。

带通型子波是地震勘探中最具有典型意义的代表性子波。通常将带通子波通频带的下限称为 f_1，上限称为 f_2，将 $f_2 - f_1$ 称为绝对频宽 B，即 $B = f_2 - f_1$；将 f_2 与 f_1 之比称为相对频宽 R，即 $R = f_2 / f_1$，并通常以 2 的对数为单位，称为倍频程 R_{oct}，即 $R_{oct} = \log_2 (f_2 / f_1)$。例如，当 $f_2 = 32$，$f_1 = 4$ 时，$R_{oct} = 3$ 称为 3 个倍频程。

李庆忠院士（1994）对带通地震子波的包络与子波振幅谱的宽度的关系进行了较为深入地分析。其研究表明，对于零相位子波，绝对频宽决定了子波包络的形态，即胖瘦程度，相对频宽决定了子波的振动相位数。亦即绝对频宽相同的两个零相位子波具有相同的子波包络，相对频宽相同的两个零相位子波具有相同的振动相位数（图 1.3.2）。

李庆忠院士经过分析认为，当绝对频宽一定时，无论子波频带向高频端或低频端移动，尽管因相对频宽变化而引起子波振动相位数的变化，但因子波的包络不变故分辨率不变。

在这一问题上，俞寿朋先生（1993）也进行了深入研究，并进一步证明，该零相位带通子波的振幅包络为 $\left| \dfrac{2}{\pi t} \sin B \right|$，主瓣宽度为 $W = 2/B$，主频为 $f_p = (f_1 + f_2)/2$，子波的周期数为 $N_c = (f_1 + f_2)/(f_2 - f_1)$，对于具有 k 个倍频程的子波，即 $f_2 = 2^k f_1$，则有 $N_c = \dfrac{2^k + 1}{2^k - 1}$，相应的

关系曲线见图 1.3.3。并认为"起作用的周期数大约为 $0.8N_c$","决定分辨率的是振幅谱的绝对宽度,而相对宽度决定子波的相位数,与分辨率没有直接关系"。

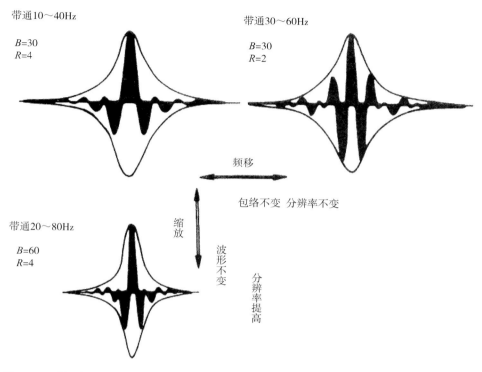

图1.3.2 零相位带通子波的分辨率与振幅谱绝对频宽和相对频宽的关系(李庆忠,1994)

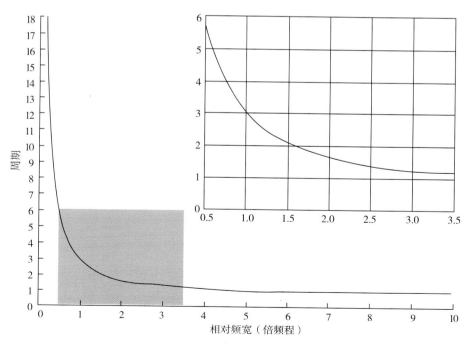

图1.3.3 子波周期数与振幅谱相对宽度的关系曲线(俞寿朋,1993)

1.3.1.3 频谱形态及其他因素对分辨率的影响

以上的讨论均是在假定子波的振幅谱为理想带通状态下进行的，且仅基于 Widess 分辨能力指标 P 考虑的结果，这与生产实际中人们的感受与认识是有一定出入的。由图 1.3.2 可以看出，频带向高频端移动时，子波的旁瓣显著增大，当反映到地震剖面上时，一方面会与上下相邻的子波主峰产生混叠从而产生干扰；另一方面，较强的旁瓣以平行于主瓣的阴影方式存在，产生虚假构造，严重影响对真实地质现象的识别。

很显然，简单地利用地震子波主频（包括频宽）及其对应的波长定义分辨率，已经远远无法满足当前复杂地表、复杂构造和复杂储层情况下地震勘探的实际需求。为此，引入"清晰度"作为波形是否突出的衡量指标。清晰度定义为子波最大波峰值与相邻波峰值的比，清晰度越大，则波形越突出。如图 1.3.2 所示，对绝对频宽一定的带通子波，频带向高频端或低频端移动时还会引起旁瓣的变化，相对频宽越大旁瓣幅度越小，从而具有更高的清晰度，亦即频带向低频端移动时随着相对频带宽度的增加而清晰度增大。

实际上，子波的延续时间及旁瓣以外延续相位的强度对分辨率同样具有非常大的影响。

研究表明，在影响子波分辨力的三大因素中，主波峰的宽度越窄，分辨力越好；旁瓣的振幅值与主瓣振幅值的比值越小，越有利于分辨力；旁瓣以外震荡波形的振幅越小，越有利于分辨力。但犹如物理学中的"测不准原理"一样，三者同时达到最小是不可能的，亦即调整其中一个因素必然会影响到另外两个因素的变化。

图 1.3.4 为 4 个具有相同能量、频带均为 5 ～ 95Hz 但频谱形态不同的零相位子波的对比分析。图 1.3.4 a 为频谱对比，其中一个频谱为矩形，一个为等腰三角形，一个为偏向低频的三角形，一个为偏向高频的三角形；图 1.3.4 b 为其对应的子波形态。

根据图 1.3.4 可以得出以下结论：

（1）偏高频三角形谱子波尽管主波峰最窄，但旁瓣幅度、子波的延续时间及旁瓣以外延续相位的强度非常强；

（2）等腰三角形谱子波的主波峰宽度大于偏高频三角形谱子波，但旁瓣幅度较小，尤其是子波的延续时间及旁瓣以外延续相位的强度大幅下降；

（3）矩形谱子波的主波峰宽度与等腰三角形谱子波相当且旁瓣幅度最小，但子波的延续时间及旁瓣以外延续相位的强度也非常强；

（4）偏低频三角形谱子波尽管主波峰最宽、旁瓣幅度略大于矩形谱子波，但子波的延续时间及旁瓣以外延续相位的强度最小，且比较平滑，更易于识别相邻子波的主峰。俞氏子波（宽带雷克子波）的谱与偏低频三角形谱基本类似但更光滑，因此其对应的子波比偏低频三角形谱子波更为平顺。

如果按照主波峰宽度、清晰度及旁瓣以外延续相位的强度三大因素对子波分辨力的影响大小进行排序，可得到以下结论：

（1）按子波主峰的宽度大小排序：子波主峰宽度越小则分辨力越好，即偏高频三角形谱＜等腰三角形谱≈矩形谱＜偏低频三角形谱；

（2）按子波清晰度排序：子波清晰度越大则分辨力越好，即矩形谱≈偏低频三角形谱＞等腰三角形谱＞偏高频三角形谱；

（3）按子波延续时间及旁瓣以外延续相位的强度：子波延续时间及旁瓣以外延续相位的强度越小则分辨力越好，即偏低频三角形谱＜等腰三角形谱＜矩形谱＜偏高频三角形谱。

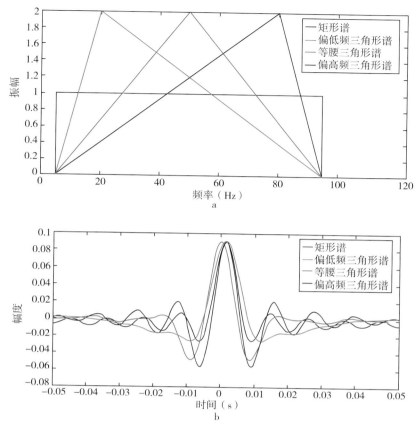

图1.3.4 具有矩形、等腰三角形、偏低频及偏高频三角形谱的子波对比

a—具有相同能量但形态不同的4种频谱；b—对应的子波

对可控震源相关子波的分析同样显示了相对频宽与绝对频宽对自相关子波形态的影响。虽然图 1.3.5 中的 4 个扫描信号的绝对频宽不同，但相对频宽相同，都为 2 个倍频程。可以看出，它们的自相关子波的清晰度一样，只是相关子波频率不同或者周期不同。图 1.3.6 则说明绝对频宽相同、相对频宽不同的扫描信号对自相关子波形状的影响。可以看到，随着频率向高频移动，主脉冲频率提高，但旁瓣明显增大，即子波的清晰度变差。

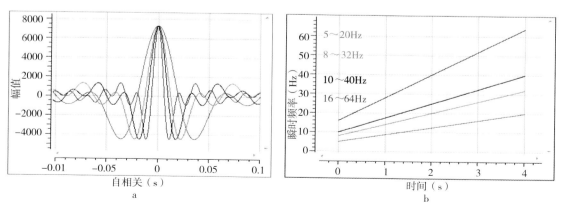

图1.3.5 相对频宽相同（$R_{oct}=2$）的自相关子波

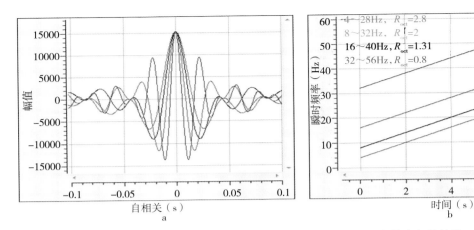

图1.3.6　扫描信号的绝对频宽一样（即$B=24$Hz）的自相关结果

从以上分析可以看出，零相位子波的绝对频宽和相对频宽都很重要，如果只考虑相对频宽，而不考虑绝对频宽，则子波时间延续度不会缩小；如果只考虑绝对带宽，而不考虑相对带宽，则可能造成旁瓣能量很强，在地震数据上出现假同相轴或成为影响其他层位同相轴的噪声。

因此，对于零相位子波，提高分辨率的方法可以是在相对频宽一定的条件下拓展绝对频宽；也可以是在绝对频宽一定的条件下拓展相对频宽，即扩大地震子波的倍频程，当然最好是二者同时提高。相对而言，拓展低频对增加相对频宽的作用更大。其他相位的子波虽然与零相位子波不尽相同，但提高分辨率的原则是一致的。

在过去相当长的一段时期内，提高分辨率的主要目标放在了扩展高频信号方面。实际上，由于低频信号在传播过程中不容易衰减，因此在保持记录的分辨率方面更为显著，同时低频信息的存在对于全波形反演速度建模会更精确。

图 1.3.7 是相同地点在其他扫描参数都相同的情况下采用不同起始频率的全波形反演进行速度建模的结果对比。可明显看出，采用 1.5Hz 起始频率较 4.5Hz 起始频率反演的速度模型更为精确。

图1.3.7　不同起始频率全波形反演速度模型结果对比

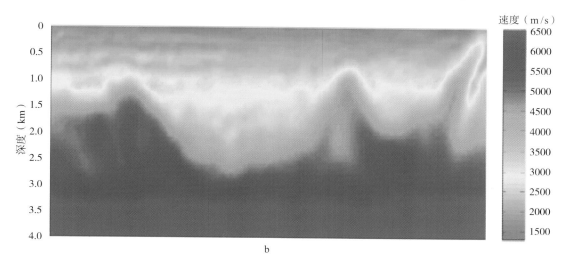

图1.3.7　不同起始频率全波形反演速度模型结果对比（续）

a—反演起始频率4.5Hz；b—反演起始频率1.5Hz

研究与实践结果揭示，低频信息对石油和天然气等烃类赋存有特殊的响应，如低频伴影指示。图 1.3.8 是不同频率剖面显示对比。在宽频带剖面相对应的 10Hz 共频率剖面上，低频能量明显地出现在储层的下方，其他地方则难以看到；在宽频带剖面相对应的 30Hz 共频率剖面上，低频阴影区消失，在储层正下方的反射层能量有些减弱。

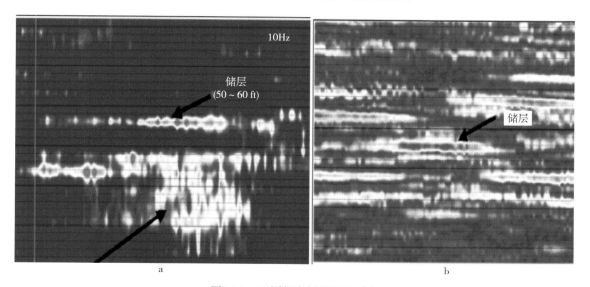

图1.3.8　不同频率剖面显示对比

a—10Hz共频率剖面；b—30Hz共频率剖面

由此可见，分辨力因素各有利弊，只能在使用中根据实际情况选择子波振幅谱。

（1）如果在强反射附近观测弱反射，最好选择边侧振动小的子波；如果想分辨靠得很近且振幅差不多大的两个反射，最好选择主瓣宽度小一些的子波，不考虑边侧峰值大小。

（2）在子波振幅谱的通带已定的情况下，低频谱丰富的子波分辨率更高。在以岩性油气藏为主要勘探目标的阶段，增加低频成分对于改善成像精度的意义更大。

从以上分析可知提高地震资料的频带主要是提高低频成分。提高低频成分的途径主要有两个，一个是改进激发技术，增加原始信号的低频能量，这是根本方法；二是在处理解释过程中，利用各种技术手段对低频成分进行补偿，但这种办法通常难以改变信噪比谱，尤其是基于单道的技术手段。

对于炸药震源而言，在塑性圈之外的振动基本上是地层的自由运动，因此其频带成分只与地层的物性有关，人工难以改变；而可控震源为改变这一状况带来了希望。在实践中，通过适当的信号设计，能够驱动地层产生所期望的信号形态，尤其是在增加低频能量方面成效显著。

1.3.2 横向分辨率

地震资料在水平方向上所能分辨的最小地质体或地质异常的尺寸称为横向分辨率或空间分辨率。它与地震波的频带宽度、主频、子波类型、信噪比等性质密切相关，也与采样率、资料处理方法有关。但在横向分辨率的定义上还存在不同的认识，由此也产生了不同的计算方法。传统的横向分辨率是指分辨地质体大小或两个地质体之间距离的能力，用菲涅尔带的大小来计算；另一定义是横向上分辨反射界面间隔的能力，用横向波数计算。

尽管偏移被公认是提高空间分辨率的有效手段，但对其作用的机理有不同的观点。一种观点认为偏移可缩小菲涅尔带的大小，所以提高了横向分辨率；另一种观点认为偏移是通过压缩水平方向的空间子波达到提高横向分辨率的效果。有学者认为可用绕射波归位后水平方向子波的波数衡量横向分辨率。钱荣钧教授（2008）对此做了比较细致的对比分析，并认为偏移提高横向分辨率的作用主要体现在对复杂波场的归位、恢复小地质体的形态和消除绕射波等方面，并提出偏移剖面上纵向、横向的波数和反射波的纵向波数及反射界面的倾角是互相联系的，它们是同一问题的不同方面，应归为一类而不能把它们割裂开，其中反射波的纵向波数或纵向分辨率是问题的核心。

正像用 $\lambda/4$ 作为纵向分辨率的极限一样，用菲涅尔带作为横向分辨率的极限不一定很严格，但作为一个统一的参考标准，用菲涅尔带衡量横向分辨能力是合理的。用菲涅尔带作为横向分辨率的极限，表明当一个地质体小于一个菲涅尔带时就很难确定它的尺寸。由图 1.3.9 可见，如果地质体的宽度比第一菲涅尔带小，则该反射表现出与点绕射相似的特征，故无法识别地质体的实际大小，只有当地质体的延续度大于第一菲涅尔带时，才能分辨其边界。当然由于信噪比和地下构造等方面的差异，可识别的地质体的大小或间隔也可能突破这一极限，也可能达不到这一极限。

按照菲涅尔带准则，对于零偏移距的自激自收剖面（即叠加剖面），视波长为 λ 的子波在深度为 h 的反射界面上的菲涅尔带半径为

$$r_1 = \sqrt{\left(h + \frac{\lambda}{4}\right)^2 - h^2} \tag{1.3.2}$$

当子波的波长 $\lambda \ll h$ 时，横向分辨率一般由第一菲涅尔带的大小决定，即

$$r_1 \approx \sqrt{\frac{h\lambda}{2}} = \frac{V}{2}\sqrt{\frac{t_0}{f}} \tag{1.3.3}$$

式中，V为反射界面以上介质的平均速度；t_0为双程反射时间；f为地震波的主频。

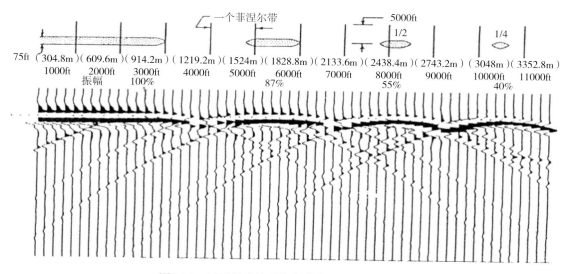

图1.3.9　不同尺度地质体自激自收地震正演记录

引自Neudell 和 Poggingliolmi，1977

式（1.3.3）说明，除频率因素外，横向分辨率还与地层的速度和深度有关，速度越大分辨率越低，深度越大分辨率也越低。

式（1.3.3）只能用于计算叠加剖面上较深反射层的菲涅尔带半径，不能用于计算偏移剖面上的空间分辨率。对于偏移剖面来说，由于偏移过程是使波场不断向下延拓，直到 $t=0$ 为止，即使之接近地质体，所以菲涅尔带变小。因此，偏移是提高横向分辨率的有效方法。当 0 点延拓到反射界面上时，即当 $h=0$ 时，由式（1.3.2）可得

$$r_1 = \lambda / 4 \tag{1.3.4}$$

这说明在偏移剖面上，菲涅尔带的半径为反射波的四分之一波长，和通常的纵向分辨率相同。一般认为横向分辨率是菲涅尔带的直径，所以在理想情况下，偏移剖面上的空间分辨率应是 $\lambda/2$，这也表明地震子波的主频直接影响空间分辨率。

尽管从理论上讲，偏移后菲涅尔带半径为零，即偏移剖面的横向分辨率可以任意高，实际上是达不到的。偏移效果的好坏不但受到横向采样间隔（道距）、偏移速度、信噪比、算法的精度等因素的影响，而且受到纵向分辨率的限制。当仅考虑纵向分辨率影响时，横向分辨率与纵向分辨率有以下关系，即

$$\Delta H = \frac{\Delta Z}{\sin \alpha} \tag{1.3.5}$$

式中，ΔH为横向分辨率；ΔZ为纵向分辨率；α为偏移角。

无论如何，横向分辨率不可能小于道间距。因此，对横向分辨率的追求必然引起对小面元的要求。

1.3.3 信噪比与分辨率的关系

前述分析均是基于无噪声的理想记录，但在实际地震记录中存在多种类型的干扰和噪声。如果地震资料噪声强、干扰背景大，导致反射波的追踪对比都很困难，就不可能解决任何地质问题，更谈不上什么分辨率了。因此可以说，提高地震分辨率必须以提高信噪比为基础，离开信噪比谈分辨率没有太大的价值。

高分辨率地震成像一定是高信噪比的成像结果，这个高信噪比应该是各种频率（波数）成分的信号都具有的。在地震资料解释中，无论地震信号的频带有多宽，但能够被解释人员所使用的信号一定是比噪声要强数倍的一段连续频率（波数）成分。只有在信噪比高的这一段频率（波数）成分中，解释人员才能较清楚地识别出地下地质信息。能够使用的频率（波数）成分越多，越容易识别地质目标。若把具有一定信噪比、能够为解释人员所用的一段连续频率（波数）成分的宽度定义为有效带宽，则有效带宽越大，解释人员能够使用的地震成果资料的频率（波数）成分越多，越容易识别地下地质目标。对于纵向分辨率，有效带宽是频带宽度。对于横向分辨率，有效带宽是波数宽度。

对于有噪声情况下的地震分辨率，前人已有较多的论述，且大多数是基于 Widess 准则，但计算总能量时，包括了地震信号的能量和噪声的能量。这样，总能量增加了，信号主极值能量与总能量之比就小了，即分辨率降低了。假设无噪情况下的分辨率为 P_0，则信噪比为 SNR 时的分辨率为

$$P = \frac{P_0}{1 + \frac{1}{SNR^2}} \tag{1.3.6}$$

可见信噪比越高，越接近无噪分辨率 P_0，因此，在采集、处理过程中注意提高地震资料的信噪比是一个重要而关键问题。

地震资料中的噪声可分随机噪声和规则噪声，这些噪声不但来自野外激发和接收环境，也可能来自处理过程。根据噪声的性质不同，可采用不同的方法去衰减它们。某种很强的规则噪声，经衰减后可能变为另一种波数的规则噪声或随机噪声；有的随机噪声经多道处理后，可能产生规则噪声。处理过程中的振幅恢复方法可以改变振幅谱，使用脉冲或小预测间隙的预测反褶积同样会拓宽振幅谱。由于处理带来的高低频噪声会使子波的总能量增加，同时降低了子波的主极值，故不能简单地认为振幅谱宽度大分辨率就是高的结论。单道频谱分析的频宽不能真正代表分辨率的高低，也无法区分信号和噪声的频带范围，需要结合频率扫描或 $f-k$ 分析找出优势频率及其频宽、有效波的弱波及噪声。信噪比高的优势波容易处理，再提高它的信噪比意义不大，重点是提高弱波的信噪比。弱波处理难度很大，实际上弱波往往是高频成分，它的信噪比低，尤其是中深层反射更是如此。

基于单检波器、无组合采集方式的高密度地震采集，一方面在利用小道距采集对有效波充分采样的同时也全面记录了各种噪声，另一方面失去了利用野外排列组合的方向特性压制规则干扰和随机干扰的机会，导致原始采集高密度地震数据线性干扰和随机干扰异常发育。因此，针对高密度地震资料特点的噪声压制技术对于提高实际地震资料信噪比十分重要。

需要说明的是，公式（1.3.6）仅是理论上的讨论，在实际工作中，对信噪比和分辨率

的定量计算是不大现实的，该理论公式也不尽合理。如假设信噪比为 0.5，信号已完全淹没在噪声中，这样的地震资料是不能解决任何地质问题的。但按理论计算，$P = P_0 / 5$，还有一定的分辨率，这显然是不合理的。理论上的讨论是为了强调信噪比的重要性，不能为了提高分辨率而降低信噪比。为了正确处理信噪比与分辨率的问题，还是要从噪声分析入手，具体问题具体解决。

1.3.4 观测方位与分辨率的关系

1.3.4.1 观测方位的定义

观测方位是指炮点—检波点的连线与正北或纵线方向的夹角，而观测方位的宽窄则是指同一个 CMP 点中观测方位的覆盖范围的大小。

在三维地震勘探中，人们习惯用地震观测系统模板（图 1.3.10）中炮检距的横纵比来表述三维地震观测系统的方位大小。一般认为横纵比的定义公式为

$$\gamma_t = L_{mco} / L_{mio} \tag{1.3.7}$$

式中，γ_t 是横纵比；L_{mio} 是排列片中心最大纵向炮检距；L_{mco} 是最大横向炮检距。

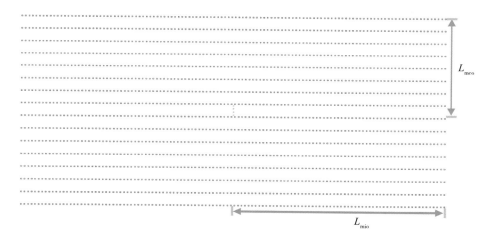

图1.3.10 三维观测系统示意图

横纵比是描述三维观测方位宽窄的关键因素。通常认为：当排列片的横纵比大于 0.5 时为宽方位地震观测系统；当排列片的横纵比小于 0.5 时为窄方位地震观测系统。也有人进一步将其细化：当排列片的横纵比小于 0.5 时为窄方位地震观测系统；当排列片的横纵比在 0.5 ～ 0.6 时为中等方位地震观测系统；当排列片的横纵比在 0.60 ～ 0.85 时为宽方位地震观测系统；当排列片的横纵比在 0.85 ～ 1 时为全方位地震观测系统。

牟永光教授综合考虑了不同方向上的炮检距和覆盖次数的大小、排列片的接收方式等因素，提出了宽度系数概念并用于衡量三维地震观测的宽窄。宽度系数计算公式为

$$\gamma = \frac{\theta}{2\pi} \bullet (C_1 \gamma_t + C_2 \gamma_n) \tag{1.3.8}$$

式中，γ 为三维观测宽度系数；θ 为半炮检线的张角；γ_t 为观测系统模板的横纵比；γ_n 为横向覆盖次数与纵向覆盖次数之比；C_1、C_2 为 γ_t、γ_n 有关的系数，$C_1 < 1$，$C_2 < 1$，且 $C_1 + C_2 = 1$，一般情况下 $C_1 = C_2 = 0.5$；当 $\gamma < 0.5$ 时为窄方位观测系统；当 $\gamma \geqslant 0.5$ 时为宽方位观测系统；当 $\gamma \geqslant 0.85$ 时为全方位观测系统。

1.3.4.2 观测方位压制规则噪声的作用

当采用窄方位观测时，数据中的规则噪声、散射噪声分布在三角区域内（近似线性特征）。窄方位观测的炮检距线性分布，通常能较好地适应 $f-k$ 滤波或者 $\tau-p$ 变换。但实际上规则噪声、散射噪声在空间上是以圆锥状分布的，要衰减规则噪声或者线性噪声就需要在两个正交方向上都要有足够的采样，也要求空间上每个 CMP 炮检距分布规则。因此，在窄方位观测情况下，用 $f-k$ 滤波等噪声衰减技术可能会在压制噪声时产生假象，同时也难以消除来自侧面的反射波。而宽方位观测因具有较长的横向偏移距和更多的横向覆盖次数，可采用三维 $f-k$ 等噪声衰减技术，对压制规则噪声、散射噪声更为有效。因此，相较窄方位观测，宽方位观测在压制规则噪声方面更为有利，从而提高地震资料的信噪比和分辨率。

1.3.4.3 观测方位对成像精度的作用

现代地震勘探有两大主要特征，一是整个成像处理流程逐步进入以地震波反演成像为主的阶段，二是以岩性油气藏描述为目标。地震偏移是一种将所采集到的地震信息进行重排的反演运算，以使地震波能量归位到真实空间位置而获取地下的真实构造特征及图像。除了深度域构造成像外，地震偏移还为其他特殊处理提供振幅、相位等信息，用于速度估计和属性分析，因此建立在波动方程基础上的地震偏移成像技术成为地震资料处理的核心。

一般意义上的地震波成像所指的就是地震波偏移成像。它是在假设偏移速度场已知的情况下，利用在该速度场中计算的波场反向外推算子，把地表记录的波场外推到绕射点上，用适当的成像条件提取成像值，目标是定量地定位反射系数出现的空间位置，并定性地保持反射系数的相对强度，尤其是角度反射系数的相对强度。

推动地震成像技术发展的巨大动力来自产业界强烈的技术需求，面对不同品质的地震数据、不同的地质问题及其勘探风险，人们发展了种类繁多的偏移成像方法。尽管偏移的原理是唯一的，但从不同的角度有不同的理解，目前主要有 3 种观点：一是把偏移看成数据的空间映射；二是把偏移看成非实时的合成聚焦成像；三是偏移是一个逆传播过程。而一致的认识是，任何偏移算法都应该具备如下特点：（1）能足够准确地处理大倾角地层；（2）能有效地处理横向和纵向速度变化；（3）偏移算法具有较高的计算效率。

通常把地震勘探所面对的地下介质抽象为速度和密度等物性参数特别是速度横向缓慢变化的沉积地层，其中分布着由于火山活动、后期地质构造运动和其他地球动力运动所产生的小尺度速度异常体，如断层、裂缝、地层尖灭、粗糙界面、孔洞等。

地震波在上述介质中的传播至少可以用两种模式来描述：WRW 模型和 Born 近似模型。WRW 模型认为地下介质是在光滑的背景介质加上具有一定反射系数的反射界面组成的，波在这样的介质中传播，地面观测到的数据可以由 WRW 模型对应的正问题描述，即下行波场遇到反射界面反传回地表形成地面记录。原则上，该模型还可以描述多次波传播，基于 WRW 模型的成像技术在勘探中已经取得了很多成功的发现。但是，根据前面对实际地下介质的抽象，地下介质中还包括很多孤立的散射点（体），WRW 模型难以描述这种在反射和绕射同时存在情况下的介质参数变化和对应的波场变化之间的关系，必须采用同时考虑了散射波场、基于 Born 近似模型的新算法，以满足勘探对象越来越复杂的生产需要。

原则上，Born 近似模型包含了 WRW 模型。Born 近似模型视地下介质为背景速度加上小尺度的散射体，地表数据是所有地下散射体引起的散射波叠加形成的，可以仅仅包括一次散射，也可以同时包括多次散射。

对于常速介质，在一阶 Born 近似成立的条件下，在散射体的远场范围内，散射势 $F(\boldsymbol{r})$ 与它的方向谱 $f(\boldsymbol{s}, \boldsymbol{s}_0)$ 之间存在如下傅里叶变换关系，即

$$f(\boldsymbol{s}, \boldsymbol{s}_0) = \int_V F(\boldsymbol{r}) \mathrm{e}^{-\mathrm{i}\boldsymbol{k} \cdot \boldsymbol{r}} \mathrm{d}^3 \boldsymbol{r} \qquad (1.3.9)$$

$$\boldsymbol{k} = (\omega / v) \cdot (\boldsymbol{s} - \boldsymbol{s}_0) \qquad (1.3.10)$$

式中，$\boldsymbol{s}_0$ 代表入射波方向；$\boldsymbol{s}$ 代表出射波方向；$\boldsymbol{r}$ 代表散射体的空间分布范围；$\boldsymbol{k}$ 为散射势的波数。

式（1.3.9）说明散射波方向谱是由入射波和散射波夹角及散射波频率成分决定的，其完整性取决于散射场记录的完整性，即散射波方向成分和散射波频率成分的完整性。

因此，如果得到了宽波数带的散射势谱，就可以通过傅里叶反变换得到高分辨率的散射势的估计。散射势与速度扰动密切相关，很多文献上对其有描述。散射势的波数分布范围由式（1.3.10）给出。其中，矢量 $\boldsymbol{s}-\boldsymbol{s}_0$ 定义了散射（或反射）张角，观测系统决定了张角的范围，张角范围越大，波数谱越宽。相应地，要求地震数据的观测角度越大，即要有充分长的偏移距和充分宽的方位角。其中频率范围也要求足够宽，尤其是低频成分对散射势的低波数成分贡献很大。

尽管上述结论是在平面波入射和常速背景情况下得到的，但其理论指导意义十分明显。从 $\boldsymbol{k}$ 的表达式中可以看出，确定 $\boldsymbol{k}$ 的低波数部分需要大角度散射波和低频数据；确定 $\boldsymbol{k}$ 的高波数部分需要小角度散射波和高频数据。更进一步地，从理论上来说，地震波反演成像要求叠前地震数据采集系统对地下任何一个绕射点（反射点）都有广角度的、角度间隔均匀的、不产生采样假频的照明。同时，期望每个角度的数据中仅仅有高斯白噪声，各角度之间的子波特征保持一致。

总之，震源子波的频带范围、观测系统和背景速度场的分布决定了散射强度估计结果的分辨率。因此，宽带、宽方位观测数据是高精度反演成像所必需的。当然，无假频的高密度观测也是必要的。

1.3.5 方位各向异性处理分析对观测方位的要求

通常将介质的某种属性随方向而变化的特性称为各向异性。地震勘探中所涉及的各向异性主要是指地层速度（地震波在地层中的传播速度）的各向异性，是由于岩石内部构造的不均匀性、有方向排列的裂缝或者岩性变化产生的薄层引起的，在沉积岩层中普遍存在。各向异性有多种分类方法，当对称轴垂直时，称为极化各向异性，也称"垂直横向各向同性"；当对称轴不垂直时，速度依赖于方位方向，称为方位各向异性。

各向异性对地震波的影响主要有以下几点：

（1）薄互层效应。由于地层内传播的地震波频带范围的限制，可分辨的地层绝大部分是

小厚度的薄互层组合。此时，地震波传播的水平速度与垂直速度具有明显的各向异性。

（2）裂缝定向排列效应。在应力场作用下，裂缝、裂隙多呈定向排列，在该类介质中传播的地震波具有明显的方向差异。在一定的炮检距条件下，当平行于裂隙时，其振幅出现极大；垂直于裂隙时，振幅出现极小。同时裂隙内所含的油、气、水对速度和衰减各向异性具有重要的差异性。

（3）裂缝与薄互层组合效应。地球内部的介质通常经历多期运动，既可能存在薄互层组合的特性，还可能出现优势排列的裂缝效应的叠合，地震波在此类介质中传播时同样会显示出地震各向异性效应。

（4）应力场作用的结果。在地球内部应力场作用下，地球内部物质会呈明显的方向性，导致地震波传播速度具有明显的各向异性效应。

（5）晶体矿物的定向排列。绝大部分矿物晶体存在不同类型、强度很大的速度各向异性。在地球的内部，由于应力场的作用，晶体矿物定向排列，势必引起强烈的地震各向异性效应。

（6）岩性相变。在河流相或相变剧烈地区，沉积环境的变化也表现为岩性在各个方向上的差异，从而也产生各向异性。

各向异性对于地震数据处理分析，特别是对于偏移成像精度的影响是十分明显的。由式（1.3.10）可以看出，散射势的波数 k 不但与观测方位有关，还与观测方位上的波场传播速度有关，如果不能准确地给出与方位有关的速度，则将会严重影响偏移成像的效果。在最简单的 VTI 各向异性假设条件下，通过修正地震波旅行时就可以收到明显的效果。事实上，地下介质的对称特征十分复杂，精确考虑地下复杂介质各向异性特征的地震偏移成像理论可以带来更加清晰的地下地层结构影像。

各向异性处理与分析的理论相当复杂，详细讨论见第 6 章，此处仅以各向异性分析中主要方法之一 —— 方位 AVO 分析为代表进行说明。

在地震数据解释中，AVO 分析起着十分重要的作用，其最终目标是从地震反射信息中获取目的层的弹性参数及相关特性。AVO 技术一般可以应用于三个方面：

（1）识别亮点、平点和暗点；

（2）在薄互层情况下，利用含油气砂岩的 AVO 特征预测油气；

（3）预测碳酸盐岩储层的孔隙度和流体性质等。

AVO 技术已经在勘探实践中取得了巨大的成功，但当地下介质存在裂缝等各向异性现象时，就需要对均匀介质的 AVO 方法进行扩展，以应用纵波属性（反射振幅或群速度）随方位与炮检距的变化函数关系检测出裂缝方位、密度及分布范围。

基于弱各向异性理论假设的 Rüger 公式描述了方位各向异性介质中纵波的反射系数 R 随入射角 i 和方位角 φ 的变化关系，该公式在入射角较小时可简化为

$$R(i,\varphi) = \frac{1}{2}\frac{\Delta Z}{\overline{Z}} + \frac{1}{2}\left|\frac{\Delta \alpha}{\overline{\alpha}} - \left(\frac{2\overline{\beta}}{\overline{\alpha}}\right)^2\frac{\Delta G}{G}\right|\sin^2 i + \frac{1}{2}\left|\Delta\delta^V + \left(\frac{2\overline{\beta}}{\overline{\alpha}}\right)^2\Delta\gamma\right|\cos^2\varphi\sin^2 i \quad (1.3.11)$$

式中，δ^V、γ 为 Thomsen 参数；i 为入射角；φ 为观测方位角；α 为纵波速度；β 为横波速度；$Z=\rho\alpha$ 为垂直入射时的纵波波阻抗；$G=\rho\beta^2$ 为横波切向模量；$\Delta[\bullet]$ 表示在界面以上和界面以下的某参数值之间的差值；$\overline{[\bullet]}$ 表示在界面以上和界面以下某参数值之间的均值。

以纵波速度 α 为例，设界面以上的纵波速度为 α_1，界面以下的纵波速度为 α_2，则纵波速度差值 $\Delta\alpha=\alpha_2-\alpha_1$，纵波速度均值 $\overline{\alpha}=(\alpha_2+\alpha_1)/2$，其他参数以此类推。

式（1.3.11）中的第一项表示垂直入射时的反射振幅变化率，第二项为反射系数随入射角 i 的变化率，第三项为反射系数随入射角 i 和观测方位角 φ 的变化率。众所周知，影响入射角 i 的主要因素是目的层的埋深和观测的偏移距，影响观测方位角 φ 的主要因素是野外采集的观测方位。故要获得好的各向异性 AVO 分析效果，不但要求尽可能大或尽可能全的观测方位以外，还要求在不同的观测方位上有足够的偏移距信息和覆盖次数。在经典的观测系统下采集的数据的观测方位通常是窄方位的，只能在一个很窄的方位角内分析 AVO 响应，无法获得其他方位角上的各向异性特征，因此，必须发展采用宽方位、大偏移距和高密度的地震勘探方法以提高预测裂缝发育方向等各向异性分析的效果。

常规地震勘探以构造和储层研究为主，而宽方位地震资料勘探则是构造、储层和流体分析并重。从方法角度来看，由于宽方位地震资料具有更丰富的方位信息，借助地震各向异性基本理论，利用宽方位地震资料方位各向异性信息，可更好地分析地震波在地下介质中传播的旅行时、速度、振幅、频率和相位等地震属性的方位差异性，进而识别地层的各向异性特征。

1.3.6 空间采集密度对分辨率的影响

前面讨论分辨率时没有涉及时间和空间采样率，认为采样是连续的，而实际的采样都是离散的。采样率是影响分辨率的重要因素，时间采样率决定了可正确恢复的最高频率信号。对于高频信号，如果采样不足，将会出现假频，所以时间采样率与纵向分辨率密切相关。对于空间采样率，它在波数域对地震信号的影响与时间采样率对频率的影响相同。

地震波是在三维空间传播的波，时间和空间采样率是互相联系、互相影响的，它们对偏移成像后地震数据的垂向和空间分辨率都有影响。通常时间采样率都高于空间采样率，如一般时间采样率为 2ms，当速度为 4000m/s 时，相当于采样距离为 4m，而空间采样的道距目前常用的为 25m 到 50m，因此实际工作中应更加关注空间采样率的影响。

空间采样率又称为空间采集密度，包括炮密度、道密度和覆盖密度 3 个方面。炮密度又称激发密度，是单位面积内激发的炮点数，用每平方千米的激发点数表示。道密度又称接收密度，是单位面积内的接收道数，用每平方千米的接收点数表示。覆盖密度又称炮道密度，是指单位面积内的按炮检中心点统计的地震道数，用每平方千米的记录道数表示。在衡量空间采样密度的 3 个参数中，炮密度和道密度都是独立参数，而覆盖密度是关联参数，炮密度和道密度变化必然会引起覆盖密度的变化。因此，覆盖密度是把炮密度、道密度、面元尺寸和覆盖次数等多种观测系统属性指标综合在一起的一个密度指标。

相对于以往的覆盖次数（指 CMP 面元内按炮检中心点统计的地震道数）设计，"两宽一高"技术在强调覆盖次数设计的同时，更加强调单位面积的地震道量，即覆盖密度。覆盖次数与 CMP 面元直接相关，同样的采集密度，处理面元不同覆盖次数就不同，横向对比时需要说明面元大小，否则易混淆。而覆盖密度是单位面积内的地震道数，不会混淆。覆盖密度概念，在采集阶段表示采集工作量强度，在资料处理阶段用以估计成像点位置偏移叠加的道数。

高密度勘探指的就是大覆盖密度的勘探方法，其需求主要来自噪声压制、高精度偏移成像及各向异性处理解释等。

1.3.6.1 高密度在噪声压制方面的作用

如前所述，信噪比是分辨率的基础，二者存在如式（1.3.6）所述的关系。可以看出，信噪比越高，记录的分辨率越高。因此压制噪声、提高记录信噪比是永恒的话题。而高密度勘探无论是对于随机噪声还是规则干扰，都有很好的压制作用。

众所周知，对于随机干扰，采用多次覆盖的简单叠加技术，其信噪比 SNR 和覆盖次数 N_{fold} 之间存在关系为

$$SNR = SNR_0 * \sqrt{N_{fold}} \qquad (1.3.12)$$

式中，SNR_0 为原始信噪比；N_{fold} 为覆盖次数。可见覆盖次数越大越好。

就多次覆盖观测方式而言，通常较高的覆盖次数意味着较高的空间采样密度。设 K_p 是孔径采样密度，它和覆盖次数 N_{fold} 及面元大小 $b_x \times b_y$ 有关，即

$$K_p = \frac{N_{fold}}{b_x \times b_y} \qquad (1.3.13)$$

因此要想获得较高的成像信噪比，需要较高的采样密度。

经典的 f-k 等规则干扰压制方法，最大的敌人就是空间采样不足带来的假频问题。高密度接收对噪声波场采样充分，与波数响应相对应的期望时间和频率可以在测量到的波场上被有效利用。采样和去假频滤波是时间域数字记录的常规技术，使用高密度接收将基本采样定律扩展到了空间域。高密度采集方式大大提高了空间采样精度，能够对地震波场进行无假频采样，获得干扰波连续波场，使其在地震剖面上特征更加明显，有利于噪声压制与波场分离。同时，空间采样率的提高，有效消除了采集脚印现象。另外，小道距数据提高了各种数学变换精度，使各种去噪方法更加有效。

1.3.6.2 高密度对偏移成像的影响

偏移的主要目的在于提高资料的横向分辨率，这与两个方面有关。一方面我们希望分辨地下目标地质体的大小，如果两个地质点的距离是 1m，而道采样间隔是 10m，这就会因为采样不足导致有效信息丢失。另一方面，如果空间采样不足，偏移过程会产生假频，假频会降低信噪比和分辨率，最大无假频频率 f_{max} 和空间采样间隔 Δx、最大层速度 v_{max}、最大地层倾角 α_{max} 之间存在关系为

$$f_{max} = \frac{v_{max}}{4\Delta x \sin \alpha_{max}} \qquad (1.3.14)$$

高分辨率意味着足够的频带宽度，高截频是重要参数之一。从式（1.3.14）可以看出，速度和地层倾角都是固定的，要想获得高的无假频频率，就必须降低采样间隔 Δx，即提高采样密度。

叠前偏移成像的点脉冲响应是一个以炮点和检波点为焦点的半椭圆弧，如果道密度太稀疏，相邻两道的椭圆弧就不能相互抵消，导致采样不足，产生画弧假象。从这个角度看，也需要足够的采样密度才行。有学者研究了采样密度和成像效果的关系如图 1.3.11 所示。

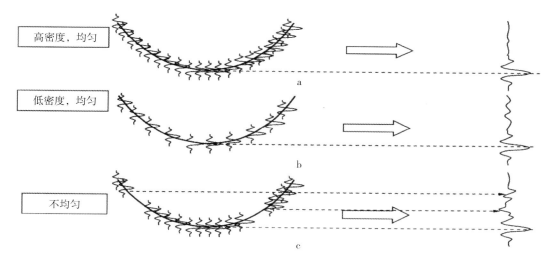

图1.3.11　偏移叠加效果与道密度及均匀性的关系（钱荣钧，2008）

a—道密度高且分布均匀；b—道密度较小但均匀；c—道密度分布不均匀

图 1.3.11a 为高密度采集，可以看出脉冲尖锐，旁瓣小，背景噪声干净；图 1.3.11b 为低密度采集，可以看出，旁瓣严重，偏移噪声多；图 1.3.11c 为不均匀采集，在不均处噪声严重，因此成像效果和炮道密度及均匀性有关。

1.3.7　地震处理与解释对均匀性的要求

在地震处理与解释过程中，大多数环节对地震空间采样的均匀性均有不同要求。下面分别以规则噪声压制、偏移和 OVT（Offset Vector Tiles，炮检距向量片）处理解释为例对其进行说明。需要指出的是，此处未列出的环节不代表对地震空间采样的均匀性没有要求。

（1）规则噪声压制对均匀性的要求。

规则噪声可能来自各个方向，因此在三维勘探中，理想的情况是各个方向都不出现空间假频，这就要求空间采样不仅要密度高而且要均匀。

（2）偏移对均匀性的要求。

现行的偏移方法可简单地理解为把和绕射曲线相切处的反射波归位到绕射极小点，实际上是把反射波按绕射波时距曲线进行校正，叠加后放到绕射极小点。这样对于反射波来说，偏移实际上是不同相叠加，因此地震道空间采样密度和分布的均匀性就会影响偏移叠加效果。如果道密度分布不均匀，在密度变化点或地震道的缺失处，叠加后都会出现较强的振幅波动，即偏移噪声或通常所说的划弧干扰。由于现行偏移方法并非使反射波同相叠加，因此偏移噪声不可避免，只是空间采样密度越大、分布越均匀，偏移噪声越小。

（3）OVT 处理解释对均匀性的要求。

高密度宽方位数据的处理解释一般是基于 OVT 面元的。OVT 面元可以简单地理解为对 CMP 面元内的道集又按炮检距和方位角进行了细分，因此每个 OVT 面元内的地震道数大大少于 CMP 面元。如果地震道在炮检距及方位角上分布不均匀，形成的 OVT 数据体中将会出现地震道数的巨大差异，从而影响基于 OVT 数据体的处理解释，也难以获得精确的方位各向异性信息。

1.3.8 基于 OVT 面元与五维道集的处理解释

对于地震成像来说，理想情况就是拥有遍布整个探区的单次覆盖数据集，但是实际上数据集存在空间不连续性，这样就会产生偏移假象。若想使偏移假象最小，则数据的空间不连续性就需要最小，这种具有最小空间不连续性的数据集称为准最小数据集。

OVT 道集是单个十字排列内一些具有相邻 CMP 点组成的数据集。单个 OVT 片的定义由图 1.3.12 给出，OVT 块的大小一般为炮线距 × 检波线距。在十字排列子集上，两倍炮线距内的检波点和两倍检波点距内的炮点所形成的一个共中心点区域，定义为一个 OVT 片。在一个 OVT 片内，所有 CMP 点具有相近的炮检距和方位角。十字子集包含了所有炮检距和方位角的规则分布，从工区内所有十字排列中将相同位置的 OVT 片取出并组合到一起形成的单次覆盖的数据体，称作 OVT 道集。理想情况下，每个满覆盖面元必定包含每个 OVT 片中的一个炮检距，因此一个 OVT 道集就是满足对地下一次覆盖的最小数据子集。由于这些单一的 OVT 在每个十字排列中具有相同的相对位置，所以每一个 OVT 数据体具有相似的方位角和炮检距。

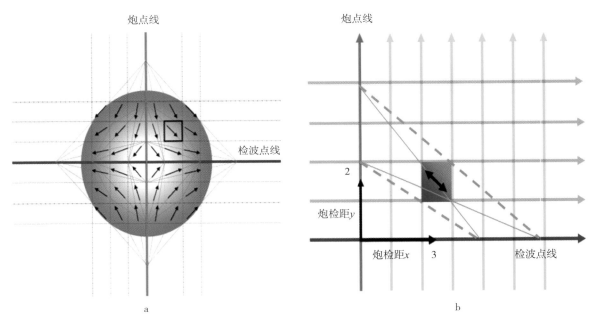

图1.3.12 十字排列及OVT片的定义

所谓的五维道集是一个数据维的概念，可以简单地看作是在经典的三维叠前 CMP 道集数据 $(x, y, z, 炮检距)$ 的基础上增加方位角变量，并按方位角进一步细分的 OVT 道集数据 $(x, y, z, 炮检距, 方位角)$。

OVT 道集五维数据的三维可视化显示如图 1.3.13 所示，可清晰地表达出五维地震数据的地震反射形态和特征。

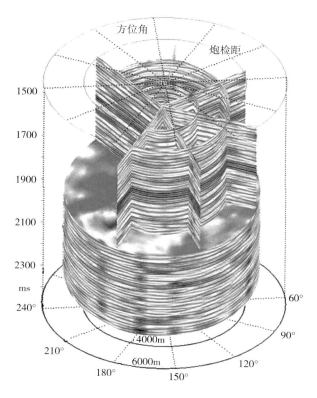

图1.3.13　五维道集柱状显示（王霞等，2019）

　　十字排列中每一个固定位置的 OVT 块可以组成一个 OVT 数据体。所有的 OVT 数据体偏移后得到可更好地同时反映出地震反射信号随炮检距和方位角变化特征的五维成像点数据集（称为螺旋道集）。图 1.3.14 是同一个三维叠前共成像点道集数据分别按经典剖面方式显示与按螺旋道集剖面方式显示的对比。在螺旋道集剖面上可以明显地观察到因方位各向异性而造成的同相轴的周期性扭曲。

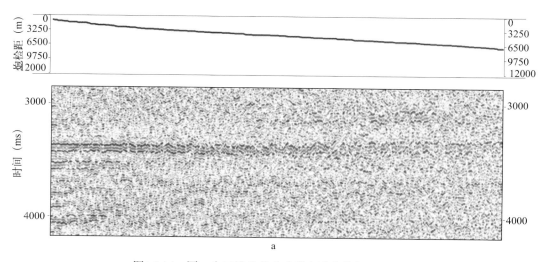

图1.3.14　同一个三维叠前共成像点道集数据显示对比

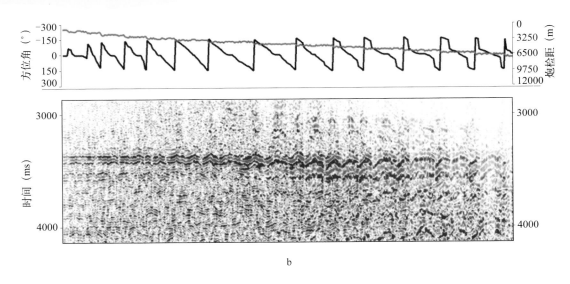

图1.3.14 同一个三维叠前共成像点道集数据显示对比（续）

a—按经典剖面方式显示；b—按螺旋道集剖面方式显示

　　利用在螺旋道集中不同方位的地震走时差异，可以计算出随方位变化的速度函数。对螺旋道集每个方位利用各自的速度进行校正，消除方位各向异性的时差，可提高叠加成像质量。当然，利用不同方位和不同炮检距（反射角）的地震走时和振幅两种属性，还可以进行方位AVO分析及介质裂缝预测。

　　总之，宽方位观测的目的是获取观测方位宽、炮检距和覆盖次数分布尽可能均匀的三维数据体。在实际应用中，只有在炮点域、共检波点域、共中心点域的不同观测方向有足够的远、中、近炮检距且分布比较均匀，并且保证每个观测方向都有满足成像基本需要的覆盖次数，也就是说在每个方位的覆盖次数要足够高并且每个方位的炮检距分布比较均匀合理，才是真正意义的宽方位观测。因此，宽方位观测必须要与高密度相结合，必然会带来地震采集成本的增加，在实施宽方位观测时要考虑其经济可行性，合并应用高效采集技术。陆上宽方位观测通常通过增加接收线数和增大接收排列片宽度来实现，但这种采集方式的设备资源占用量大，成本也较高，研究相应的经济可行的施工方法和配套技术是同样重要的课题。

1.4　"两宽一高"空间采样理念

　　1.3节论证了发展"两宽一高"地震勘探技术的必要性。但如何才能经济有效地实现这一高精度地震勘探技术，获得更好的地震勘探效果，在进行理论研究和实际资料分析的基础上，提出了高密度空间采样三维观测系统的设计理念，即充分采样、均匀采样、对称采样的理念，为如何实施"两宽一高"勘探技术提供了指南。

1.4.1 充分采样理念

充分采样是按照期望信号无假频的原则，把一个连续的三维波场采样，转换为离散波场。满足充分采样的离散波场最大限度地包含了期望的地震信号频率成分。对于地震数据采样来说，应最大限度地保护期望地震信号的频率成分，增加地震波场的高波数成分，使采集波场含有丰富的小绕射信息，保持地震信息的原始性。对于高密度三维地震采集而言，为达到采集数据的原始性，应在时间域和空间域同时满足线性噪声和有效信号的充分采样。由于 Nyquist 频率 f_N 和 Nyquist 波数 k_N 分别决定了时间域和空间域采样率的大小，要求时间域采样间隔满足 $\Delta t \leqslant 1/2f_N$，空间域采样间隔满足 $\Delta x \leqslant \frac{1}{2}k_N$。

对噪声波场充分采样是高密度地震采集的突出特点之一。但是在地震数据采集中，要实现对信号和噪声全部波场充分采样，代价是相当昂贵的。因此，地震采样的充分性需要根据不同原则选择折中方案，并遵守以下原则。

1.4.1.1 全部波场的无假频采样原则

全部波场是指由激发引起的所有地震波，既有信号又有噪声。全部波场的无假频采样要求对波场中最短波长的地震波要达到充分采样。这一原则对激发引起的任何源致噪声在野外采集阶段不做任何压制，所有源致噪声均在资料处理阶段进行压制。在全部波场中一般噪声的波长最短，只要对波长最短的噪声达到无假频采样，全部波场就能达到无假频采样，即

$$\Delta s = \Delta r < \frac{v_{min,N}}{2f_{max,N}} \qquad (1.4.1)$$

式中，Δs 和 Δr 分别为激发点距和接收点距；$v_{min,N}$ 为噪声的最低速度；$f_{max,N}$ 为最低视速度噪声的地震波所具有的最高频率。

按照这一原则采集地震数据带来的最大好处就是有利于室内资料处理中通过速度滤波去除规则干扰。对于成像精度和分辨率的改善能力有多大，尽管没有可量化的指标，但其作用无疑是很大的。当然应用该原则设计的采集方案成本是最高的，除非有充分证据证明能够显著提高地震勘探能力和有充足经费支持这一方案，否则，这一原则只能作为理想参数的设计方法。

1.4.1.2 有用波场无污染采样原则

有用波场是指炮集数据中所有有效信号构成的地震波场，这里的有效信号包括反射波和绕射波。有用波场无污染采样是对全部波场的无假频采样做出的折中方案，应该是首选的原则。这一原则容许产生一些空间假频，一般是针对能量极强的多组不同速度的低频面波，将此类假频成分的干扰控制在能够容忍的程度，通过采集阶段的检波器组合和资料处理手段进行压制。有用波场的无污染采样的设计方法为

$$\Delta s = \Delta r < \frac{v_{min,N}v_{min,S}}{f_{max,N}\left(v_{min,N}+v_{min,S}\right)} \qquad (1.4.2)$$

式中，$v_{\min,S}$ 为在共炮道集中有效信号的最低视速度。当式（1.4.2）中的有效信号的最低视速度$v_{\min,S}$等于噪声的最低速度$v_{\min,N}$时，式（1.4.2）变为式（1.4.1）的形式，有用波场无污染采样原则变成全部波场的无假频采样原则。一般有效信号的最低视速度是远大于噪声的最低速度，因此，通过式（1.4.2）计算的道距要大于式（1.4.1）计算的道距，如图1.4.1所示。而当有效信号的最低视速度与噪声的最低速度一致时，式（1.4.2）就变为了式（1.4.1）。

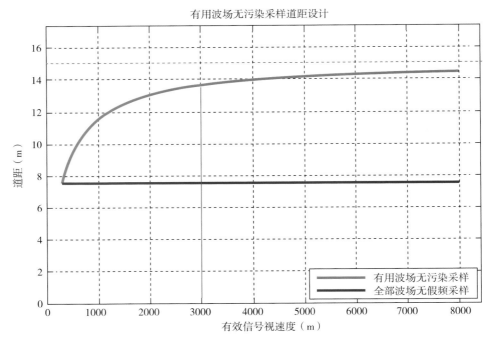

图1.4.1　基于有用波场无污染采样的设计道距与有效信号视速度关系

1.4.1.3　有用波场无假频采样原则

当第二条原则对应的设计方案也需要昂贵的成本时，可以考虑有用波场无假频采样原则。这要求 Δs 和 Δr 应等于基本信号的采样间隔，即

$$\Delta s = \Delta r < \frac{v_{\min,S}}{2f_{\max}} \tag{1.4.3}$$

有用波场之外的部分，如地滚波、转换波和横波可能会成为假频，可以考虑在野外通过组合加以压制（从本条到最后一条原则都要考虑组合对假频噪声的压制）。组合能够消除部分假频干扰，但同时会伤害有效波，要慎重选择组合参数。

1.4.1.4　最小视速度的绕射波无假频原则

用于拾取 $v_{\min,S}$ 的共炮道集受到 NMO 效应的控制，而 NMO 校正对陡同相轴有去假频的作用。因此，通常是在零炮检距域或在叠加剖面上确定最小视速度，而不是在野外数据中寻找最小视速度。在这些零炮检距域或叠加剖面中最小视速度是用绕射波确定的。于是式（1.4.3）修改成

$$\Delta m_x = \Delta m_y < \frac{v_{\min,m}}{2f_{\max}} \qquad (1.4.4)$$

式中，Δm_x 和 Δm_y 分别是 x 和 y 方向的中点间距；$v_{\min,m}$ 是绕射波的最小视速度。

由式（1.4.4）确定采样间隔，就是测量在现有的未偏移叠加数据上绕射波的视速度，可得到 $\Delta r = 2\Delta m_x$ 和 $\Delta s = 2\Delta m_y$。

1.4.1.5　偏移孔径内的绕射波无假频原则

按式（1.4.4）进行点距设计是很困难的事，因为需要自始至终地去寻找视速度的最小值。通常，浅层绕射波的翼部最陡。作为折中方案，可以在浅层接受一些假频并放松对目的层位无假频采样的要求。更进一步的折中方案是接受绕射波的最陡部分有一些假频并且仅仅以偏移孔径所包括的绕射的无假频采样为目标。

如果上覆岩层能用水平层状近似，引用斯奈尔定律，各个目的层的 $v_{\min,m}$ 就能够依据层速度 v_{int} 和出射角 θ 估算出来，得到

$$\Delta m_x = \Delta m_y = \frac{v_{\text{int}}}{4f_{\max}\sin\theta} \qquad (1.4.5)$$

式（1.4.5）中的 θ 应解释为最大倾角和偏移孔径中的最大者。根据经验，30°的偏移孔径是能满足要求的，因为它能使用95%的绕射能量。因此，在地层倾角较低的地区，绕射波控制着采样间隔；而在倾角大于30°的地区，地层倾角决定着采样间隔。如果在地层倾角较缓的地区，是用最陡反射的倾角确定采样间隔而不是用偏移孔径，则由式（1.4.5）能得到一个相对较大的采样间隔。这会产生许多偏移噪声，噪声的多少和偏移算子陡度有关。为了避免产生偏移噪声，偏移算子陡度应该考虑在内并用于式（1.4.5）。通过对偏移算子应用反假频滤波也可以减小偏移噪声；但是当全都应用时，这会降低分辨率，它应被限制在只对大于30°的倾角进行滤波。在地质情况复杂的地区，有必要进行射线追踪去求取不同层位的层速度。如果式（1.4.5）中的 θ 解释为最大倾角，就是常规采集设计方法。

1.4.2　均匀采样理念

均匀采样的目的是确保叠前偏移波场均匀。工业界使用的偏移方法很多，无论哪种方法都有一些假设条件或要求，其中对于地震数据的要求就是采样的充分性和均匀性。因为数据处理要在共炮点、共检波点、共CMP点等不同域进行，因此需要所采集的数据在这几个域都是均匀的。要实现数据在各个域都均匀，需要炮点、检波点在纵横两个方向上都满足空间充分采样要求，即炮点距等于炮线距，检波点距等于检波线距，炮点距等于检波点距。但是目前这种均匀性要求从经济角度无法实现，只能做到在 Inline 方向检波点的充分采样和 Crossline 方向上炮点的充分采样。这是一种折中的办法，必然会造成其他方向的数据采样稀疏，使得偏移算子所用到的地震道分布不均匀。比如用正交观测系统采集的三维地震数据，由于接收线距大于接收点距数倍以上，导致共炮点道集在 Crossline 方向空间采样不充分；炮线距大于炮点距数倍以上，造成共检波点道集在 Inline 方向空间采样不

充分；致使共炮检距域剖面出现周期性的跳跃变化（图 1.4.2a），即共炮检距波场不均匀。目前共炮检距域的偏移是使用最广泛和可靠性最高的方法，在共炮检距域减小不均匀性的方法有两种，一是划分共炮检距剖面时用较大的炮检距间隔（图 1.4.2b），二是通过插值使地震数据规则化。但是增大炮检距间隔就会减少偏移后 CRP 道集中的道数（偏移成像次数），会带来一些不利影响，比如：减弱对偏移噪声的压制作用，降低速度分析的准确性，不利于 CRP 道集上做 AVO 分析，降低优势频率等。后一种方法在近年来发展了许多具体的算法，基本可分为三类，即数据映射法、PEF 方法（预测误差滤波方法）和傅里叶变换法。虽然各种地震数据插值方法可以得到分辨率更高的模型空间和数据插值结果，但是数据采样过于稀疏，再好的插值方法也很难重建原始波场，因此通过合理观测系统设计，提高偏移波场均匀性才是最根本的方法。

虽然目前还无法做到完全的充分均匀采样，但是观测系统设计还是要尽量朝这个方向发展。均匀性可以通过计算炮点距 / 炮线距、检波点距 / 检波线距、检波点距 / 炮点距、检波线 / 炮线距的比值进行分析。比值越接近于 1，说明均匀性越好。如果都等于 1，就是完全均匀。

1.4.3　对称采样理念

如果完全实现对信号和噪声的充分采样，并且达到在炮点、检波点、CMP 等域中完全均匀，则对提高地震勘探的信噪比、分辨率、保真度和地震成像精度是有益的，但是目前从投资角度考虑是不可实现的。怎么才能既满足充分采样与均匀采样的基本要求，又做到经济可行呢？对称采样既满足了充分采样与均匀采样中的最重要需求，又兼顾了经济可行性。一般来说，对称采样理念要求炮点距 = 道距、炮线距 = 接收线距、横向最大炮检距 = 纵向最大炮检距、炮点组合 = 检波点组合、中心点放炮、横纵比为 1。

对称采样的目的是达到各个域中地震波场特征分布的一致性。只要在无假频采样的共炮集数据的基础上做到对称采样，依据互逆原理，接收点道集和共炮点道集应有相同的地震数据特性，则地震数据共检波点域就不会出现假频。只要做到地震数据在各个域中无假频，则偏移时所用的地震波场就是一个连续的波场。

依据对称采样设计的观测系统，面元内的炮检距和方位角等属性分布更好，方位角分布更均匀，在不同方向上相同角度内的覆盖次数是基本相同的，因此更利于进行分方位角处理；炮检距变化也更均匀，在进行不同炮检距的限偏分析时，不同面元覆盖次数分布也更均匀。图 1.4.3 对比了对称采样与非对称采样的面元属性分析，可以看出对称采样的面元属性分布明显好于非对称采样的面元属性。同时还利于构建数据处理中所需的各种最小数据集，例如，由检波线与炮点线十字交叉布设形成的十字子集，通过炮检互换原理，可以等效为一个炮点激发，四周布满检波点的共炮集数据。如果炮检点密度能够满足空间采样定理，则有效波和干扰波在这个子集中能够清楚识别。有效波在 (x, y, t) 三维域中为曲率平缓的双曲面，而线性干扰为曲率大的圆锥曲面（图 1.4.4），不同曲率面对应的视速度和波数差异较大，其对信噪分离和线性噪声压制具有十分重要的意义。同时，基于十字子集概念生成的 OVT 数据集给地震数据的五维处理解释奠定了基础。

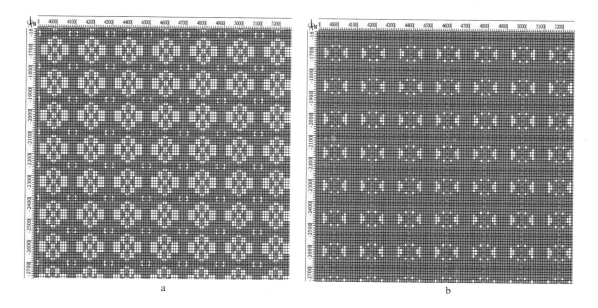

图1.4.2 三维观测系统组距为25m和50m时共炮检距域的地震道分布

a—25m；b—50m

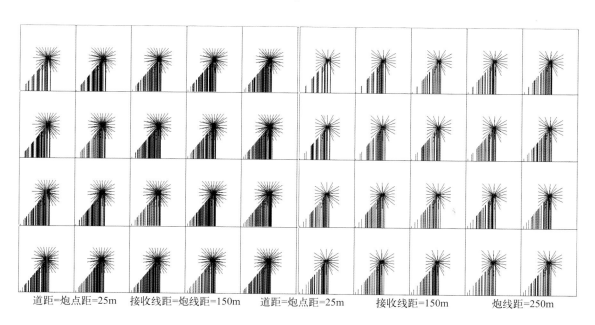

图1.4.3 对称无假频采样与面元属性分布关系

因此，基于充分、均匀和对称采样的高密度采集设计，可以有效改善CMP面元属性的分布，有利于地震数据处理和成像质量提高，是高密度地震勘探所需遵循的重要原则。

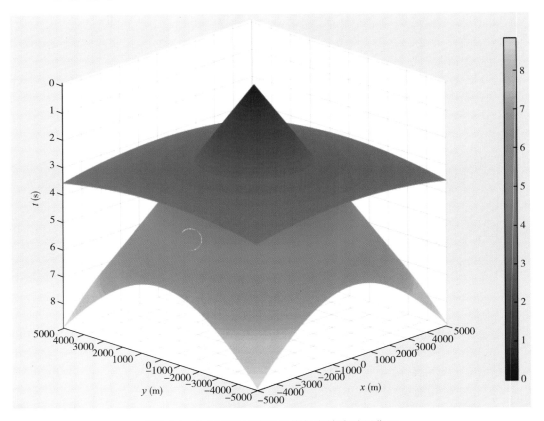

图1.4.4　十字子集域线性干扰与有效波时距曲面

1.5　"两宽一高"地震勘探技术构成

　　"两宽一高"地震勘探技术，是针对复杂油气目标勘探的需要，以精确偏移成像和基于方位信息的物性参数反演为目标，根据地震波场的"充分、均匀、对称"空间采样理论和采集、处理、解释一体化的要求，创新形成的一整套以"宽方位、宽频带、高密度"为主要特征的，从采集设计、勘探施工、资料处理到解释的系列技术和施工方法的统称。因此，"两宽一高"地震勘探技术不是特指某个单一技术，而是一个技术系列，包括面向叠前偏移成像的观测方案设计技术、基于时空规则的可控震源高效采集技术、宽频激发和高精度大道数接收技术、基于叠前炮检距—方位角矢量片方法的五维处理解释技术、海量数据处理解释软件系统等。

　　"宽方位、宽频带、高密度"三者缺一不可，其中高密度是"充分"的基础要求；宽方位是"均匀、对称"的基础保障；宽频带则是高分辨的核心要求。其实现主要来自两个方面：一方面是在采集时采用低频可控震源激发以保证记录的原始品质，同时尽量减少组合的使用，以避免对高频信号的损伤；另一方面，在处理解释时，通过拓频等技术手段延展信号带宽，同时使用高精细的方位校正进行同相处理以减小高频的损失。

　　显然，相较于常规的三维勘探，"宽方位、宽频带、高密度"地震勘探必然要求更小的面元、更多的激发次数和接收道数，必然导致需要动用更多的震源、检波器等勘探专用装备，以及采集数据量爆炸般的增长，同时要求采集工期及成本不能显著增加。东方地球物理公司创新研发的"两宽一高"地震勘探技术，以技术有效、经济可行为目标，破解了如何创新施工方法以提高工效、降低采集成本，如何实现复杂环境下海量数据的传输、记录，以及如何充分利用高密度宽方位数据进行信息挖掘等难题。这些技术的集成，实现了勘探精度、工期、成本的合理平衡，是当前最有市场竞争力的、可大规模工业化应用的勘探技术，得到了勘探市场的广泛认可。

　　面向叠前偏移成像的观测方案设计技术，以勘探目标的精确成像为目标，不再单纯追求经典的水平叠加为中心的设计理念，而转向对噪声和信号的最大限度保真采样，使其有利于特定噪声衰减，有利于表征地质目标的各向异性，从而有利于提高叠前偏移成像的精度及其叠前道集的保真度。

　　基于时空规则的可控震源高效采集技术，在数字化地震队和高效采集现场质控系统的配合下，主要通过使用更多的震源同时采集，在不影响勘探效果的前提下，有效提高采集工效，从而大幅压缩采集周期、有效控制成本，实现大规模宽方位、高密度勘探。

　　低频可控震源技术突破了低频信号设计的难题，有效扩展了原始激发信号的低频成分，为获得宽频记录奠定了重要基础。

　　高精度大道数地震仪独创了海量地震数据高速冗余传输技术，实时道能力达 20 万道级，实现了节点与有线混合模式下的精准同步采集及超大道数排列状态自动管理。该地震仪能够充分支持高密度、大道数的地震数据采集，从而可以有效地提高地震作业的效率，降低采集施工成本，为"两宽一高"地震勘探提供了装备技术支持。

　　在"两宽一高"处理技术方面，充分利用高密度、宽方位数据的无假频采样、方位波场信息丰富的优势，深化研究了高保真噪声压制、基于叠前炮检距—方位角矢量片的处理、基于正交晶系介质的叠前深度偏移处理、基于 Q 的子波频带拓展尤其是低频成分补偿等方法，实现了高密度数据叠前去噪、宽方位资料处理及宽频带数据保真处理等技术系列。

　　在"两宽一高"解释技术方面，基于 OVT 道集数据的地震属性在不同炮检距及方位角上的响应特征，进行变方位 AVO 分析、多尺度／多方位敏感属性分析等，从而实现对储层、裂缝的预测及对物性参数的估计，可为缝洞型油气藏、砂岩油气藏和非常规油气藏高效开发提供强有力的技术支撑。

2 面向叠前偏移成像的观测方案设计技术

在"充分、均匀、对称"的"两宽一高"空间采样理念的引领下，面向叠前偏移成像的观测方案设计技术，以勘探目标的精确成像为目标，由经典的以水平叠加为中心转向对信号的最大限度保真采样的追求，使其有利于特定噪声衰减，有利于表征地质目标的各向异性，从而有利于提高叠前偏移成像的精度及其叠前道集的保真度。在设计过程中，更加注重覆盖密度的衡量，以定量分析观测方案的均匀性、连续性和叠前脉冲响应。

2.1 "两宽一高"观测系统参数设计方法及原则

传统的三维观测系统设计关注的是面元属性，如炮检距和方位角的分布、中心点的散布等。在"充分、均匀、对称"的"两宽一高"空间采样理念的引领下，从叠前资料处理的需求考虑，无假频、全方位采样是最理想的采集观测方案，但受设备条件及经济成本的限制，这种理想的采集方案目前仍无法实现。因此，如何在现有设备条件和经济可行的前提下，在满足波场采样充分性、均匀性和联合压噪的原则，进而满足资料叠前处理的需求，是观测系统优化设计考虑的重要因素。为此，首先要完成地球物理参数的分析。

在明确地质任务的前提下，考虑以下参数：

(1) 有完整单次覆盖的最浅层位（用于静校正）的时间深度 t_{st}；

(2) 最浅成图层位（勘探层位）的时间深度 t_{sh}；

(3) 最深目的层或主要目的层的时间深度 t_{dp}；

(4) 目的层位上所需的最小分辨距离 R_α（任何类型的地质目标均可转换为此要求）；

(5) 可实现的最高频率 f_{ach}；

(6) 目的层位的最陡倾角 θ_{max}；

(7) 有代表性的速度函数 v（如果横向上有很强的速度变化则需要多个速度函数）；

(8) 有代表性的切除函数 $X_M(t)$；

(9) 有关噪声的信息（多次波、散射波、地滚波和静校正量）；

(10) 解释过的地震剖面；

(11) 原始炮记录；

(12) 地表条件；

(13) 对于复杂地质情况还需要构造模型。

无论勘探目标是什么，最终都可归结为对分辨率的要求，落实到地震数据上就是对频率的要求。根据地质目标的最高分辨率要求确定所需要的最高频率f_{max}，根据此参数设计观测系统就能基本完成地质任务。

对于水平分辨率所需要的最高频率为

$$f_{max} = \frac{c}{2} \cdot \frac{v}{R_\alpha} \cdot \frac{1}{\sin\theta_{max}\cos i}, \quad (\alpha = x \text{ 或 } y) \tag{2.1.1}$$

对于垂直分辨率所需要的最高频率为

$$f_{max} = \frac{c}{2} \cdot \frac{v}{R_z} \cdot \frac{1}{\cos i} \tag{2.1.2}$$

式中，i为地震波照射目标时的入射角，与炮检距有关；c为常数，与处理或解释能力有关；v是局部层速度。选择$\cos i = 0.9$近似对应于最大炮检距等于深度的准则，在确定最大炮检距时该准则常常当作为经验准则。$\theta_{max}=30°$是一个好的折中值，它可以捕获大多数的绕射能量。然而，更陡的倾角要求更大的θ_{max}。为了在有更高层速度的更深的反射层上得到同样的垂直分辨率需要更高的频率。垂直分辨率是两个相邻的同相轴的可分辨性，按照Rayleigh准则c取0.715，此时对所需要的最高频率要求很高。在特殊的情况下，有可能得到比c取0.715更高的分辨率。如假设目的层的周围除了厚度外其他参数基本不变，则就可能是那样的情况，因而我们可以把层位属性的任何变化都归因于厚度的变化。当检测在平缓反射层中的小断层时，就可能出现另一种这样的情况，在这些情况下可以使用$c=0.25$的参数（1/4波长的分辨率）。

通过地震采集和处理得到的最高频率称为可实现的最高频率。为了达到地质任务要求的分辨率，可实现的最高频率f_{ach}应该大于所需要的最高频率f_{max}。通常，可实现的最高频率大于所需要的最高频率是理所当然的，但是，震源子波的频率成分常常会受到影响，因此，我们应该确定一些分辨率要求，如要解释的最小层厚度是什么，断层位置的横向精度应该是什么，然后比较所需要的最高频率与可实现的最高频率之间的关系。

2.1.1 激发点距和接收点距设计

首先，从对称采样角度考虑，激发点距应等于接收点距。为了保证 inline 和 crossline 方向的采样合理性相同，对激发点距和接收点距采用相同的设计方法。设计合适的激发点距和接收点距是为了对到达地面的有用波场进行合理采样。空间采样可以看作是一种表示偏移公式中被积函数的方法，因此，偏移结果与采样质量有关，并且理论上讲只有对被偏移的数据进行了合理的采样，才能得到最高的分辨率。

其次，采样还必须考虑信噪比，全部波场合理采样对提高信噪比是非常有效的。$f-k$滤波是仅次于偏移的另一个容易受到输入数据中假频影响的多道处理方法。采样越精细，信号和噪声在$f-k$滤波中被分离地就越好，滤波就越成功。如果采样间隔足够的小，则$f-k$滤波要比野外组合能更好去除噪声。因此，在有很多低频噪声的地区，为适应$f-k$滤波的要求，小的采样间隔是必不可少的。

再者，沙漠地区的沙丘和山区地形会造成静校正量的剧烈变化。在短距离内近地表急剧变化的地区静校正量也会发生剧烈变化。在使用组合的地方，使用组合内静校正量会损伤波场的高频成分。在这种情况下，静校正量的大小或许是选择激发点距和接收点距的另一个标准。有一些地区常常表现有"数据空白"带，但当用小的采样间隔和更高的频率重新放炮获取数据时，这些空白带就会变成有较好数据的区域。全部波场合理采样虽好，但代价相当昂贵。

因此，激发点距和接收点距应该根据地质目标、设备能力和所能承担的费用选择折中方案。具体的折中方案的选取参考第1章关于"充分采样理念"的5个顺序原则。

2.1.2　激发线距和接收线距设计

按对称采样角度要求，激发线距应等于接收线距。为了保证inline和crossline方向的采样合理性相同，对激发线距和接收线距采用相同的设计方法。

正交观测系统最小炮检距出现在靠近激发线和接收线交点的中点位置。在相邻激发线和接收线组成的矩形面积中间，最大炮检距近似等于矩形的对角线的长度，这就是观测系统的最大的最小炮检距（LMOS）。采集测线之间的距离越大，LMOS越大。由于照射浅层地下界面需要小的炮检距，采集测线之间的距离决定着能够成图的最浅层位，因此需要根据最浅成图层位设计激发线距和接收线距。

为了将最浅成图层位转换成激发线距和接收线距的选择准则，必须在探区内有一个有代表性的切除函数。这个切除函数决定了在每个旅行时对叠加剖面或偏移剖面有贡献的最大炮检距，应该依据探区的老资料拾取。

下面5个步骤描述了确定接收线距的过程。公式（2.1.3）确保了浅层的覆盖次数至少等于M，公式（2.1.4）是基于在特殊层位的平均覆盖次数M。

（1）确定最浅层位振幅均匀所需要的覆盖次数M（$M > 1$）；

（2）确定该层的最小时间t_{sh}；

（3）确定t_{sh}对应的最大炮检：$X_{sh} = X_M(t_{sh})$；

（4）确定激发线距$\triangle L_s$和接收线距$\triangle L_r$，即

$$\triangle L_s = \triangle L_r \approx \frac{X_{sh}}{\sqrt{2M}} \quad (M \leqslant 4) \tag{2.1.3}$$

$$\triangle L_s = \triangle L_r \approx \frac{X_{sh}}{2}\sqrt{\frac{\pi}{M}} \quad (M > 4) \tag{2.1.4}$$

（5）选择作$\triangle L_s$为$\triangle s$的最接近的倍数，$\triangle L_r$为$\triangle r$的最接近的倍数，这个过程假设激发线距和接收线距有相同的距离。

2.1.3　接收排列片设计

接收排列片的设计就是确定接收排列长度L_r和激发排列长度L_s（激发排列长度是在单一的接收线上记录的激发线长度），也就是确定所需要的接收线数N_L和每条接收线所用的接收道数N_R。激发排列长度通常称为排列宽度，一般取两倍的最大非纵距。如果勘探目标不

是各向异性和裂隙，常规三维地震采集最大非纵距设计的原则是要确保同一 CMP 道集内不同非纵距及方位角的炮检对能同相叠加，就是最大非纵距不能太大。这是基于叠后成像的技术手段提出的。高密度地震数据采集以叠前成像为主要手段，设计不再考虑最大非纵距的限制，而应该立足于最深目的层的成图要求、静校正的纵横向耦合、成像能力和投资成本等因素。下面关于接收排列片的 3 个设计原则就是考虑这些因素提出的。具体采用哪一种，应该根据实际情况确定。但是无论采用哪一种原则，设计的排列片必须满足两个条件：最深目的层的成图要求和静校正的纵横向耦合好的要求。

需要成图的最深层位给地震采集使用的最大炮检距 X_{dp} 提供了一个参考，根据最大炮检距 X_{dp} 来设计接收排列长度 L_r 和激发排列长度 L_s。根据切除函数确定最大炮检距 X_{dp} 的方法为：

（1）确定要作图的最深层位；

（2）确定该层位的最大时 t_{dp}；

（3）从切除函数找到对应 t_{dp} 的最大炮检距 $X_{dp}=X_M(t_{dp})$。

为了确保折射静校正的纵横向耦合，最大非纵距应该大于折射层的追踪段。若保持追踪段有 4 道用于延迟时计算，则最大非纵距 Y 应该满足

$$Y > 5\Delta s + \sum_{i=1}^{n} \frac{2h_{i-1}v_{i-1}^2}{\sqrt{v_i^2 - v_{i-1}^2}} \tag{2.1.5}$$

式中，h_i 和 v_i 是工区中低降速带最厚位置的第 i 层低降速层厚度和速度。

接收排列长度 L_r 与激发排列长度 L_s 要满足 $\sqrt{L_s^2 + L_r^2} > 2X_{dp}$ 和 $L_s > 2Y$ 两个条件是最基本的要求。在投资成本允许条件下应该尽可能提高成像能力。此外，子区中每一个面元的最大炮检距是不同的，要确保每一个面元至少有一道的最大炮检距达到 X_{dp}，最小的最大炮检距 $X_{\min\max}$ 至少要等于 X_{dp}。求取 $X_{\min\max}$ 的表达式为

$$X_{\min\max} = \frac{1}{2}\sqrt{(L_r - 2\Delta s)^2 + (L_s - 2\Delta r)^2} \tag{2.1.6}$$

假设在有限的投资成本下接收排列片可使用的接收道数为 T_n，接收线距 ΔL_r 和激发线距 ΔL_s 相等，接收点距 Δr 和激发点距 Δs 相等，取最小的最大炮检距 $X_{\min\max}$ 等于 X_{dp}，则接收排列片可以按下述原则设计。

第一条原则：全对称原则。

该原则对应的横纵比 $\lambda=1$，适用于投资充足、以各向异性或裂隙为目标的地震勘探，或者目的层埋深较浅的情况。由（2.1.6）式可知该原则对应的接收排列长度 L_r 和激发排列长度 L_s 为

$$L_s = L_r = \sqrt{2}X_{\min\max} + 2\Delta r \tag{2.1.7}$$

则接收线数为

$$N_L = 2\left(\frac{L_s}{2\Delta L_r} + \frac{1}{2}\right) \tag{2.1.8}$$

每条接收线所需要的接收道数为

$$N_R = 2\left(\frac{L_r}{2\Delta r} + \frac{1}{2}\right) \tag{2.1.9}$$

式（2.1.8）和式（2.1.9）中的方括号表示取整数。如果 $\dfrac{T_n}{N_L N_R} < 0.9$，建议使用第二个原则。

第二条原则：85% 原则。

该原则对应的横纵比 $\lambda = 0.85$，适用于投资略紧、以各向异性或裂隙为目标的地震勘探，或者目的层以中浅层为主的情况。该原则对应的接收排列长度 L_r 和激发排列长度 L_s 为

$$L_r = 1.52\, X_{\min\max} + 2\Delta s \tag{2.1.10}$$

$$L_s = 1.29\, X_{\min\max} + 2\Delta r \tag{2.1.11}$$

把式（2.1.10）和式（2.1.11）的计算结果代入式（2.1.8）和式（2.1.9）得到 85% 原则的排列片参数，若此时 $\dfrac{T_n}{N_L N_R} < 0.8$，建议使用第三条原则。

第三条原则：横纵比最大极限原则。

该原则适用于投资紧张、可使用的地震道数有限，但勘探目标纵向跨度较大兼顾浅中深目的层的情况。首先根据可用的道数 T_n 和 $X_{\min\max}$ 确定横纵比 λ。方法是以 λ 为变量，按照式（2.1.12）和式（2.1.13）绘制 λ 在 $0 \sim 1$ 范围的曲线 S_1 和 S_2，即

$$S_1 = \frac{1}{4\lambda}\left(\sqrt{(\Delta L_r + \lambda\Delta r) + 4\lambda\Delta r\Delta L_r (T_n - 1)} - \Delta L_r - \lambda\Delta r\right)^2 \tag{2.1.12}$$

$$S_1 = 4\left[X_{\min\max}\cos\left(\tan^{-1}\lambda\right) + \Delta r\right]\left[X_{\min\max}\sin\left(\tan^{-1}\lambda\right) + \Delta r\right] \tag{2.1.13}$$

曲线 S_1 和 S_2 的交点位置的 λ 就是最大横纵比。然后根据式（2.1.14）和式（2.1.15）计算接收排列长度 L_r 和激发排列长度 L_s，即

$$L_r = 2\cos\left(\tan^{-1}\lambda\right) X_{\min\max} + 2\Delta s \tag{2.1.14}$$

$$L_s = 2\sin\left(\tan^{-1}\lambda\right) X_{\min\max} + 2\Delta r \tag{2.1.15}$$

把式（2.1.14）和式（2.1.15）的计算结果代入式（2.1.8）和式（2.1.9），得到横纵比最大极限原则的排列片参数。

2.1.4　观测系统类型及横向滚动线数设计

"两宽一高"地震数据通过采集充分、均匀和对称的地震波场信息量来提高地震勘探能力和精度。为了便于在资料处理中实现真正三维的信噪分离和提高波场的连续性，高密度宽方位观测系统首选正交类型（图 2.1.1）。当斜交型或锯齿型观测系统在提高采集效率上有较大优势时，可使用斜交或锯齿观测系统。

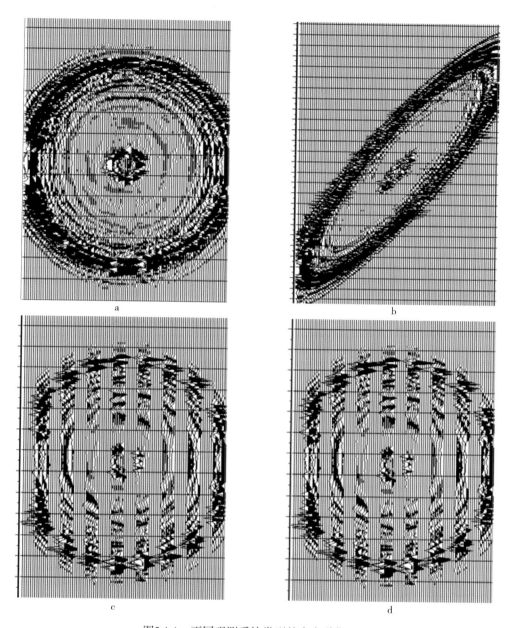

图2.1.1　不同观测系统类型的十字道集

a—正交观测系统的十字道集；b—斜交观测系统的十字道集；c—铁轨观测系统的十字道集；d—砖墙观测系统的十字道集

对于束状观测系统来说，无论正交还是斜交，为了确保叠加振幅均匀，最好的办法是横向每次滚动一根接收线，其好处是显而易见的。图 2.1.2 是一种束状观测系统（$SI=RI=50\text{m}$，$SLI=RLI=300\text{m}$，12 线 300 道接收）激发点横向滚动 1、2、3 条接收线（即模板激发 6、12、18 炮）的模拟叠加振幅分布对比图。从图 2.1.2 中可以看出，横向滚动 1 条线的面元间叠加振幅均匀性比滚动 2、3 线的要好。

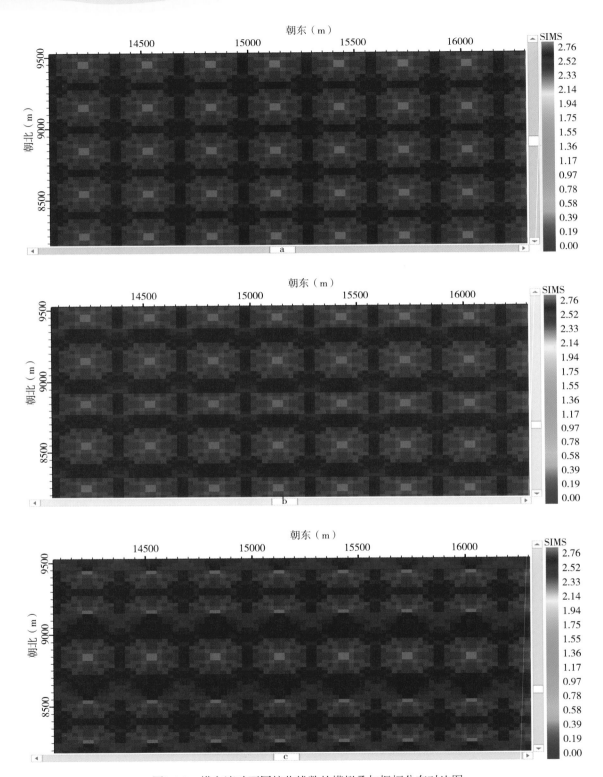

图2.1.2 横向滚动不同接收线数的模拟叠加振幅分布对比图

a—横向滚动1条接收线的模拟叠加振幅分布图（满覆盖范围内）；b—横向滚动2条接收线的模拟叠加振幅分布图（满覆盖范围内）；c—横向滚动3条接收线的模拟叠加振幅分布图（满覆盖范围内）

2.1.5　覆盖密度设计

从叠前偏移原理可知，叠前偏移成像的效果取决于偏移孔径范围内叠前数据的数量。数据越多越有利于实现叠前数据的充分性。以往人们通常用面元尺度或覆盖次数这类单一参数指标衡量技术方案的优劣，这样很难说明技术方案的综合效果。国外有文献把面元尺度和覆盖次数综合起来考虑，称为道密度（trace density），但常误导人们认为是排列片接收道的密度，为此将这种"道密度"称为覆盖密度（国内也有人称为炮道密度）。覆盖密度 D_{fold} 由公式（2.1.16）计算所得，式中 b_x、b_y 分别为面元的横向、纵向尺度（单位为米），N_{fold} 是面元内的覆盖次数，即

$$D_{fold} = \frac{N_{fold}}{b_x \times b_y} \tag{2.1.16}$$

从式（2.1.16）可以看出，覆盖密度是覆盖次数与面元面积的比值，即单位面积内地震道的炮检对数目。当覆盖次数越大，CMP 面元面积越小，覆盖密度越大。覆盖密度与覆盖次数、面元均有关，能够反映观测系统的综合状况。特别是关联面元以后，覆盖密度与炮检距分布充分性密切相关，有效地指示了观测系统的叠前偏移成像能力。这是它与覆盖次数概念的本质差别。

把偏移孔径范围内所有的地震道数据按照各自的绕射轨迹归位到绕射点（成像点）位置，即完成一个绕射点的偏移归位。计算每一个成像点值所用的总样点数就是在所有共炮检距道集上绕射双曲面截取的地震道的总和。孔径内的地震道总数量 N_{total} 决定了叠前偏移成像的质量。设偏移孔径为 R（单位为千米），地震道总数量 N_{total} 等于偏移孔径面积乘于覆盖密度 D_{fold}，即

$$N_{total} = D_{fold} \times \pi R^2 \tag{2.1.17}$$

覆盖密度是反映观测系统属性的一项指标，同时也是一项反映采集成本的参数。覆盖密度越大，叠前偏移成像质量越好，但是采集成本越高。为了提高地震数据的偏移成像质量，应该采用尽可能高的覆盖密度；为了提高采集的经济可行性，应该采用尽可能低的覆盖密度。从覆盖密度的定义可知，给定覆盖密度不变的情况，还可以选择不同的面元和覆盖次数，面元和覆盖次数的变化又会带来偏移成像质量的变化。因此需要确定一个优化的覆盖密度参数，在此基础上通过面元和覆盖次数的选择获得尽可能好的偏移成像结果，同时这个覆盖密度对应的野外采集成本应该经济可行。

2.2　基于波动照明分析的观测系统优化技术

地震波照明是在地表测定地下的照明值，照明值是一个关于目标体的深度、倾角与观测系统和速度模型的函数，是定量描述反射地震探测能力的一种有效方法。

在地震数据采集中，地震照明可以辅助地震采集设计，主要用于道距、炮检距的选择及观测系统优选，辅助避障变观的炮点优选。在资料处理中，照明能量分析的结果用来辅助数据规则化，对实际资料中出现缺漏数据及炮检点分布不规则进行处理，对弱化的照明能量阴影部分进行补偿。

对地下目标体进行照明分析的方法有两种，射线追踪照明和波动方程照明。射线追踪照明是以射线理论为基础，能够得到射线路径在地下地质体的分布，射线的路径和疏密程度同时反映的也是地下地质目标的能量分布。波动方程照明以波动方程理论为基础，可以得到地下地质体的能量分布图，使我们能够对地下地质体的能量分布有清楚直观的了解。基于波动方程的地震波照明更能准确地表达观测方案的成像能力。

2.2.1 基于波动方程的地震波照明的基本原理

进行波动方程照明分析可以得到在特定观测系统下地下目标层上的波场能量分布，也可以用于分析不同观测系统方案中炮检点变化对目的层的照明影响。波动方程类的照明方法能够适应横向强速度变化介质，可对目标地质体进行有效的地震照明分析，结果更加合理、准确。

这里以激发点的位置在 r_s、接收点的位置在 r_g 组成的简单观测系统来研究地下位置 r 附近的目标区域 $V(r)$ 的波场（图2.2.1）。激发点向目标体发出地震波，传播到 r 处波场的数学表达式为

$$u(r,r_s) = 2k_0^2 \int_V m(r')G(r';r_s)\mathrm{d}v' \tag{2.2.1}$$

从目标区域 r 处，再传播到检波点处的波场则为

$$u(r,r_s,r_g) = 2k_0^2 \int_V m(r')G(r';r_s)G(r';r_g)\mathrm{d}v' \tag{2.2.2}$$

式中，r' 是 $V(r)$ 内的局部坐标；v' 是包围 r' 的局部体积；$m(r')=\delta c/c(r')$ 是速度扰动；$c(r')$ 是速度；$k_0=\omega/c_0(r)$ 是背景波数；$c_0(r)$ 是 $V(r)$ 的背景速度；ω 是角频率（角速度）；$G(r';r_s)$ 和 $G(r';r_g)$ 分别是 r_s 和 r_g 处的格林函数。

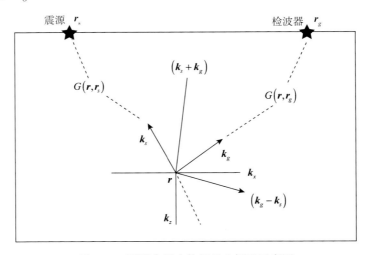

图2.2.1　照明分析中使用的坐标系示意图

通过公式（2.2.1）可以计算出空间目标区域的地震波场，而地震波场数值的平方代表着通过该目标区域的能流密度，也就是照明能量，即

$$Illumination\_s\,(\boldsymbol{r},\boldsymbol{r}_s)= u\,(\boldsymbol{r},\boldsymbol{r}_s)^* \, u\,(\boldsymbol{r},\boldsymbol{r}_s) \qquad (2.2.3)$$

可以根据单炮照明能量计算出工区内所有炮点的照明能量，即

$$Illumination\_s\,(\boldsymbol{r}) = \sum_{s=1}^{N} Illumination\_s\,(\boldsymbol{r},\boldsymbol{r}_s) \qquad (2.2.4)$$

这里，照明能量只包含了炮点的影响，没有考虑到检波点的影响。这种照明一般称为单向照明，它只体现了激发点能量的下传情况，没有体现上传能量是否能够被检波点接收。这样的照明无法用于分析和评价采集观测方案的优劣。要想使照明分析能够应用于观测系统方案的评价，必须将检波点的影响考虑在内。

由于照明的物理意义是能量，可以利用公式（2.2.2）中的地震波场计算包含检波点影响的单炮照明能量，即

$$Illumination\_d\,(\boldsymbol{r},\boldsymbol{r}_s,\boldsymbol{r}_g)= u\,(\boldsymbol{r},\boldsymbol{r}_s,\boldsymbol{r}_g)^* \, u\,(\boldsymbol{r},\boldsymbol{r}_s,\boldsymbol{r}_g) \qquad (2.2.5)$$

公式（2.2.5）的照明能量是由一个激发点和一个检波点组成的最简单观测系统产生的，这种照明被称作双向照明结果，将某一观测系统方案所有炮检关系的照明结果进行累加就得到了该观测方案的双向照明分析结果。

$$Illumination\_d\,(\boldsymbol{r}) = \sum_{s=1}^{N} \sum_{g=1}^{M} Illumination\_d\,(\boldsymbol{r},\boldsymbol{r}_s,\boldsymbol{r}_g) \qquad (2.2.6)$$

公式（2.2.6）在实施过程中是分步计算实施的，对于每一个激发点或者接收点都要使用公式（2.2.3）计算其波场和照明能量公式（2.2.3）。当对三维观测系统方案分析时，模型空间也由图 2.2.1 中的二维空间变化到三维空间，所以每个激发点或者接收点的照明结果都会在三维的模型空间产生一个三维的能量数据体。通常来说，这个数据体的大小等于模型的大小，当工区内炮点数较多时，这些数据体就会耗尽计算机内存及磁盘空间，造成无法完成照明分析。在实用实际应用中，为了快速地分析地震采集观测系统变化对目标层照明的影响，同时减少对计算机资源的要求，可以只针对目标层进行照明分析，当给定若干目标层的情况下，目标层上各点的局部倾角也就确定，三维矢量数据体的计算和存储就可简化为若干个二维标量数据体。图 2.2.2 简述了这个过程，图中左边是一个三维速度网格数据体，绿色部分和黄色部分代表两个反射层位，其规模为 $M \times N \times K$，即沿东坐标方向的网格数量为 M，北坐标方向的网格数量为 N，深度方向的网格数量为 K。当 $M=N=K=1024$ 时，速度数据体的存储空间是 4GB，照明结果的存储空间也是 4GB，当激发点数为 10000 时，存储空间会达到 40TB。如果只分析两个目的层时（图 2.2.2 中右部分），采用"降维存储"技术，深度方向上只存储两层数据就能够满足要求，此时 $M=N=1024$，$K=2$，这时单炮照明能量结果数据体的存储空间变成 8MB，存储体积变为原来的 1/512，同样激发点数为 10000 时，存储空间只需要 80GB，常规的 PC 机就能满足其存储要求。通过使用这种"降维存储"技术，三维波动照明分析对计算机内存和硬盘存储的要求至少可以减少一至两个数量级。

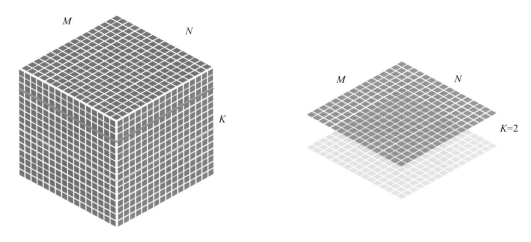

图2.2.2   "降维存储"示意图

2.2.2   波动照明在观测系统优化中的应用

分析不同层位的照明能量，可以有效地对比出不同观测系统方案的优劣，从而优选观测系统方案。以国内东部某工区三维采集观测系统方案设计为例，通过对比 3 种不同横纵比的观测系统方案对目的层的照明效果，在定量曲线对比分析的基础上，确定了最优的观测方案。

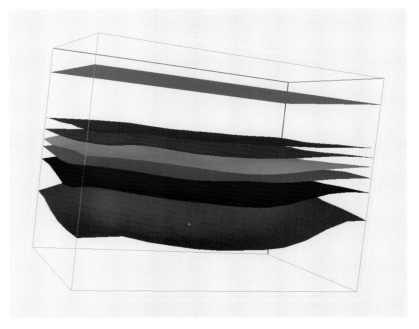

图2.2.3   东部某工区三维地质模型

图 2.2.3 为该工区的三维地质模型，模型中共包含 6 个反射层位，其中主要目的层位是第 6 个反射层位。不同层位间的层速度也是不同的，由于速度的变化会使地震波传播路径发生变化，进而影响不同层位的照明能量。表 2.2.1 为不同横纵比的三维观测系统方案参数表，

其中方案 1 中的参数 8L6S384T 代表单元模板中含有 6 个激发点、8 条接收线、每条接收线含有 384 个接收点，其他方案参数的解释与此类似。

表2.2.1　观测系统方案参数表

采集参数	方案1	方案2	方案3
观测系统	8L6S384R	10L6S384R	12L6S384R
纵向观测方式	4787.5-12.5-25-12.5-4787.5m	4787.5-12.5-25-12.5-4787.5m	4787.5-12.5-25-12.5-4787.5m
接收道数	3072	3840	4608
道距/炮点距	25m/50m	25m/50m	25m/50m
最小炮检距	28m	28m	28m
最大炮检距	4930m	5010m	5106m
面元	12.5m×25m	12.5m×25m	12.5m×25m
覆盖次数	井炮（4×48纵）192次	井炮（5×48纵）240次	井炮（6×48纵）288次
	气枪（4×96纵）384次	气枪（5×96纵）480次	气枪（6×96纵）576次
接收线距	300m	300m	300m
炮线距	井炮100m/气枪50m	井炮100m/气枪50m	井炮100m/气枪50m
纵向滚动距	井炮100m/气枪50m	井炮100m/气枪50m	井炮100m/气枪50m
横向滚动距	300m	300m	300m
横纵比	0.24	0.31	0.37
覆盖密度	61.4万/122.8万	76.8万/153.6万	92.1万/184.3万

8L6S384R（方案1）　　　10L6S384R（方案2）　　　12L6S384R（方案3）

图2.2.4　三维观测系统单元模版

图 2.2.4 为不同宽窄方位三维观测系统方案的单元模版示意图，其中红色点代表激发点，蓝色点代表接收点。通过单元模板可以看出，从方案 1 到方案 3，单元模板中的接收线数逐渐增加，而纵向接收道数不变，表明了接收方位逐渐加宽。使用上述方案对图 2.2.3 所示的模型进行三维层位照明分析计算，可得到不同层位的双向照明结果。图 2.2.5 为三维观测系统方案层位双向照明结果的三维显示，可以看出随着深度的增加，不同层位的照明能量逐渐减弱。最上面的地质层位照明能量最强，最下面的地质层位照明能量最弱。为了对比不同观

测方案对主要目的层的影响，我们抽取主要目的层进行显示。图2.2.6为不同观测方案对目的层的双向照明结果的三维显示，3幅图件中使用相同的色标，其中红色代表高能量，蓝色代表低能量。从图中主要目的层的双向照明能量可以看出，方案1的颜色最接近蓝色，方案2逐渐变深，方案3已经变成红色，说明方案3对于主要目的层的双向照明能量最大。由于从方案1到方案3的接收方位逐渐变宽，说明在目的层埋藏较深的情况下，宽方位观测接收更为有利。

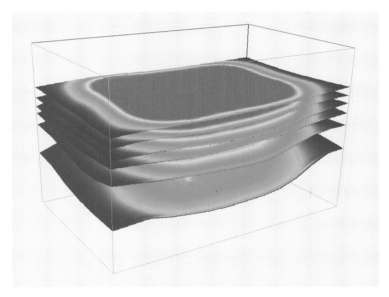

图2.2.5　三维观测系统方案不同层位双向照明结果（12L6S384R－方案3）

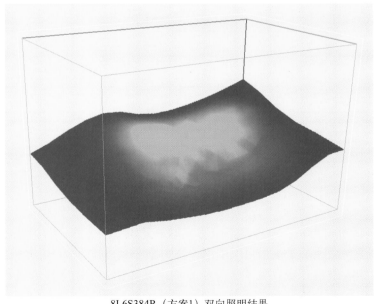

8L6S384R（方案1）双向照明结果

图2.2.6　不同观测方案接收，主要目的层的双向照明结果

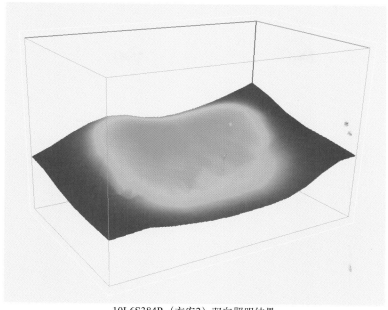

10L6S384R（方案2）双向照明结果

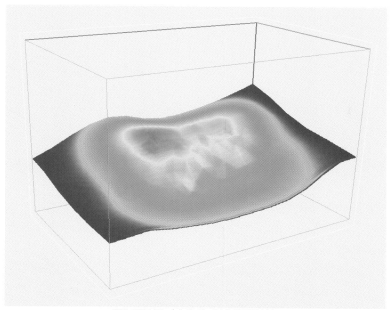

12L6S384R（方案3）双向照明结果

图2.2.6　不同观测方案接收，主要目的层的双向照明结果（续）

　　在照明值比较接近时仅通过颜色对比难以区分，这时使用曲线对比则更为直观。图 2.2.7 为不同方位观测方案下主要目的层的双向照明结果曲线对比显示。从曲线对比图中可以得出结论，观测方位越宽对深层照明越有利。

　　通过上述实例可以看出，基于波动方程的层照明分析方法可以用于三维地震采集观测系统方案的评价与优选。

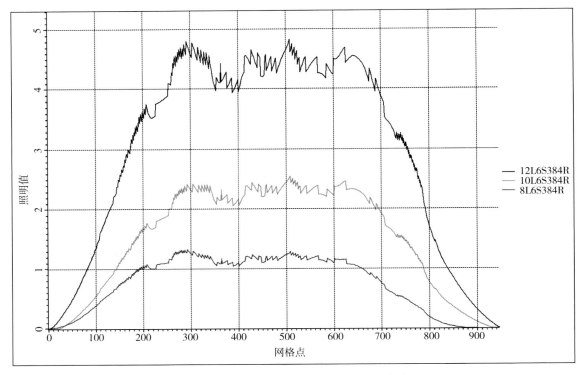

图2.2.7　不同观测方案主要目的层双向照明结果曲线对比显示

2.3　"两宽一高"观测系统的量化评价技术

2.3.1　观测系统的评价指标

对于常规三维观测系统的优劣认识，通常是做定性评价。为了对两宽一高观测系统进行定量评价，这里提出了三个有关的评价指标，以便对设计观测系统的特性进行更全面的分析。

2.3.1.1　密度指标

密度指标包括接收密度、激发密度、覆盖密度，是评价叠前偏移的重要参数。

（1）接收密度 D_r：对二维勘探而言是每千米内的接收道的数量；对三维勘探则是每平方千米内的接收道的数量。

（2）激发密度 D_s：对二维勘探而言是每千米内的炮数，即 Shots/km；对三维勘探则是每平方千米内的炮数。

（3）覆盖密度 D_{fold}：每平方千米内地震数据的数量（即炮检对数量）。

在衡量采样密度时应综合考虑以上的参数，原则是以上各参数的数值越大，密度越高，并且不能偏废，不能只强调覆盖密度和接收密度而忽略了激发密度。在实际应用中，更重要的是保证较高的覆盖密度。

2.3.1.2 均匀性指标

均匀性指标是衡量波场空间采样好坏的主要指标之一。对于一个给定的观测系统，可从以下 3 个参数衡量其均匀性的好坏，以下 3 个参数越接近于 1 越好。

（1）接收均匀性 U_r：三维勘探中道距 RI 和接收线距 RLI 之比，即 $U_r=RI/RLI$；

（2）激发均匀性 U_s：三维勘探中炮点距 SI 和炮线距 SLI 之比，即 $U_s=SI/SLI$；

（3）炮道均匀性 U_{sr}：激发密度 D_s 和接收密度 D_r 之比，即 $U_{sr}=D_s/D_r$。

由于道距、接收线距、炮点距及炮线距的大小受不同目标区目的层埋深等具体地球物理参数的影响较大，因此激发密度和接收密度的比值大小是衡量均匀性好坏的主要参数。

2.3.1.3 对称性指标

对称性指标是指道距 RI 与炮点距 SI 之比、接收线距 RLI 与炮线距 SLI 之比，这两个比值越接近 1 越好。其中接收线距与炮线距的比值，只作为辅助参考指标。

2.3.2 均匀性定量评价

按照"两宽一高"地震采集设计理念，三维观测系统设计应尽量满足面元内（或成像网格内）的覆盖次数、炮检距、方位角分布均匀。覆盖次数均匀性分析比较简单，这里不做讨论。对炮检距均匀性和方位角均匀性的分析以往多采用定性分析图的方式，不能很好地给出炮检距和方位角的量化关系。为此，通过引入均值、方差、加权叠加等概念，提出了一种面元内炮检距均匀度的定量估算方法，改进三维观测系统均匀性的定量分析方法。通过计算满覆盖区域内所有面元炮检距均匀度标准方差（即为整个观测方案均匀度），分析和评价三维观测系统属性均匀性。

2.3.2.1 面元内炮检距均匀度定量估算方法

观测系统参数确定后，最大炮检距和最小炮检距就已确定，理想炮检距分布应自最小炮检距到最大炮检距均匀分布，如图 2.3.1a 所示。这种理想分布在二维观测中比较容易实现。而在陆上三维勘探中，出于经济性的考虑，通常采用束线方式施工，实际面元内炮检距分布受观测系统参数、观测系统形式、滚动距离等影响，基本无法实现均匀分布，而是呈现出如图 2.3.1b 所示的分布规律。

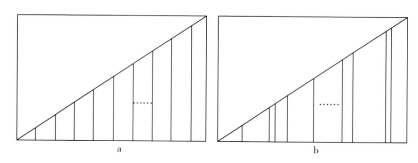

图2.3.1 面元内理想炮检距（a）和实际炮检距（b）分布示意图

为度量面元内实际炮检距分布情况与理想分布的差异程度，提出了面元炮检距均匀性量化指数 U，定义为

$$U = \frac{1}{N} \sum_{i=1}^{N} \frac{1}{W_i} \left[1 - \left(\frac{X_{ri} - X_{ti}}{W_i \times \Delta X} \right)^2 \right] \tag{2.3.1}$$

式中，U 表示面元内炮检距分布均匀度；N 为覆盖次数；ΔX 为理想炮检距变化增量的一半；X_{ri} 为对应第 i 个实际炮检距；X_{ti} 为对应第 i 个理想炮检距值，且有

$$X_{ti} = \Delta X \times (i-1) + X_{r\min} \tag{2.3.2}$$

$$\Delta X = \frac{X_{r\max} - X_{r\min}}{N-1} \tag{2.3.3}$$

$$X_{ti} = \frac{X_{\max} - X_{\min}}{N} \times i + X_{\min} \tag{2.3.4}$$

而 W_i 为由式（2.3.5）定义的加权系数，即

$$W_i = \mathrm{INT} \left(1.5 + \frac{|X_{ri} - X_{ti}|}{\Delta X} \right) \tag{2.3.5}$$

式中，INT 表示取整。函数返回小于或等于该参数之最大整数，即 W_i 是用理想炮检距增量的整倍数表示的面元内实际炮检距与理想炮检距之差。其值越大，对面元均匀性的有效贡献就越小（图2.3.2）。当实际炮检距与理想炮检距之差的绝对值小于或等于 ΔX，则称为有效炮检距，系数为1，其对面元均匀性的贡献最大。若实际炮检距与理想炮检距之差绝对值过大，则该实际炮检距对面元贡献作用变小。用加权系数表征炮检距对面元的有效贡献，是更客观评价炮检距均匀性的定量分析方法。

用式（2.3.1）计算出的炮检距分布均匀度 U 在 $0 \sim 1$ 之间。其值越接近1，表示该面元内的炮检距分布越均匀。

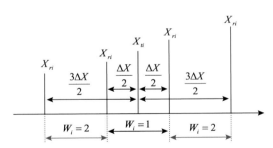

图2.3.2　面元内实际炮检距和理想炮检距分布与加权系数关系示意图

2.3.2.2　炮检距空间分布特征定量分析方法

通常炮检距空间分布特征定性分析以方位角、炮检距和炮检对个数（中点个数）为变量参数，可用柱状图、折线图、玫瑰图表示。我们提出了如下满覆盖区炮检距空间分布特征的量化指数，即

$$U(X_{ti}) = \frac{1}{m} \sum_{k=1}^{m} u_k(X_{ti}) \tag{2.3.6}$$

式中，m 表示选定满覆盖区面元个数；k 为选定满覆盖区的面元编号；$u_k(X_{ti})$ 为第 k 号面元

的X_{ti}出现的频次；$U(X_{ti})$为满覆盖区第i个理论炮检距值X_{ti}出现的平均频次，在理想情况下$u(X_{ti})=U(X_{ti})=1$。实际中$U(X_{ti})$越接近1，说明炮检距空间分布特征均匀性越好。

2.3.2.3 观测系统整体均匀度计算方法

尽管满覆盖区内各面元的覆盖次数相同，但炮检距分布会存在差异，因此某一面元内炮检距分布均匀性并不能代表整个观测系统整体的炮检距均匀分布。为了定量分析观测系统整体炮检距分布，引入标准方差表征观测系统整体炮检距分布的均匀度U_{geo}，即

$$U_{geo} = \sqrt{\frac{1}{m-1}\sum_{k=1}^{m}\left(U_k - \bar{U}\right)^2} \qquad (2.3.7)$$

式中，U_k表示编号为k的面元炮检距均匀度[式（2.3.1）]；$\bar{U}$表示选定满覆盖区内平均面元炮检距均匀度；U_{geo}表示观测系统各面元炮检距分布均匀度，它能更好地表征观测系统整体炮检距分布均匀性。标准方差越小，这些值偏离平均值就越小，表明成像面元间炮检距分布更均匀。

2.3.3 波场连续性评价

地震资料中去噪和偏移成像等多种处理都要求地震数据具有空间波场的连续性，如何确定地震资料波场连续性的优劣是一个关键环节。波场连续性与地震采集观测系统方案密切相关，需要正确地估算某种观测系统方案的空间波场连续性，从而判断地震资料质量，合理选择采集参数，为采集观测系统设计优化提供参考。

下面给出一种在观测系统设计时确定不同观测系统的共偏移距域和共方位角域地震数据的空间波场连续性的方法。

具体步骤如下：

（1）最终采样地震波长参数确定与观测系统布设。

根据以往采集的地震资料、表层调查资料和当前地质任务等，首先确定需要采集资料的反射地震波优势波长，同时根据噪声压制技术的要求确定需要保护的干扰波的优势波长，把以上两者的最小值作为最终采样地震波长。

观测系统可以是室内布设的理论设计方案（图2.3.3），也可以是野外生产使用的实际观测系统（图2.3.4）。

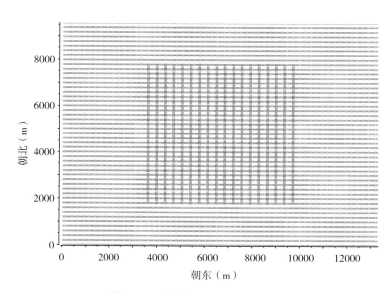

图2.3.3　室内布设的理论设计方案

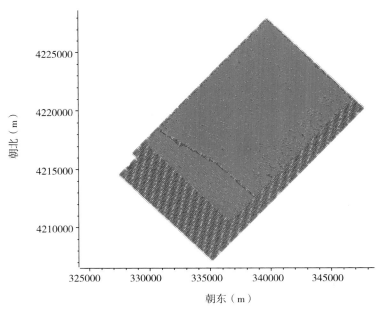

图2.3.4　野外生产使用的实际观测系统

（2）数据采样网格划分。

根据离散数字采样定理可知，要使某一简谐波能够正确恢复，需要保证在一个波长内至少有两个采样点，所以采样网格尺寸计算公式为

$$采样网格尺寸 = 最终采样地震波长/2$$

若分析处理数据，采样网格尺寸计算公式为

$$采样网格尺寸 = 面元尺寸$$

沿接收线方向与垂直接收线方向，以采样网格尺寸为步长，建立网格（图 2.3.5）。

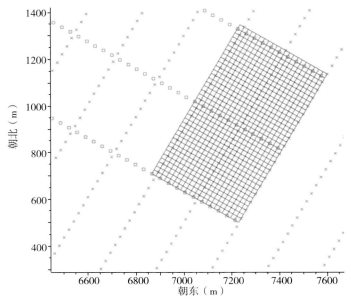

图2.3.5　建立采样网格示意图

（3）选择计算区域。

对于当前使用反射地震勘探以及多次覆盖技术，分析评价波场连续性要在三维工区的满覆盖区域上进行。对于理论设计方案一般选择若干个相邻"子区"，区域尽量大。对于野外实际观测系统，由于存在炮检点偏移，所以应该选择整个满覆盖区域进行计算。

（4）观测系统空间波场连续性计算。

把炮检对的中点位置作为反射波的采样位置，则理论上可以认为该位置所在的网格就能得到反射地震资料，如果观测系统设计不好或者采样网格过小，会有一部分网格内没有地震资料，造成空间波场不连续。将整个工区内所有炮检对都计算一遍，就得到了观测系统的数据采样分布。如果只考虑某一偏移距或某一方位角，就得到了共炮检距道集或共方位角道集。

引入空间波场连续性量度，即

$$D = 1 - M_1/M_2 \qquad (2.3.8)$$

式中，M_1为选择区域内无资料处的面积；M_2为选择区域的面积；D的最大值为1，表示空间波场连续；最小值为0，表示没有被覆盖。D越大波场连续性越好。

（5）观测系统空间波场连续性对比。

通过以上计算，可以得出不同观测系统不同道集类型的波场连续性分布，如共炮检距道集或共方位角道集的观测系统空间波场连续性，为了对比不同观测系统的波场连续性，可以将地震波长设置一致，然后计算观测系统的空间波场连续性，数值大者为优。

（6）观测系统空间波场连续性查看。

波场连续性计算结束之后，可以查看不同道集的空间波场连续性，如共炮检距道集的波场连续性（图2.3.6），共方位角道集的波场连续性（图2.3.7）等。

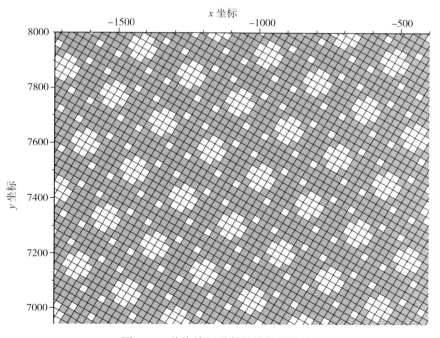

图2.3.6　共炮检距道集的波场连续性

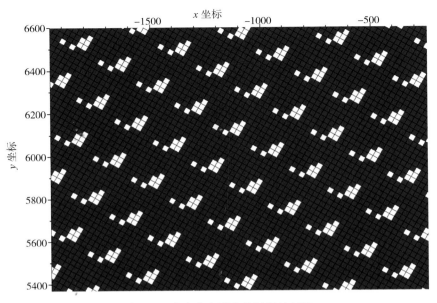

图2.3.7　共方位角道集的波场连续性

该方法可以应用到不同观测系统的空间波场连续性对比评价，同时也可以实现同一观测系统不同地震波长的空间波场连续性对比，以某工区两个候选观测系统对比分析为例。

观测系统1：32L3S180R，道距40m，炮距40m，接收线距120m，炮线距120m；

观测系统2：20L5S180R，道距40m，炮距40m，接收线距200m，炮线距360m。

要对比这两个观测系统，要选择统一的地震波长，例如使用地震波长35m，分别计算其共偏移距道集（图2.3.8、图2.3.9）和共方位角道集的空间波场连续性（图2.3.10、图2.3.11），可以看出观测系统1的共偏移距的道集的波场连续性数值最大是0.75，而观测系统2对应的数值是0.2；观测系统1的共方位角的道集的波场连续性数值是0.75，而观测系统2对应的数值是0.2；说明观测系统1的空间波场连续性优于观测系统2的空间波场连续性。

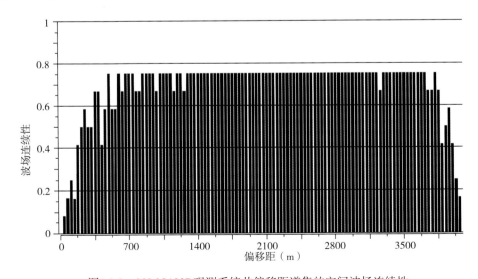

图2.3.8　32L3S180R观测系统共偏移距道集的空间波场连续性

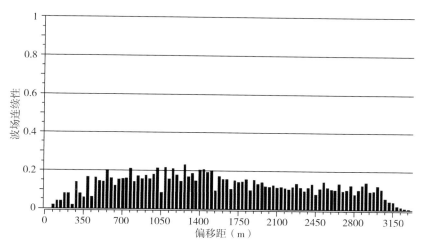

图2.3.9　20L5S180R观测系统共偏移距道集的空间波场连续性

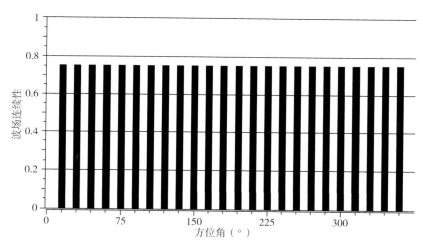

图2.3.10　32L3S180R观测系统共方位角道集的空间波场连续性

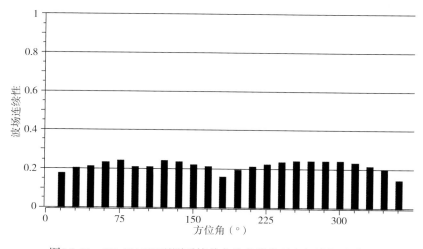

图2.3.11　20L5S180R观测系统共方位角道集的空间波场连续性

2.3.4　叠前偏移成像脉冲响应评价

通过对地下单一绕射点模型进行叠前时间（深度）偏移，可以得到脉冲响应，常被用来比较不同观测系统的成像分辨率。空间采样与地下偏移成像子波的特征密切相关，空间采样的不均匀性在叠加剖面或偏移剖面的振幅切片上表现为条带状痕迹，称为"采集脚印"；在垂直切片上表现为子波旁瓣变大，称为"偏移噪声"。因此，可以通过研究偏移子波的特征，辅助观测系统设计。

理论上可以达到的成像分辨率是基于 Beylkin（1985）的定义给出的。Beylkin（1985）公式给出了成像分辨率与子波频率成分、观测孔径、炮检点分布之间的关系，即

$$f_{est}\left(\overset{\rho}{x}\right)=\frac{1}{2\pi^3}\int_{D_x} f\left(\overset{\rho}{k}\right)e^{-i\overset{\rho}{k}\cdot\overset{\rho}{x}} \tag{2.3.9}$$

式中，$f_{est}\left(\overset{\rho}{x}\right)$ 是对目标函数扰动（即相对于背景的变化量）的估计，可以认为是成像结果，即近似成像分辨率。$f\left(\overset{\rho}{k}\right)$ 是波数域的目标函数扰动；D_x 是波数变化的范围，该范围越大，理论分辨率越高。

"两宽一高"观测设计方法是对观测系统的模拟叠前地震数据进行积分法叠前偏移，获取每一个面元的模拟偏移子波，对其主瓣峰值（以下称最大振幅）、旁瓣扰动能量（以下称偏移噪声）等特征值进行分析评价。

为了量化分析偏移子波特征与观测系统属性的关系，偏移成像质量的评价指标定义为

$$\delta_A = \frac{A_{max} - A_{min}}{A_a} \tag{2.3.10a}$$

$$N_m = 20\times\lg\frac{A_{rms}}{A_{main}} \tag{2.3.10b}$$

式中，δ_A 为振幅离散度；A_{max} 为最大振幅；A_{min} 为最小振幅；A_a 为平均振幅（这些值均采用时间切片上的真值）；N_m 为偏移噪声；A_{rms} 为噪声的均方根振幅；A_{main} 为信号主瓣振幅；噪声时窗选取为目的层 t_0 时刻至上方两倍成像子波波长。

2.3.5　噪声压制特性评价

选择合适的观测系统参数有利于共中心点（CMP）叠加压噪，提高信噪比。三维地震观测系统类型多种多样，不同观测方式压噪的特性是不同的。在经济可行的前提下，为了准确成像和压噪，要求炮检距和方位角分布均匀、最小炮检距尽可能小。在这些要求下，目前已经发展了许多不同类型的野外观测系统，主要有：直线式、线束式、砖墙式、奇偶式、纽扣式、锯齿式、非正交辐射式、六角形排列式和环式。即使是同一类型的观测系统，随着各种具体参数的不同，比如接收线距、接收点密度、炮线距、炮密度等参数的变化，压噪的特性也有较大的差异。现有评价三维观测系统压噪特性的方法是绘制出 CMP 道集

的炮检距和方位角分布，由此判断压噪效果。这种方法得出的认识一般是定性的。为正确地选择三维观测系统，我们提出了三维地震观测系统对次生噪声、浅层折射和面波压制能力的估算方法，获得定量指标。实际应用表明，这种估算方法有助于优选三维地震采集观测参数。

2.3.5.1　噪声的时距方程

在野外进行地震数据采集时，从激发位置产生的地震波可分为两部分。其中一部分向下传播，到达波阻抗分界面后携带地质信息返回到地面，被检波器记录下来成为有效波；另一部分在近地表传播，被检波器记录下来成为噪声。噪声在地震记录上表现为面波、折射波和次生噪声。假设地下结构的速度模型和三维地震观测系统如图2.3.12所示，图中上表面为观测面，S 和 R 表示布设在观测面上的激发点和接收点，S 表示其中的一个激发点，R 表示其中的一个接收点，O 为 SR 的中点，即 CMP 位置，N 为次生干扰源位置。中间的面为近地表低速层与下覆高速层之间的界面，界面上 S' 和 R' 表示地震波发生透射的位置，S_0、S_1、R_0、R_1、N_S 和 N_R 表示发生折射的位置。下底面是目标层界面，界面上 O' 表示发生反射的位置。由图可见，近地表传播的干扰波从激发点 S 到达接收点 R 可能的路径有 6 条，分别为

$$\begin{cases} P_1 : S \rightarrow S_1 \rightarrow N_S \rightarrow N \rightarrow N_R \rightarrow R_1 \rightarrow R \\ P_2 : S \rightarrow S_0 \rightarrow R_0 \rightarrow R \\ P_3 : S \rightarrow N \rightarrow R \\ P_4 : S \rightarrow R \\ P_5 : S \rightarrow N \rightarrow N_R \rightarrow R_1 \rightarrow R \\ P_6 : S \rightarrow S_1 \rightarrow N_S \rightarrow N \rightarrow R \end{cases} \tag{2.3.11}$$

若低速层速度为 v_0，下伏高速层速度为 v_1，S、R 和 N 3 点低速层厚度分别为 h_{0S}、h_{0R} 和 h_{0N}，则其对应的折射延迟时分别为

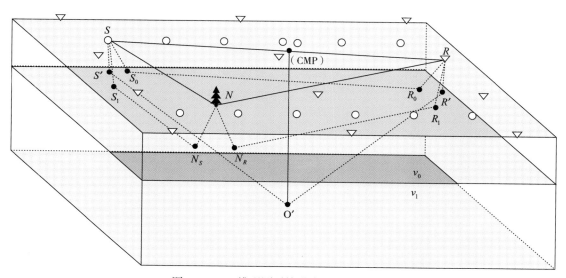

图2.3.12　三维观测系统噪声的传播示意图

$$\tau_S = \sqrt{(h_{0S}/v_0)^2 - (h_{0S}/v_1)^2} \tag{2.3.12}$$

$$\tau_R = \sqrt{(h_{0R}/v_0)^2 - (h_{0R}/v_1)^2} \tag{2.3.13}$$

$$\tau_N = \sqrt{(h_{0N}/v_0)^2 - (h_{0N}/v_1)^2} \tag{2.3.14}$$

噪声从激发点到接收点总的折射延迟时可记为

$$\tau_n = k_S\tau_S + k_R\tau_R + k_N\tau_N \tag{2.3.15}$$

式中，K_S、K_R和K_N是折射延迟时的倍数，取值范围是0、1和2，具体取值根据传播路径而定。

假设近地表层结构稳定，噪声从激发点到次生干扰源的传播速度为$v'_n \in \{v_0, v_1\}$，噪声从次生干扰源到接收点的传播速度为$v''_n \in \{v_0, v_1\}$；设炮检距 $SR = x$，方位角为 α_{SR}，次生干扰源与CMP的距离 $ON=L$，方位角为 α_{ON}，干扰源相对方位角 $\alpha=\alpha_{ON}-\alpha_{SR}$。若 t_n 表示噪声旅行时，通过6条路径的噪声时距方程可以统一表达为

$$t_n = \frac{\sqrt{x^2 + 4L^2 - 4xL\cos\alpha}}{2v'_n} + \frac{\sqrt{x^2 + 4L^2 + 4xL\cos\alpha}}{2v''_n} + \tau_n \tag{2.3.16}$$

式（2.3.16）把几种传播路径的噪声方程统一在一个表达式中，具体是哪种噪声依据传播路径而定。以下分3种情况讨论。

（1）全折射路径。

全折射路径是指噪声在水平方向通过折射界面传播，噪声速度为高速层速度，即 $v'_n = v''_n = v_1$。本文中 P_1 和 P_2 为全折射路径，当 $L > 0$，$k_S = k_R = 1$，$k_N = 2$ 时，式（2.3.16）表示的传播路径为 P_1；当 $L=0$，$k_S = k_R = 1$，$k_N = 0$ 时，式（2.3.16）表示的传播路径为 P_2。

（2）全直达路径。

全直达路径是指噪声在水平方向通过近地表面传播，噪声速度为低速层速度，即 $v'_n = v''_n = v_0$，且 $k_S = k_R = k_N = 0$；本文中 P_3 和 P_4 为全直达路径，当 $L > 0$ 时，（2.3.16）式表示的传播路径为 P_3；当 $L=0$ 时，式（2.3.16）表示的传播路径为 P_4。

（3）混合路径。

混合路径是指噪声在水平方向既通过折射界面传播又在近地表面传播，噪声速度既有高速层速度又有低速层速度，且 $L > 0$。本文中 P_5 和 P_6 为混合路径，当 $v'_n = v_0$，$v''_n = v_1$，$k_S = 0$，$k_R = k_N = 1$ 时，式（2.3.16）表示的传播路径为 P_5；当 $v'_n = v_1$，$v''_n = v_0$，$k_R = 0$，$k_S = k_N = 1$ 时，（2.3.16）式表示的传播路径为 P_6。

2.3.5.2　噪声的剩余时差

设反射界面深度为 h，反射速度为 v_S，旅行时为 t_S，则反射波时距方程为

$$t_S = \frac{1}{v_S}\sqrt{4h^2 + x^2} \tag{2.3.17}$$

该式对应的动校正量为

$$\Delta t_S = t_S - t_0 \tag{2.3.18}$$

式中，t_0 为反射波自激自收时间。在地震资料处理中，反射波动校正量是以式（2.3.18）为规律计算的，凡是时距曲线不符合这个规律的任何其他形式的波，如果仍旧按该式进行动校正，则道集内各道的波的旅行时不一定都能校正为共中心点的垂直反射时间 t_0，而可能存在一个时差。噪声旅行时按式（2.3.18）做动校正后的时间与反射波自激自收时间 t_0 之差称为噪声剩余时差。设噪声的正常时差为 Δt_n，则噪声剩余时差为

$$\begin{aligned}\Delta t &= \Delta t_n - \Delta t_S \\ &= (t_n - t_0) - (t_S - t_0) \\ &= t_n - t_S\end{aligned} \tag{2.3.19}$$

把式（2.3.16）和式（2.3.17）代入式（2.3.19）得

$$\Delta t = \frac{\sqrt{x^2 + 4L^2 - 4xL\cos\alpha}}{2v_n'} + \frac{\sqrt{x^2 + 4L^2 + 4xL\cos\alpha}}{2v_n''} - \frac{\sqrt{4h^2 + x^2}}{v_S} + \tau_n \tag{2.3.20}$$

2.3.5.3 压噪能力的估算方法

对备选观测系统进行压噪能力估算，主要就是计算折射波、直达波、随机干扰和次生干扰波的叠加特性。叠加相当于一个线性滤波器，这个滤波器的模就是叠加的振幅特性，把叠加的振幅特性除以叠加次数就得到叠加特性，用叠加特性衡量压制能力，进而选择满足要求的观测系统。设三维工区中第 i 个 CMP 的叠加次数为 n，δt_{ij} 为第 i 个 CMP 中第 j 道的剩余时差，则第 i 个 CMP 噪声叠加特性为

$$K_i(\omega) = \frac{1}{n}\sqrt{\left(\sum_{j=1}^{n}\left(\cos\omega\delta t_{ij}\right)\right)^2 + \left(\sum_{j=1}^{n}\left(\sin\omega\delta t_{ij}\right)\right)^2} \tag{2.3.21}$$

式中，K_i 是第 i 个 CMP 点的噪声的叠加振幅特性；N 为覆盖次数；ω 是角频率。

式（2.3.21）的值域是 [0, 1]，值的大小表明了对各频率成分噪声的压制效果，$K_i(\omega)$ 越小，压制效果越好；$K_i(\omega)$ 越大，压制效果越差。当 $K_i(\omega)=0$ 时对噪声压制效果最好，表示频率成分为 ω 的噪声被完全压制；当 $K_i(\omega)=1$ 时对噪声压制效果最差，表示频率成分为 ω 的噪声没有得到任何压制；当 $K_i(\omega) \in (0,1)$ 时，噪声的压制效果介于前两者之间。

应用（2.3.21）式计算得到的是与单频有关的压制效果，这个结果不易反映出全频段或某一频率段的噪声压制效果在三维工区平面上的变化。实际资料表明，三维地震数据 CMP 叠加的压噪能力在平面上是有变化的。如两条相距 75m 的 CMP 叠加剖面线性噪声的影响，在不同的位置完全不同（图 2.3.13），而且不同频率的噪声压制效果在平面上也是不一样的。

为了分析不同频段的噪声压制效果在平面上的变化，提出频段平均叠加压制特性计算方法，即用某一频段叠加特性的平均值表示该面元的噪声压制特性。做这个约定便于用噪声压制特性表示一个 CMP 面元压制噪声的能力，而且可以按频段进行估算及分析。这种分频段的压噪估算方法对高频段的噪声压制效果分析起到更大的作用。频段平均噪声压制

特性计算公式为

$$\overline{A_i} = \frac{1}{M} \sum_{k=1}^{M} K_i(\omega_k) \tag{2.3.22}$$

$$\overline{Aw_i} = \frac{1}{(m_2 - m_1 + 1)} \sum_{k=m_1}^{m_2} K_i(\omega_k) \tag{2.3.23}$$

式中，下标 k 表示噪声频率采样的序号；$\overline{A_i}$ 为第 i 个 CMP 点的噪声综合振幅特性；M 为噪声频率的采样个数；K_i 为第 i 个 CMP 点的噪声的叠加振幅特性；ω_k 为噪声频率范围内的第 k 个频率值；$\overline{Aw_i}$ 为第 i 个 CMP 点噪声的分频平均振幅特性；m_1 和 m_2 是噪声频率采样的序号，且 $1 \leqslant m_1 < m_2 \leqslant M$。

式（2.3.22）和式（2.3.23）式的值域是 [0，1]。值域的大小表明了该 CMP 点对噪声压制效果，越小压制效果越好，越大压制效果越差。两式的差别在于，公式前者计算的是噪声在其频带范围内所有频率成分的平均振幅特性，后者计算的是噪声在其频带范围内某一小频率段内的平均振幅特性。

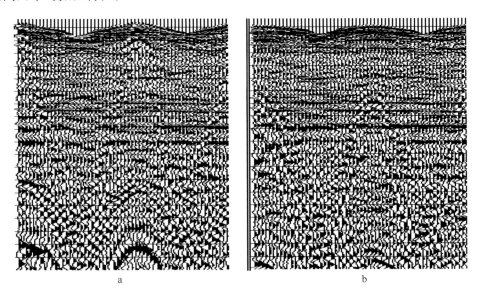

a   b

图2.3.13 相邻75m的两条CMP叠加剖面噪声对比

2.3.5.4 观测系统压噪能力评价

根据压噪能力的估算结果，在三维地震观测系统的设计阶段选择有利于压噪的参数。评价三维观测系统压噪能力（以下提及的噪声压制特性均指全频段的平均压制特性），可以采用以下步骤实现：

（1）利用地震剖面、井资料、地质背景资料、地理信息及地质任务设计拟采用的三维地震观测系统方案。在满足地质任务和经济可行条件下，可设计出多套观测系统方案。确定目的层的深度、平均速度和主要噪声类型及其传播速度。

（2）计算观测系统的 CMP 属性信息。主要是根据激发点、接收点和散射源的大地坐标计算 CMP 道集中每道的位置关系，包括炮检距、CMP 与散射源的距离和散射源的相对方位角，进而计算噪声的剩余时差。

（3）计算噪声的叠加振幅特性，进而计算工区或某个子区内 CMP 的噪声压制特性，绘制平面图。平面图的坐标表示 CMP 的位置，用不同灰度或颜色表示噪声压制特性的平面变化。

（4）所有面元统计噪声压制特性的分布，进而绘制出噪声压制特性频数分布图，直观地展示观测系统压噪特性。

（5）对各种观测系统，应用噪声压制特性图和频数分布图进行综合分析，确定各观测系统的压噪效果。噪声压制特性图中的灰度或颜色值越大，表明观测系统压制噪声的能力越弱，反之，观测系统压制噪声的能力越强；频数图中压制特性小的百分比越大，观测系统压制噪声的能力越强，反之，观测系统压制噪声的能力越弱。因此，通过噪声压制特性图和频数分布图很容易选择出压噪能力强的三维观测系统。

2.3.5.5 应用实例

表 2.3.1 是根据中国西部某地区的地震剖面、井资料、地质模型、地理信息及地质任务设计拟采用的三维地震勘探观测系统方案。表中有 3 种方案，观测系统类型有正交和斜交，CMP 覆盖次数有 48 次和 96 次，炮线距有 200m 和 400m，其他参数均相同。

表2.3.1　某区拟采用的观测系统方案

参数	方案1	方案2	方案3
观测系统类型	16L6S192R正交	16L6S192R正交	16L6S192R斜交
CMP面元（m^2）	12.5×12.5	12.5×12.5	12.5×12.5
覆盖次数	12×8	6×8	6×8
接收道数	3072	3072	3072
道距（m）	25	25	25
炮点距（m）	25	25	25
炮线距（m）	200	400	400
接收线距（m）	150	150	150

计算表 2.3.1 中 3 种观测系统的 CMP 属性信息，假定表层速度和厚度横向没有变化，取 v_0=800m/s，厚度 h_0=20m，折射层速度 v_1=1800m/s，目的层时间埋深 1s，按全折射路径估算噪声压制特性并统计分布特征。方案 1 对应压噪特性区间为 0.22 ~ 0.26，主频数对应噪声压制特性值 0.24（图 2.3.14）；方案 2 对应压噪特性区间为 0.3 ~ 0.44，主频数对应噪声压制特性值 0.32（图 2.3.15）；方案 3 对应压噪特性区间为 0.3 ~ 0.54，主频数对应噪声压制特性值 0.36（图 2.3.16）。由此可知，高覆盖次数的方案 1 压噪效果最好，同样 48 次覆盖的情况下，方案 2 的正交观测系统具有较好的压噪特性。

图 2.3.17 至图 2.3.19 是 3 个观测系统采集数据经处理获得地震剖面。其中方案 2 是由方案 1 数据抽稀而取得，显然方案 1 采集、处理得到的叠加剖面信噪比最高，方案 3 剖面噪声

背景最强。比较方案1、方案2在700～800ms剖面细节，方案1有良好的反射相位，方案2反射相位很弱，也证明用方案1实施采集是较好的选择（图2.3.17至图2.3.19）。实际结果与计算结果接近，证明本文提出的三维地震观测系统评价方法是可行性的。

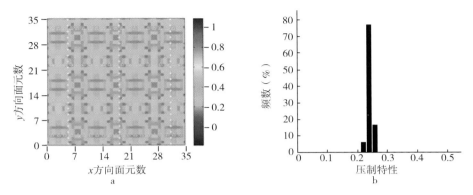

图2.3.14　观测方案1的噪声压制特性

a—压制特性平面图；b—压制特性频数图

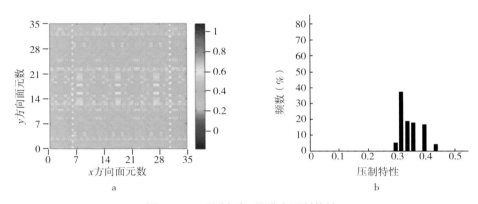

图2.3.15　观测方案2的噪声压制特性

a—压制特性平面图；b—压制特性频数图

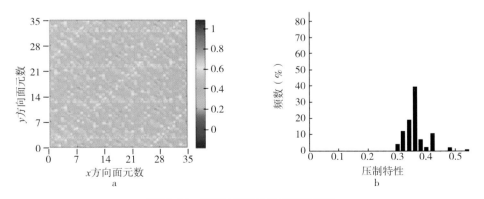

图2.3.16　观测方案3的噪声压制特性

a—压制特性平面图；b—压制特性频数图

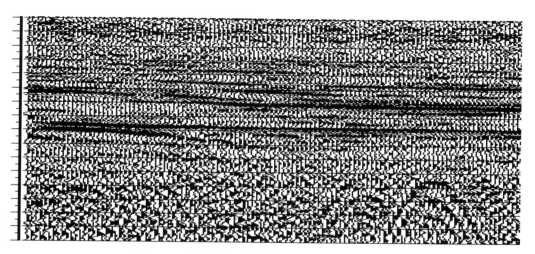

图2.3.17　观测方案1采集数据的叠加剖面

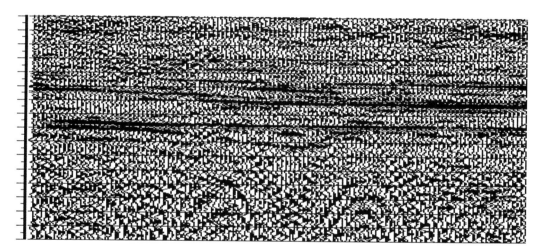

图2.3.18　观测方案2采集数据的叠加剖面

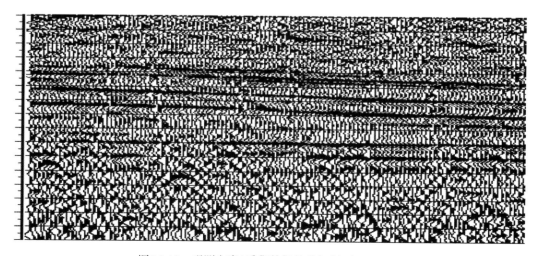

图2.3.19　观测方案3采集数据的叠加剖面

　　三维观测系统对噪声具有压制作用，这是多次覆盖的观测系统在水平叠加时的一个重要特性。针对近地表中散射干扰，从建立噪声时距方程出发，计算噪声剩余时差，讨论了三维地震观测系统压制散射干扰的定量分析方法。通过数值计算和实际地震数据处理分析，说明这种压噪估算方法是行之有效的，说明通过估算三维地震采集观测系统的压噪能力，评价噪声压制特性，有利于优化三维观测系统参数。

3 宽频激发与大道数接收技术

提高宽频激发能力是获得宽频地震数据的关键技术手段，在长期实践中，业界针对井炮和可控震源这两种陆上主要激发方式就如何开展进一步拓频进行了深入研究，并取得了一定的进展和认识。

"两宽一高"地震采集的一个显著特点是激发点数与接收道数的大幅增加，随之而来的是采集数据量呈爆炸式增长。新变化对地震仪器在满足大道数接收、高效作业方面提出了新的要求。经过持续研究，我们在海量地震数据传输与存储、超大道数采集通道时间同步及超大规模排列管理等方面取得了重大突破，对提高地震数据采集效率、保障采集数据质量和减轻工作人员劳动强度等都起到了极为重要的作用。

3.1 炸药震源拓频方法

3.1.1 炸药量与地震波振幅和频率的关系

在完全弹性均匀介质、球形孔穴、作用于孔穴内壁的压强函数为阶跃函数的假定条件下，俞寿朋（1993）基于 Sharpe 的工作进行了关于药量与激发子波频谱关系的研究，得出如下结论：

（1）子波幅度与药量的立方根成正比；

（2）子波视频率与药量的立方根成反比；

（3）频谱峰值频率与药量的立方根成反比；

（4）频谱峰值幅度与药量的 2/3 次方成正比；

（5）高频振幅与药量的立方根成正比；

（6）均方根振幅与药量的平方根成正比；

（7）高频振幅与均方根振幅的比值与药量的 1/6 次方成反比。

图 3.1.1 显示了药量为 1∶8 的两个震源子波及其振幅谱。

可见大炸药量激发的子波视周期大、主频低。爆炸产生的激发能量 A 与药量 Q 的关系可以表达为：$A= cQ^{1/3}$。但当药量 Q 增大到某个值以后，激发能量 A 增加幅度很小，即 A 随 Q 的增大有一个极限值。

实践表明，随着药量的增大，地震波高、低频能量都增大，且低频能量增加更快，不同药量的子波频谱形状不同（图 3.1.1）。图中显示各频率信号的振幅随药量增加而增大，即仅仅考虑环境噪声时，各频率信号的信噪比也要增加，原来的非有效频带会逐渐变成有效频带，从而提高分辨率。但大药量视主频偏低，小药量视主频偏高。且实际炸药激发的有效频带不仅受到环境噪声的影响，还受到源生噪声的影响。当药量增大到一定程度，源生噪声增大速度将大于有效波的增大速度。此时药量增大，反而会使有效频带降低。因此，从拓宽有效频带角度考虑，需要根据工区的实际试验结果，选择出最佳激发药量。

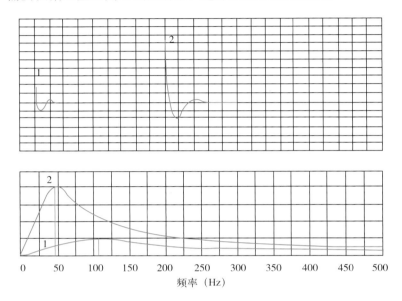

频率（Hz）

图3.1.1　不同药量子波及其振幅谱对比（俞寿朋，1993）

子波1与子波2的药量为1∶8

图 3.1.2 为某区不同药量分频段（50 ～ 100Hz）单炮试验对比。可以看出，0.25kg、0.5kg 和 1kg 药量时该频段信噪比基本相当，但随着药量进一步加大，信噪比逐渐降低。通过对由低到高不同频段的信噪比分析，即可选择出利于拓展频带的最佳药量。

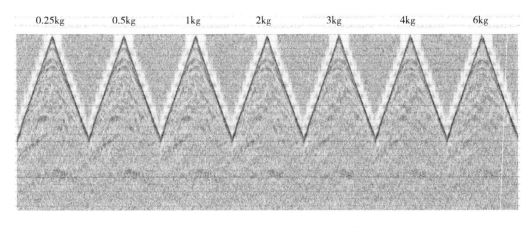

图3.1.2　不同药量的分频（50～100Hz）段对比

3.1.2　井深对激发频率的影响

　　勘探实践表明，在潜水面（高速顶）以下激发能够有效避开低速层对地震波能量的吸收和衰减，改善激发效果。但在潜水面以下激发时必须充分考虑到虚反射对激发效果的影响。

　　如图 3.1.3 所示，虚反射传播路径存在先上行、再下行的过程。假设激发点到高速层顶界面的距离为 H_2，则虚反射与原反射实际自激自收传播距离相差 $2H_2$。受虚反射界面的反射系数影响，虚反射与原反射波的相位相差 180°。

　　图 3.1.4 为不同深度 H_2 激发时虚反射和原反射波的合成波振幅分析。设激发子波的视波长为 λ，当 $0 < H_2 < \lambda/4$ 时虚反射与原反射波振幅随着井深的增加相干加强，且当 $H_2=\lambda/4$ 时振幅达到最强；在 $\lambda/4 < H_2 < \lambda/2$ 区域内，振幅逐渐减弱，且当 $H_2=\lambda/2$ 时，叠加振幅完全抵消，说明在此段范围选择井深，取得的效果最差。所以最理想的激发深度是激发点位于高速层以下 $\lambda/4$ 位置。

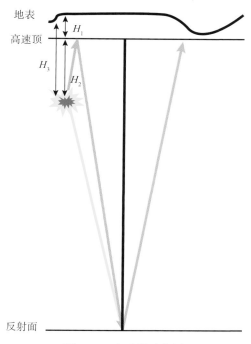

图3.1.3　虚反射示意图

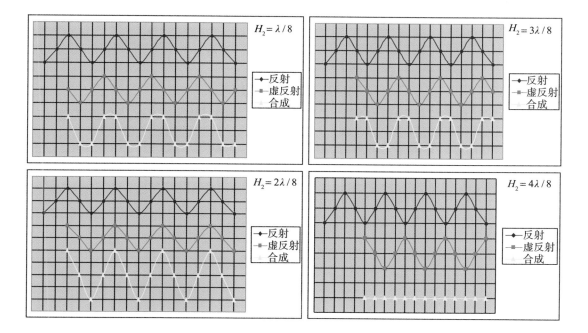

图3.1.4　高速顶下不同 λ 深度激发时虚反射与原反射波的合成波振幅分析

最佳激发井深的确定公式为

$$H_3=H_1+H_2 \qquad\qquad (3.1.1)$$

$$H_2=V/(4\times f) \qquad\qquad (3.1.2)$$

式中，H_1为低降速带厚度；H_3为设计实际激发井深；f为拟保护的频率；V为高速层速度。

假设低降速带的厚度 H_1=3m，高速层的速度 V=1670m/s，通过计算得到需要保护的频率及其对应的最佳激发井深（表3.1.1）。

表3.1.1 保护频率与激发井深的关系

保护频率 f（Hz）	40	50	60	70	80	90	100
实际激发井深 H_3（m）	13.3	11.2	9.8	8.8	8.1	7.5	7.1

根据表3.1.1和图3.1.5分析可以看出，8.8m 井深对 70Hz 以上的高频成分有一定压制，而 7.1m 井深对 100Hz 的高频成分产生了压制作用。说明井深在 6 ~ 18m 时，拟保护频率段为 50 ~ 100Hz，资料信噪比随着井深的增加而逐渐降低。这显然不是高分辨率勘探期望的结果。

所以在选择井深时，必须遵循高速顶以下 λ/4 内激发这一原则，否则过深，会对高频成分造成不同程度的损伤，不利于提高地震勘探分辨率。

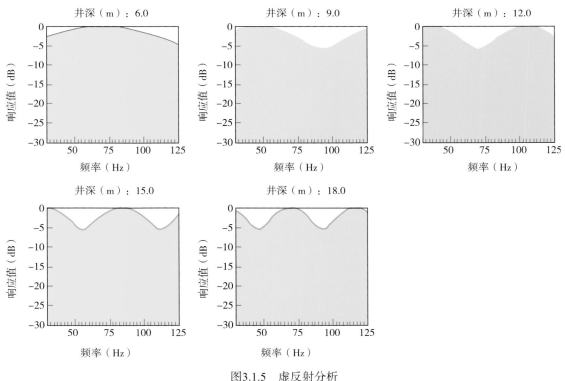

图3.1.5 虚反射分析

虚反射界面可以通过双井微测井测定。图 3.1.6a 是某区双井微测井井下检波器记录，可以看出，该区存在一个较强的虚反射面。图 3.1.6b 是微测井解释结果。虚反射界面与高层顶界面的深度是吻合的，约为 3m。

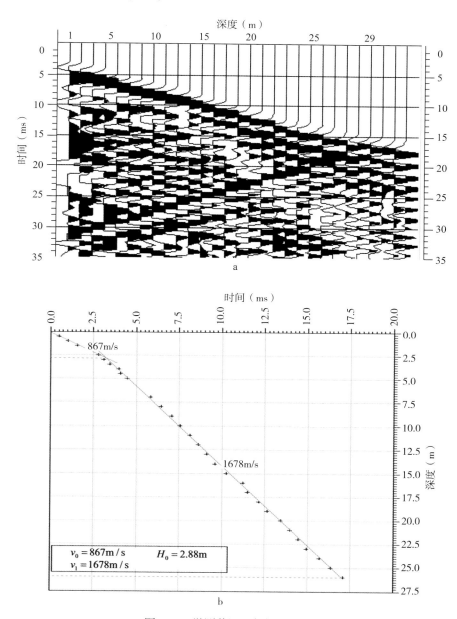

图3.1.6 微测井记录与解释结果

3.1.3 复杂地表条件下优选岩性的激发技术

在地表条件复杂地区，表层结构变化较大，不同地段或不同激发深度都可能存在较大岩性差异，导致资料品质也有所不同。因此，根据表层结构特点选择合适的激发方式，对提高地震资料品质尤为重要。下面以库车山地为例对复杂区优选岩性的激发技术进行说明。

3.1.3.1 不同岩性对激发效果的影响

大量山地采集试验资料表明，不同的激发岩性获得的单炮品质差异较大（如图3.1.7所示）：煤层激发效果最差，砂泥岩和致密岩性激发效果基本相当。

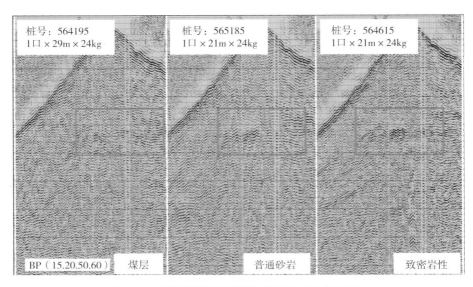

图3.1.7 山体不同岩性激发效果对比（分频显示）

借助地震子波分析手段，对不同激发岩性获得的目的层单炮记录进行地震子波分析（图3.1.8），结果显示不论是子波形态还是子波参数，普通砂岩的激发效果最好。

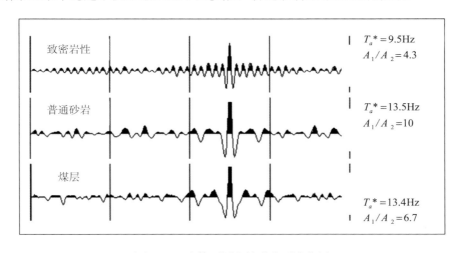

图3.1.8 山体不同岩性激发子波分析

3.1.3.2 相同岩性不同速度对激发效果的影响

相同的激发岩性可能会存在速度差异，不同的速度也会对激发效果产生一定的影响。以吐北构造带采集试验为例进行分析。

首先，针对戈壁砾石区不同速度、深度，即 V_0=544m/s，H_0=2.7m，V_1=1562m/s，H_1=37.3m，V_2=2192m/s 几个层位进行试验。通过分频记录对比，认为高速层激发效果明显好于降速层激发（图 3.1.9）。

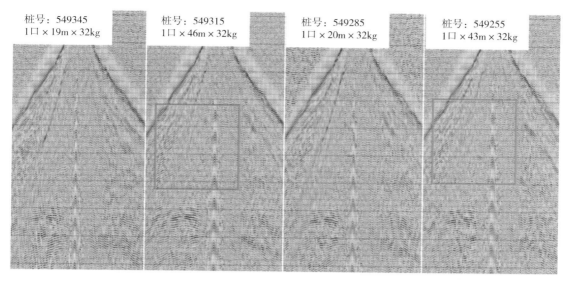

桩号：549345
1口 × 19m × 32kg

桩号：549315
1口 × 46m × 32kg

桩号：549285
1口 × 20m × 32kg

桩号：549255
1口 × 43m × 32kg

图3.1.9　戈壁砾石区高速层、降速层激发效果对比（15Hz，20Hz，50Hz，60Hz）

针对砾石山体进行不同速度层激发试验，通过分频记录对比（图 3.1.10），3 个速度层（速度均大于 2000m/s）的激发效果基本相当。结合定量分析，认为 2969m/s 速度层激发效果最佳。

通过上述试验分析可知，山地井炮激发效果最佳的层速度在 2000 ～ 3000m/s 之间。

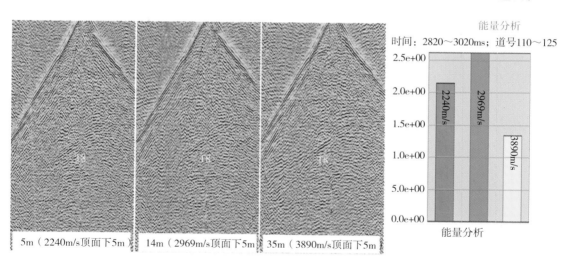

能量分析
时间：2820～3020ms；道号110～125

5m（2240m/s顶面下5m）　　14m（2969m/s顶面下5m）　　35m（3890m/s顶面下5m）

能量分析

图3.1.10　砾石体高速层、降速层激发效果对比（15Hz，20Hz，50Hz，60Hz）

3.1.3.3　激发介质的含水性对井炮激发效果的影响

图 3.1.11 为砾石区井炮不同含水条件下的激发效果对比。由分频记录可见，两种激发条件的激发效果差异十分明显。含水砾石中的激发效果明显好于不含水。

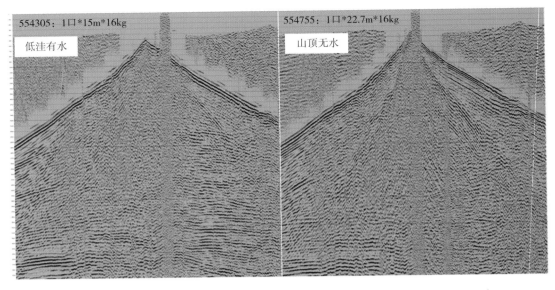

图3.1.11　砾石山体不同含水条件激发效果单炮对比（10Hz，15Hz，30Hz，40Hz）

3.2　可控震源宽频拓展方法

可控震源在低频和高频段的输出都会受到其本身结构的影响。2008年，西方地球物理公司（WGC）首次提出最大位移扫描（MD Sweep）技术的概念，在常规震源基础上实现了低频扫描信号的激发。东方地球物理公司通过持续的技术攻关，形成了一系列的可控震源宽频拓展技术，包括扩展低频技术、高频信号拓展技术、整形扫描信号设计技术。

3.2.1　扩展低频技术

可控震源在低频端出力主要受液压流量及重锤行程两个因素的约束。震源工作频率低于峰值出力的最小频率时，由于受重锤有效行程限制，震源出力表达式为

$$F_s = 2\pi^2 f_L^2 S_M M_r \tag{3.2.1}$$

式中，F_s为某低频点重锤达到最大位移时的出力；f_L为某低频点频率；S_M为重锤有效行程；M_r为重锤质量。

受振动泵单位流量限制，震源出力表达式为

$$F_p < 9.87 M_r f_L L_p / A_p \tag{3.2.2}$$

式中，F_p为某低频点振动泵达到最大流量时的出力；L_p为振动泵额定单位流量；A_p为活塞面积。

图3.2.1是某型号震源根据公式（3.2.1）和公式（3.2.2）在低频端绘制的出力限制。

图中，$F_s=F_p$ 时的频点为重锤行程和振动泵流量限制交汇频点。当频率小于交汇频率时，出力受重锤行程限制；当频率大于交汇频点小于峰值出力的最小频率时，出力受振动泵单位流量限制。图中绿线为实际低频出力的限制曲线。

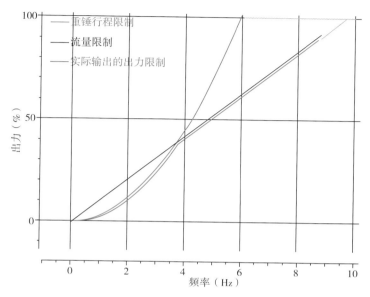

图3.2.1　重锤行程限制理论曲线和流量限制理论曲线

不同生产厂家、不同型号的震源对应不同的低频出力特性曲线（图 3.2.2）。

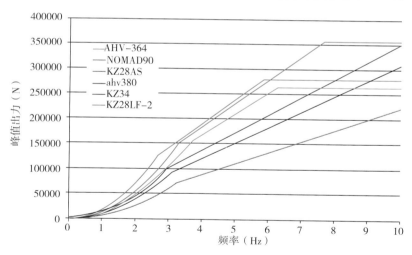

图3.2.2　不同型号震源低频特性曲线

　　在获得震源低频出力限制曲线后，可以进行扩展低频信号设计。如图 3.2.3 所示，信号一般分为，低频段和正常的线性扫描段，在低频段采用较小的出力，通过延长扫描时间满足能量的需求，通过设计保证除斜坡段外扫描信号的振幅谱为平直。

　　高频信号在地层传播过程中吸收衰减比较严重，相比较而言低频信号具有更强的穿透能力。在针对深层的勘探中，激发频率向低频扩展会明显提升深层资料成像质量。图 3.2.4 是在西部某探区分别用可控震源常规信号扫描与低频信号扫描的地震剖面深层资料对比量。可以看出，当其他扫描参数都相同，采用 1.5 ～ 84Hz 的低频设计扫描信号的 0 ～ 10Hz 低通滤波剖面上无论是能量还是波组特征都有明显改善。

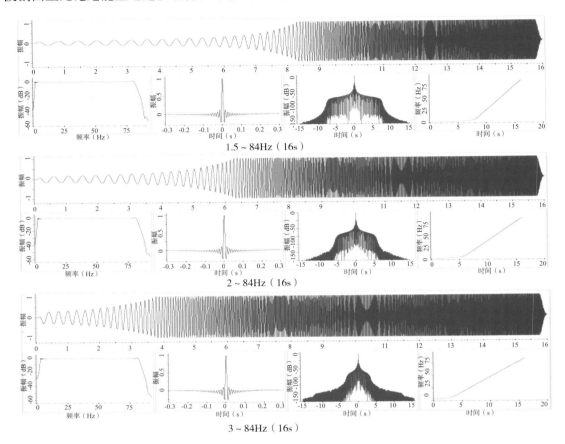

图3.2.3　扩展低频信号设计实例

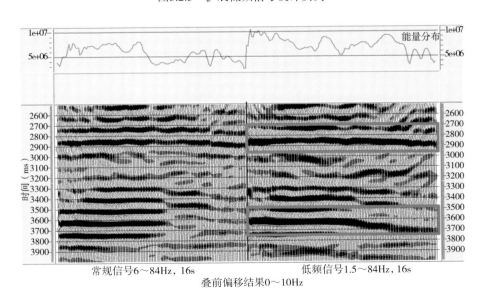

图3.2.4　不同起始频率的扫描信号剖面效果对比

3.2.2 高频拓展技术

受震源高、低频率处对输出信号的限制，在震源制造过程中往往只能针对某一宽频特性进行设计，如针对低频需要设计平板越大越好，而高频则要求越小越好。由于硬件条件的限制，高低频率难以同时得到满足。因此震源在高频端时，信号往往发生较大畸变（图 3.2.5）。

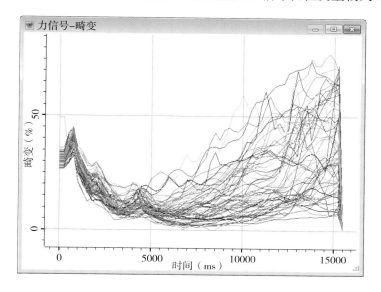

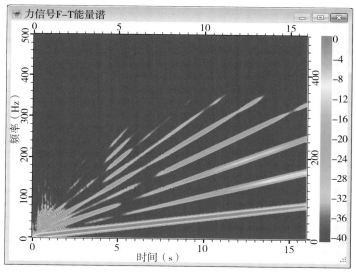

图3.2.5　力信号畸变

为了获得稳定的高频信号，需要对震源的高频出力进行限定，获得频点振幅曲线（图 3.2.6），之后利用频点振幅曲线设计扫描信号。图 3.2.7 是利用高频限幅设计的 6 ～ 120Hz 扫描信号。由于震源在高频段的出力受到了限制，为了获得与中低频相同的输出能量，需相应延长震源在高频段的振动时间。

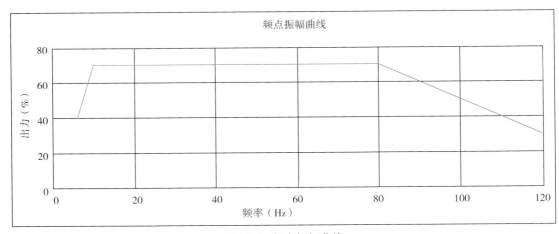

图3.2.6 频点振幅曲线

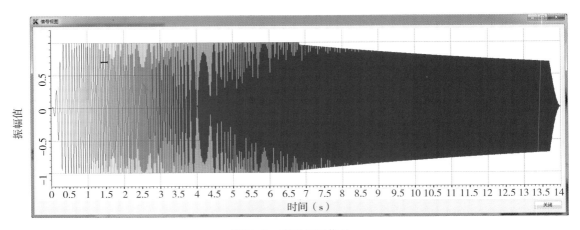

图3.2.7 高频拓展信号

通过高频限制振幅设计信号后，震源在高频的畸变得到有效的控制。以中国东部某探区为例，由于震源在高频段畸变严重，常规的线性扫描很难在高频段进行施工，通过高频限幅信号设计后，问题得以解决。图 3.2.8 是线性信号与高频拓展信号的对比，蓝线代表是线性扫描，红线代表高频拓展扫描。由于畸变得到有效控制，施工频率最终由 1.5 ～ 84Hz 拓展到 1.5 ～ 96Hz。

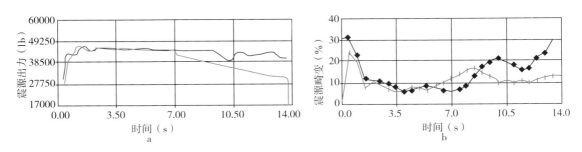

图3.2.8 线性信号与高频拓展信号出力和畸变的对比

a—震源出力；b—震源畸变

3.2.3 整形扫描信号设计技术

可控震源扫描信号是一种作用时间较长，振幅均衡的连续振动信号。相关旁瓣一直是影响可控震源资料的主要因素，相关旁瓣越小，资料信噪比越高，反之越低。相关旁瓣与扫描信号的类型、频宽、扫描长度、扫描斜坡及特定工区的谐波干扰等因素有关。为了减少相关旁瓣，一般要求扫描信号的频宽大于 2.5 倍频程。目前的可控震源施工一般采用线性扫描，其相关子波是旁瓣较宽的 Klauder 子波，因此需要寻找那些主瓣突出，旁瓣较窄的子波代替 Klauder 子波，例如 Ricker 子波或俞式子波。利用已知振幅谱设计扫描信号的方法称为整形扫描，它的主要目的就是减少旁瓣，突出主峰。

整形扫描信号设计的关键是通过已知子波的振幅谱计算扫描信号的相位谱，进而求得扫描信号。设计流程如图 3.2.9 所示。

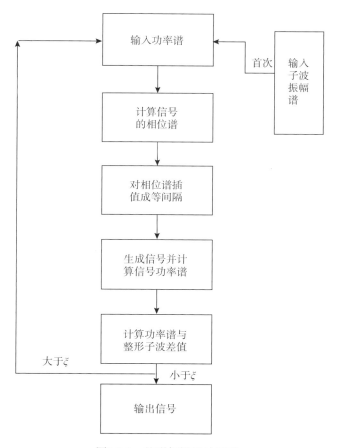

图3.2.9　整形扫描设计流程

利用 Ricker 子波的频谱设计扫描信号并应用到震源上，能够获得更高的分辨率。图 3.2.10 是线性扫描 Klauder 子波、Ricker 子波和整形扫描子波的频谱。可以看出，整形设计的扫描信号相关子波具有与 Ricker 子波几乎相同的频谱。图 3.2.11 是通过反变换得到的整形扫描信号。

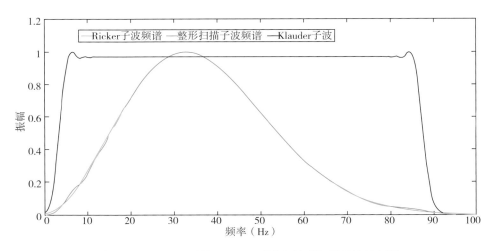

图3.2.10　Klauder子波、Ricker子波和整形扫描子波的频谱

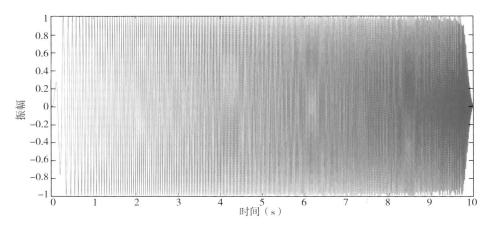

图3.2.11　整形扫描信号

图 3.2.12 是在新疆某勘探区进行常规线性扫描和整形设计扫描的单炮对比情况。可以看出，在整形设计扫描信号的相关记录中，有效波同相轴清晰连续，能量集中，续至波较少，主频较高，资料的分辨率较高。

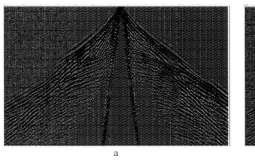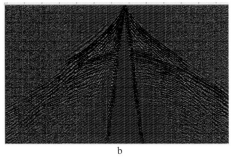

图3.2.12　线性扫描与整形扫描单炮对比

a—线性扫描；b—整形扫描

3.3　高精度大道数接收技术

地震勘探技术的发展依赖于地震仪器的进步。"两宽一高"地震勘探技术的推广应用，带动地震采集进入了数十万道甚至数百万道的大道数时代，对地震仪器高保真采集和高效作业提出了新的挑战。高精度大道数地震仪器技术不仅能够满足常规地震数据采集的需要，同时能够支持高密度、大道数的地震数据采集，从而充分提高地震作业的效率，有效地降低采集施工成本，为普及高效、高精度油气勘探提供装备技术支撑。

3.3.1　地震仪器技术进展综述

地震仪器是地球物理勘探的核心装备，本质功能是将动态的地震波转换为静态的地震数据，在此过程中最为重要的是保持电信号幅度、频率和相位特性等恒定不变。从 20 世纪 30 年代第一代地震仪器诞生开始，迄今发展大致经历了五代，即模拟光点照相记录地震仪器、模拟磁带记录地震仪器、数字磁带记录地震仪器、带瞬时浮点放大器的遥测数字地震仪器及采用 Delta-Sigma 技术的遥测数字地震仪器。为了满足地球物理勘探技术的发展需求，当前的第五代地震仪器不仅在地震道采集能力、工作方式、激发源控制管理、采集数据精度、作业效率等方面获得了前所未有的技术突破，在排列管理、海量数据传输与存储等支持配套技术方面也取得了长足的进步。

3.3.1.1　近 10 年国际地震仪器技术发展概况

当代的地震仪器是以计算机技术为基础，集传感技术、电子技术、数据传输技术、通信技术、工艺材料技术等为一体的数字化电子系统，相对于早期的地震仪器，在构架组成、综合技术指标、工作方式和适应范围等方面都有了深刻的变化。特别是采用了 Delta-Sigma 模数转换、高速数据传输等先进支撑技术的第五代地震仪器，其地震道接收能力得到空前增强。以 2ms 采样为例，20 世纪 90 年代初到 21 世纪初的产品可实时接收 5000 ～ 10000 道的数据（扩展箱体时达 50000 道以上），而近 10 年推出的产品可实时接收 20000 ～ 200000 道（甚至可扩展到 1000000 道），可接收地震信号的最低频率达到 0.1Hz（甚至更低），采集通路的噪声水平大多在 $1\mu V$ 以下，瞬时动态范围大多在 110dB 以上。

随着卫星授时、数据存储、无线传输等相关技术的不断发展，以"无缆"为主要特征的节点式地震仪器、无线地震仪器应运而生，在很大程度上提高了地震仪器对于大道数、复杂地表条件下地震勘探作业的适应能力。在野外应用过程中，不同类型和结构的地震仪器并不是互相独立的，事实上，当代地震仪器越来越突出一体化联合作业模式，即在同一套地震数据采集系统中，可以混合有节点式地震仪器、无线地震仪器、有线地震仪器和全数字地震仪器等各种类型的组合。

（1）有线地震仪器。第五代有线地震仪器通过电缆和光缆实现实时地震数据传输，通常有线由中央控制系统（主机）、地面电子设备（包括采集站、电源站、交叉站、检波器等）、数传线缆、应用软件及辅助设备等组成。在采集作业过程中，中央控制系统（主机）能够实时收集地面采集网络拾取的振动信号，及时监测作业区内的环境状况，减少或避免环境噪声的干扰，提高采集资料的质量。有线地震仪器的不足是地面设备多、受环境条件制约多、观测道数有限，导致仪器设备不够绿色环保、环境适应性差、排列故障多、扩展能力弱等。有线地震仪器的拓扑结构示意图如图 3.3.1 所示。

目前，国际上有线地震仪器的代表有 INOVA 公司的 G3iHD，Sercel 公司的 428XL、508^{XT} 等，它们在实时带道能力、海量数据处理、工作效率、可控震源高效作业和激发源同步控制等技术方面都处于世界领先水平。其中，INOVA 公司由东方地球物理公司控股，G3iHD 仪器是"两宽一高"地表勘探技术的重要组成部分。

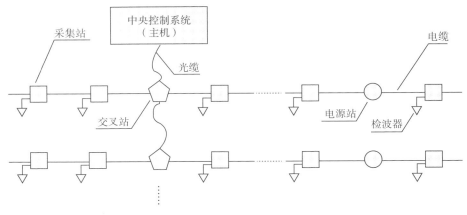

图3.3.1　有线地震仪器拓扑结构示意图

（2）节点式地震仪器。节点式地震仪器是以站为单位独立自主地工作，在卫星授时（或高精度时钟）支持下按精确时序连续采集的存储式地震数据采集系统，一般由营地支持设备（包括参数配置、数据下载合成、数据存储等功能部件）、地面电子设备（节点单元、检波器等）、应用软件及辅助设备组成。系统采集的地震数据通过后台（营地）的支持设备进行下载、提取，并按序合成为特定格式的（炮集或道集）文件。陆上节点式地震仪器的野外工作机理展布如图 3.3.2 所示。

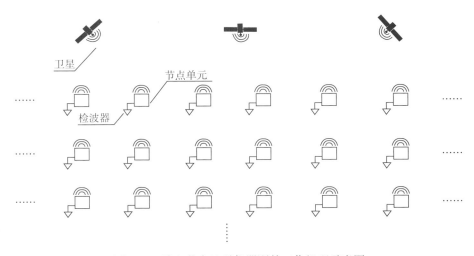

图3.3.2　陆上节点地震仪器野外工作机理示意图

　　节点式地震仪器的突出特点是每个采集站都配备有卫星授时装置（或高精度时钟），能够自主连续地记录地震数据，并插入精确的时间和位置信息，用于后期数据分离。这种采用分布记录地震数据的连续采集方式，摒弃了传统的传输线缆，极大简化了系统的结构；不受地形和带道能力的限制，能够简单地实现与其他地震仪器（包括有线地震仪器）联合采集；支持任意激发源，不受采集方法的局限，为野外施工提供了便捷。但是，由于设计理念和固有工作机理的原因，节点式地震仪器无法实现采集数据的现场实时下载和质控，地震数据文件交付相对滞后。

　　（3）无线地震仪器。无线地震仪器一般由中央控制系统（主机）、地面电子设备（采集站、数据转发基站、检波器等）、主干线数传光缆（可选）、应用软件及辅助设备等组成，依靠无线电波实现信息的传递和交换，故无线地震仪器的技术性能主要取决于无线通信效率和能力。无线采集系统拓扑结构示意如图 3.3.3 所示。

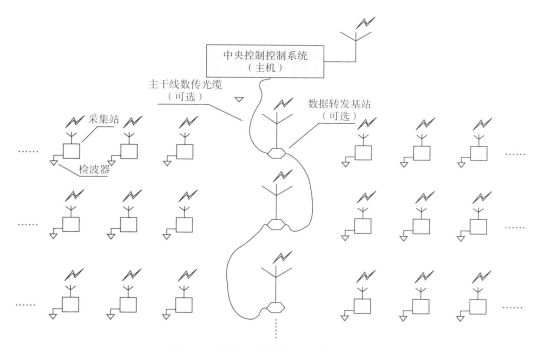

图3.3.3　无线地震仪器拓扑结构示意图

　　近年来，无线地震仪器在编码、调制、抗干扰、同步、授时等技术方面都有所突破，随着这些技术的发展和应用，无线地震仪器的地震道管理能力和通信速率到了显著提高，能够实现几千道甚至几万道地震数据实时回传采集。为提高地震道采集能力，无线地震仪器不断改进包括提高通信效率、增加通信频道、压缩地震数据等方面技术，最为突出的是增加存储功能，具有存储功能的无线地震仪器实质上是引入了节点式地震仪器技术，当地震数据不能及时回传时先在本地存储，条件允许（信道空闲并通畅）时再回传到主机，这样就可以有条件地扩展可接收的地震道数。

3.3.1.2　地震仪器主要技术进展

　　"十三五"期间，地震仪器在 AriesII、Scorpion、428XL 等遥测仪器的基础上得到进一步发展，出现了如 508^{XT}、G3iHD 等新一代大型有线地震数据采集系统。这些系统在实时带道、高效高密度采集、复杂地表适应、多种类型仪器混合采集等方面取得了明显的进步。图 3.3.4 和图 3.3.5 分别是 INOVA 公司的 G3iHD 地震仪器和 Sercel 公司的 508^{XT} 地震仪器的野外布设拓扑结构示意图。

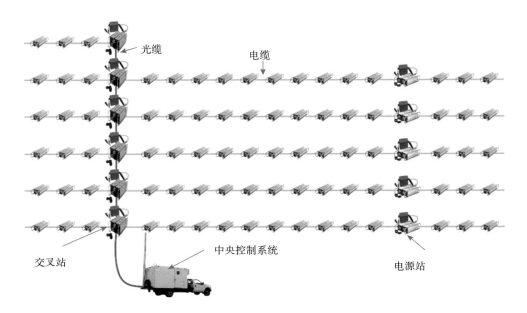

图3.3.4　G3iHD地震仪器野外布设拓扑结构

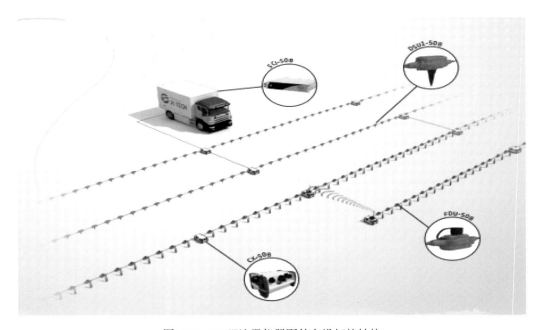

图3.3.5　508^{XT}地震仪器野外布设拓扑结构

在野外实际生产应用中，新型有线地震数据采集系统能够实现较高的采集效率，最高日效可达数万炮。以 INOVA 公司的 G3iHD 有线地震仪器为例，在 2ms 采样下的实时道能力能够达到 20 万道级，单线带道能力最高可达 3000 道，具备可控震源高效采集、震源激发分布式控制、多线束管理、无线中继和多级排列传输等先进功能。节点式地震仪器仍趋向于小型化、轻量化、低功耗、易操作的方向发展。总体来说，有线地震仪器系统发展相对平稳，各大厂商的产品都在持续推新和改进，各个厂家产品的市场知名度和占有率也相对稳定。节点式地震仪器的发展呈现出百花齐放、百家争鸣、异军突起的态势。

3.3.1.3　地震仪器关键技术突破

油气勘探开发的不断深入和物探技术的进步，促进了以"两宽一高"为特征的大规模高精度地震勘探方法的推广应用，也给地震仪器高效作业带来了新的挑战，例如采集道数呈几何级数增长、同步精度成倍提高、地震信号频带范围成倍扩展等。基于相关支撑技术的发展和应用，目前地震仪器在海量地震数据传输与存储、超大道数采集通道时间同步及超大规模排列管理等方面取得了重大突破，减轻了工作人员劳动强度，在提高地震数据采集效率和保障采集数据质量等方面都起到了极为重要的作用，为"两宽一高"勘探的实施奠定了基础。

3.3.1.3.1　行业内地震仪器技术进展

目前，地震仪器的关键技术和新颖性主要集中在采集能力、运算效率、数据传输方式、新技术应用、环境适应性、系统结构等方面。随着计算机、微电子以及通信网络等基础通用技术的快速发展，陆续推出采用高精度模数转换、网络传输、宽频接收、卫星授时等新技术的地震数据采集设备，实时采集道数普遍能够达到万道以上，甚至20万道级，具备超级排列管理能力、连续记录能力（动态滑动和ISS），较大的存储和高速处理数据的能力。近些年行业地震仪器关键技术突破概括如下：

（1）地震仪器具有百万道级采集能力、超级排列管理能力、灵活的排列布设管理能力、高速稳定的数据传输能力、相对完备的现场质量监控能力，支持滑动扫描、ISS、DSSS等多种可控震源高效采集功能；

（2）地震仪器数据采集电路大都采用不低于24位的高精度模数转换器，具有分辨率更高、动态范围更大、畸变更低等技术特点，为获取高品质地震勘探资料提供保障；

（3）地震数据采集系统的智能化、自动化水平有所提高，地面采集设备均向功耗低、体积小、成本低等方向发展，有利于缩短大道数地震采集项目的作业时间；

（4）基于卫星授时技术的多种地震仪器同步采集作业的施工方式逐步得到规模化应用，成为解决复杂区高精度地震勘探的有效方法之一；

（5）地震数据采集传感器朝着低失真、宽频带、高灵敏度、高假频且参数离散度小等方向发展。

3.3.1.3.2　中国石油地震仪器自有技术突破

东方地球物理公司控股INOVA公司的G3iHD仪器实时道能力达20万道级，具备可控震源高效采集、多线束管理、数据链路冗余和多路径传输等主流地震仪器的功能特点，与法国Sercel公司的508^{XT}、WesternGeco公司的UniQ产品在技术水平、实用性等方面均处于同一水平。同时，G3iHD仪器实现了较高的采集效率，在国内生产应用中最高日效达到1万余炮。

近些年来，为了确保地震仪器技术性能的充分发挥，突破高精度大道数地震数据高效采集作业的技术瓶颈，中国石油旗下东方地球物理公司组织了一系列的技术攻关，取得了很好的应用效果。其中，代表性技术成果有：

（1）在数据存储方面，针对野外生产中数据存取效率低、数据安全保障弱等限制大道数地震数据采集作业效率的瓶颈问题，自主研发了适用于公司主力勘探仪器设备的便携式大容量外置存储设备 U-NAS，提高了设备的数据存取速率。

（2）在采集排列管理方面，针对传统采用人工语音为主的排列管理方式效率低、易出错等问题，自主开发了排列自动管理系统。该系统实现了地震数据采集排列信息获取、分析和分发的数字化、自动化。地震道信息传输速度可达到 12 道 / 秒，服务器和手持终端直接通信距离最高可达 12km，若配套使用自主研发的数字中继台，通信距离可根据需要自由拓展，完全满足大规模勘探项目的应用需求。同时能够将以往用时 2h 的地震道信息播报时间降低到分钟级，且信息播报准确率在 99.99% 以上。

（3）在数据采集方面，同 INOVA 公司的技术团队合作，将基于卫星授时技术的采集数据样点同步理念应用到地震数据采集，实现了有线和节点采集样点的精准同步，最大同步误差小于 20μs，为复杂地表条件下的高精度大道数地震数据采集提供了技术保障。

（4）在数据高速冗余传输方面，会同 INOVA 公司设计了排列数据多路径传输方案及命令数据复用线对方案。通过提高数据传输率和信道占用率实现显著提高单位时间内地震数据的传输量，进而为几十万道地震数据实时传输提供支撑。

（5）针对复杂地区无线电通信困难问题，自主开发了异步频道多中继技术，即在同一台主机控制下经由不同的频率信道同时实现两个或以上中继电台的工作，进而按频率分区管理不同的目标群，以此控制几十台可控震源同步施工，满足高效作业需求。

3.3.2　海量地震数据高速冗余传输技术

广义上说，有线地震仪器的拓扑结构就是以计算机为核心，以网络管理和通信为基础的集地震数据传感、采集、传输和记录为一体的局域网系统。为满足高精度、大道数物探技术发展的要求，结合现行野外地震数据采集的特点，进一步完善和创新地震数据的网络传输技术势在必行。下面详细阐述传输链路冗余、多路径传输、数据输出冗余等海量地震数据高速冗余传输技术及其对高精度、大道数地震数据采集所起到的关键作用。

3.3.2.1　数据传输链路冗余

地震仪器数据传输链路冗余是通过地震电缆实现的。地震电缆俗称"大线"，一般用于将每条测线的交叉站、电源站和采集站有机地连接为特定通信路径结构的整体，通常承载着地震仪器命令、地面设备状态、地震波数据（包括检波器输出的模拟地震信号和模数转换后的数字地震数据）的传输以及地面各电子设备的电源接力。

地震仪器 G3iHD 使用的地震电缆为双向极性传输电缆，内置复用的两对模拟传输线对和 4 对数字传输线对，其结构示意如图 3.3.6 所示。其中，模拟传输线对用于传输检波器输出的模拟地震信号；4 对数字传输线对用于命令下发及状态数据、地震数据的上传。由于采用了 4 对数字传输线对的冗余式设计，当某一传输线对无法正常传输数据时，可切换至另一数据传输线对，避免数据丢失。该地震仪器可同时使用多个数据传输线对的传输方式提高地震电缆的数据传输速率，最大可以用 10MHz 的传输基钟实现 40MHz 的传输率，进而能够有效满足高精度大道数地震勘探需求。这项技术包括两个方面要素：一是通过流量监测动态分配每一对数字传输线的信息量；二是利用指令传输空闲期完成数据传输，进而实现指令线对与数据线对复用。

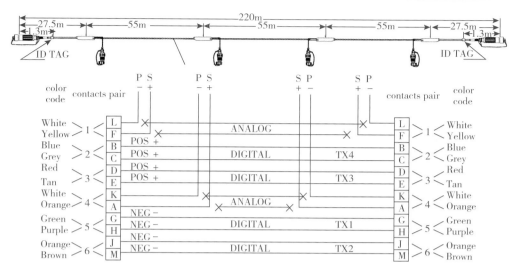

图3.3.6 新型地震仪器G3iHD使用的地震电缆结构示意图

508^{XT} 地震电缆的传输技术与之类似，也是通过命令和数据传输对的复用来提高地震数据传输速度，此外还可通过数据无损压缩技术成倍提高数据传输能力。

3.3.2.2 多路径传输

INOVA 公司联合东方地球物理公司开发的有线地震仪器多路径传输技术和功能，其中突出的功能是蛇形排列和二级排列。多路径传输技术在复杂地表区采集施工中的应用使野外作业时的排列布设、排列建立、异常排列处理等工序变得更加简易灵活，缩短了排列布设和故障造成的非作业时间，极大地提高了野外施工效率。

冗余（蛇形）排列是指地震仪器主机通过软件设置的方式，为某一段采集排列提供备用数据传输路径，图 3.3.7 显示 G3iHD 冗余排列设置的示意页面。设置完成的冗余排列处于非激活状态，当地震数据采集时，若具有冗余排列的任意一处路径出现故障而无法正常传输数据时，可将该处设置为断点并连接冗余排列两端检波点以激活备用的冗余排列，实现数据的新路径传输，激活排列示意页面如图 3.3.8 所示。

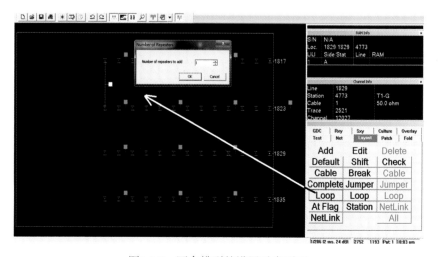

图3.3.7 冗余排列的设置示意页面

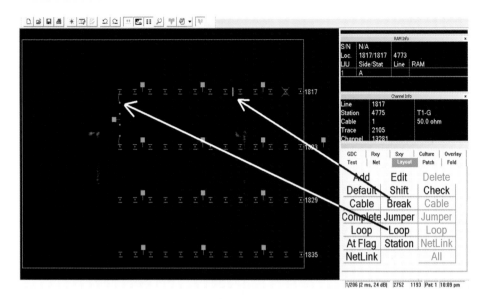

图3.3.8　冗余排列的激活示意页面

蛇形排列实质上是自由选择数据路径技术，软件上数据上传到中央单元（主机）可以经由两个通路实现，实际工作时选择哪个通路由相应的管理软件优化设置而定。所以，本项技术的关键是蛇形排列管理软件的开发。

二级排列功能是通过在每条测线中使用多个交叉站实现数据的多路径传输。使用二级排列时需要在目标采集测线中布设两个或两个以上的交叉站，并在主机软件中进行相应设置。需要注意的是，若某个交叉站的两个光纤接入口都有接入，则需要设置控制数据传输方向的交叉站接口。设置完成后的二级排列同样处于非激活状态，可根据实际需要通过主机软件激活，激活时，需要明确排列数据的上传方向，图 3.3.9 为二级排列布设的示意图，图中曲线为二级排列的激活点击顺序，空心箭头为数据传输方向。

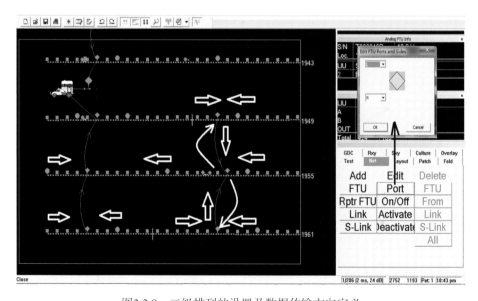

图3.3.9　二级排列的设置及数据传输方向定义

二级排列采用树形结构，整个地震排列可以设置成一个树形网络，每一个树叉点需要一个交叉站进行管理，实际工作时树枝与树干之间如何交互信息取决于树形排列的管理软件。本项技术的核心是：当树形结构中的某个分枝出错时，系统能够自动识别错误所在位置，并根据路径最短原则自动匹配新的树形网络结构。

在采集作业时，可单独或混合使用地震仪器多路径传输中的冗余排列、二级排列功能，能够有效降低复杂地面条件下采集排列的布设难度，使排列的布设、查线、异常排列处理等采集作业环节更加简易灵活，缩短因排列故障导致的采集停止时间，从而大幅提升地震数据传输效率和高精度大道数采集施工作业效率。

3.3.2.3　数据输出冗余

高精度大道数采集对于地震数据的存储与管理提出更高要求，主要有数据存取速率和安全性两个方面。数据存取速率直接影响地震数据的流量，地震道数越多，数据流量就越大，如何提高地震数据存储速率成为超大道数采集的技术瓶颈。通过地震仪器厂商和装备应用单位的持续技术攻关，当前地震仪器可以支持磁带、磁盘和 NAS 等多种存储媒介，几种常用存储媒介的关键技术指标见表 3.3.1。

表3.3.1　几种常见存储媒介关键技术指标

存储媒介类型	写入速率（MB/s）	设备容量	适用施工道数（万道）	备注
3592E05磁带机	40	60GB，300GB	小于1	不适用于高效采集项目
传统NAS	80	1TB～5TB	小于10	基于千兆网卡连接
高性能NAS	300	4TB～6TB	5～20	基于万兆网卡连接
移动硬盘	130	1TB，2TB	小于10	
SSD	160	250GB～1TB	小于10	
磁盘阵列	640	5TB～220TB	10～40	基于机械硬盘，适用于大规模地震数据采集（海量数据）项目

支持的地震数据存储媒介包括磁带、基于 RAID 技术的磁盘阵列或网络存储设备（NAS 盘），以此实现地震数据高速冗余输出。数据输出冗余有两方面的内涵：一方面，在进行地震数据采集时，地震仪器主机支持同时向多个存储媒介同步输出采集的地震数据，以实现数据的安全备份。另一方面，地震仪器默认使用基于 RAID 技术的磁盘阵列存储采集的地震数据，并选择基于 RAID 技术的外接网络存储设备，使用万兆光纤传输并记录地震数据，有效保证了地震数据记录速度和误码纠错能力。

针对数据存取效率低、数据安全保障弱等限制大道数地震数据采集作业效率的瓶颈问题，自主开发了适用于多种主流地震勘探仪器设备的大容量外置存储设备 U-NAS，具备便携性及数据存取高效性。该技术的核心是在选择高速高性能通用 NAS 盘的基础上，根据地震仪器输出数据特点开发相应的数据存储通信协议，实现 300MB/s 以上写盘速度。

3.3.3　超大规模地震道采集精准同步技术

由于地震波在地层中的传播速度每秒高达数千米，只有确保布设在地面数万甚至数十万个采集通道完全同步工作（误差在 10μs 级），才能实现来对自共发射点地震信号的准确叠加，进而有效分辨埋深几千米的薄沙层。因此，需要使用高精度时钟源或其他技术手段，实时校准地震数据采集中地面电子设备出现的采样扭曲，将采样同步时间相对误差控制在 10μs 级的范围内，实现各种条件下的百万道级采集精准同步。

3.3.3.1　有线地震仪器百万道级样点采集同步技术

有线地震仪器主机通过有线方式与地面电子设备连接，因与主机的距离不同，每台地面电子设备接收主机发来同一命令信息的时间不一致，需要进行相应时间扭曲计算与校正来消除地面电子设备间因有线传输和硬件电路而产生的时间延迟。

有线地震仪器用于整个系统同步的时钟主要有两种方式，即外接 GPS 时钟和内置高精度压控振荡器时钟。当连接好相应硬件设备，并在仪器主机应用软件使用 GPS 时钟方式时，整个地震数据采集系统都会使用 GPS 时钟进行校准；否则会使用仪器主机内部的高精度压控振荡器时钟进行校准。地面站体一般有多个数传线对，即 TX_1，TX_2，…，TX_n，其中 TX_1 是命令和数据复用线对，来自主机的同步命令通过 TX_1 发送到地面站体，并以此实现实时校准。进行采集同步时，地震仪器主机每隔 1s 发出一串特殊的时间同步控制码，地面站体利用该码进行本地时钟监控和站体的同步操作（如 TOD 设置、TOD 获取等需要同步操作的信息）。地震数据采集系统的时钟同步控制原理如图 3.3.10 所示。

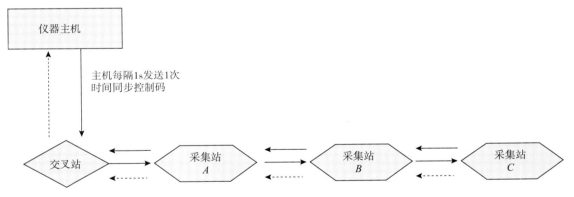

图3.3.10　有线地震仪器时钟同步原理示意图

同步（采样）扭曲时间是指两个相邻地面站体收到主机发送的同一命令的传输时间差。同步扭曲时间计算与补偿实现的基本原理示意如图 3.3.11 所示。当仪器主机发出同步扭曲时间测试（Skew Determination）的命令后，站体 B 收到命令会向站体 A 发送扭曲测试信息，同时计时。并等待站体 A 应答。站体 B 收到站体 A 的应答信息后，根据传输时间计算出站体 B 与站体 A 的同步扭曲时间，并将该数值存储在站体 B。当所有站体完成了自身与靠近仪器方向站体间的同步扭曲计算之后，仪器主机发出同步扭曲时间设置（Skew Set）命令，第一个交叉站将保存其与仪器主机间的扭曲数值 ΔF，同时将 ΔF 发送给站体 A，站体 A 将收到的 ΔF 和它与第一个交叉站间的扭曲数值 ΔA 相加后，作为自身的扭曲时间存储，并将这个数值（$\Delta F + \Delta A$）发送给站体 B，以此类推。通过这种同步机制，使得地震仪器百万道级采集的样点同步误差不大于 10μs。

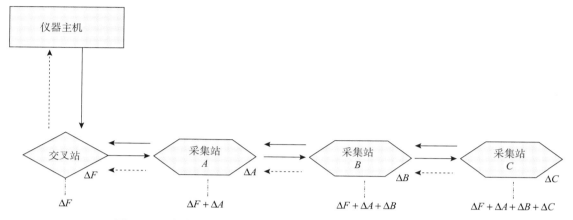

图3.3.11　有线地震仪器同步扭曲时间计算与补偿实现原理示意图

3.3.3.2　节点式地震仪器任意道样点采集同步技术

由于特殊的设计理念和工作方式，陆地节点式地震仪器的采集站都内置了卫星数据接收模块、高精度可调晶振和微控制器（MCU）等，基于卫星授时技术为地震数据采集提供精确、可靠、稳定的时间和频率基准。全球导航卫星系统（Global Navigation Satellite System，GNSS）连续发送自身的星历参数和时间信息，接收机接收到这些信息后，经过计算求出当前所在三维位置、运动速度和时间信息等。卫星实时授时和定位需要 4 个参数，即经度、纬度、高度及用户时钟与 GNSS 系统主钟标准时间的偏差。节点式地震仪器的采集站接收导航系统卫星发射的低功率无线电信号，通过相应计算得到并输出与 PPS 脉冲对应的卫星时间，再通过相应软、硬件接口实现任何站体的样点采集同步。

节点式地震仪器采集站时钟同步的基本原理如图 3.3.12 所示。大致分为 3 步：第一步，数据采集前，卫星数据接收模块通过接收并解析接收到的卫星信号，输出秒脉冲信号和对应的时间信息。第二步，节点式地震仪器站体内置的微控制器利用晶体振荡器的压控特性和数模转换模块的高精度高分辨率特性输出电压，牵引晶振的频率，使工作频率尽可能靠近晶振的中心频率，实现本地时钟的校准。校准时序如图 3.3.13 所示，当 $T_1 = T_2$ 或相对误差在允许范围内，则表明校准结束。第三步，节点式地震仪器站体继续通过数模转换模块的高精度、

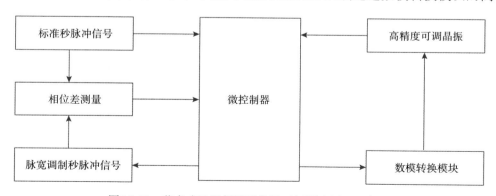

图3.3.12　节点式地震仪器采集站时间同步原理示意图

高分辨率特性输出电压。调整晶体振荡器的输出，使基于内置晶体振荡器输出的脉宽调制秒脉冲信号与卫星数据接收模块输出的标准秒脉冲信号的上升沿对齐，完成时钟的同步。整个时序调整过程如图3.3.14所示。通过以上步骤实现使节点式地震仪器系统的样点采集精准同步。

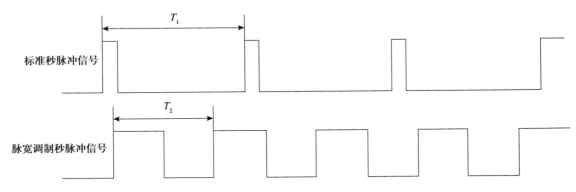

图3.3.13　节点式地震仪器采集站本地时钟校准时序图

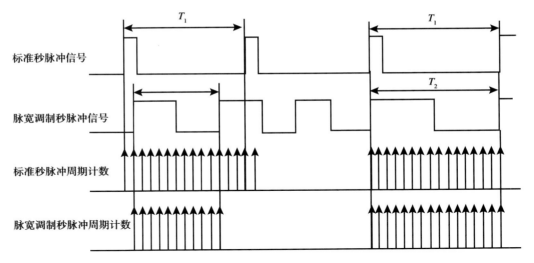

图3.3.14　节点式地震仪器采集站时钟同步时序图

3.3.3.3　有线和节点式地震仪器联合作业样点采集同步技术

有线和节点式地震仪器联合采集技术通过组合应用不同类型采集设备来满足高精度、大道数及地表复杂区域采集对地震仪器的需求，可有效提升采集系统对大道数地震勘探作业的适应能力，近些年应用逐步规模化。有线和节点联合采集作业涉及有线地震仪器和节点式地震仪器两种不同设计理念的地震数据采集系统，为了实现两个系统之间采集样点的长期稳定同步，一方面要借助于高精度时钟晶体振荡器保证基础时序稳定，另外一方面要使用卫星授时不断消除时钟运行过程累积的误差。将两种系统的启动采集时刻均设置在整8ms沿启动，确保地震波激发同时与两种仪器接收精准同步，进而保证地震波的叠加效果。

如前所述，有线地震仪器用于整个系统同步的时钟主要有两种，即外接卫星时钟和内置高精度压控振荡器时钟，当进行有线和节点联合采集作业时，有线地震仪器主机一般使用卫星时钟按照一定周期实现有线采集设备的实时时钟校准。节点式地震仪器一般基于较高精度的可控晶体振荡器，结合卫星授时技术，按一定周期完成独立工作的节点式地震仪器站体的时钟校准和同步。通过这些技术，可以将十万道级甚至百万道级采集排列的样点同步误差控制在 10μs 以内并长期保持稳定。联合作业的另一项精准同步技术是设置不同类型仪器同时刻获取首样点，为更进一步提升有线和节点联合采集作业的样点采集同步精度，采用相应的软、硬件控制手段，使两种系统采集设备的启动采集时刻始终保持在同一时刻时钟脉冲的上升沿处。

样点采集同步还包括地震波激发与接收精准同步，需要解决激发与接收时间的准确性、一致性和稳定性，只有这样才能确保地震波的多次叠加效果。当今的新型地震仪器均采用数字同步控制技术，能将激发和接收的时间误差控制在 20μs 以内。在采集过程中，地震波的激发和接收一般是在地震仪器中央控制器协调下，依靠激发源同步控制系统完成，采用脉冲震源激发时使用遥控起爆器（编、译码器），采用连续震源激发时用的是震源控制器（编码扫描发生器和电控箱体）。源同步控制系统的本质作用是控制地震波的激发与接收严格同步，关键技术指标就是时序控制的精确程度。传统的激发源同步控制系统依靠模拟无线通信实现对地震波激发时间的严格控制，但此方式不可避免会产生通信时延。随着相关配套技术的发展，INOVA 公司的 G3iHD 仪器或 Sercel 公司的 428XL、508^{XT} 仪器均可采用数字无线通信，结合以卫星时间为基准的定时启动技术，实现无延时通信突破了传统无线模拟通信的诸多弊端。东方地球物理公司在地震仪器同步技术上的突破，主要体现在将接收与激发统一到卫星时间，确保在任何地表、任何时间样点的同步基准都是卫星的秒脉冲。其中，基于卫星授时、时钟保持及激发时序控制技术所研制的独立激发系统，完全抛弃了激发源同步控制系统的无线电通信，实现了地震数据采集和地震波激发这两个地震勘探作业重要环节的相互独立。能够确保百万道级排列同步接收、激发源高效激发的精准同步。

3.3.4　超大道数接收排列自动管理技术

高精度、大道数地震数据采集增加了地震仪器排列管理的难度，以往的排列管理方式已不能满足高速、高效施工的要求。传统施工方式，一般采用仪器操作员手动测试、与查线工人工语音交互的排列管理模式。采集道数越大，这一模式的劣势就越为突出。超大道数接收排列自动管理技术创新了排列状态信息获取、数据分类、任务分发与管理等关键技术，能够实现地震排列故障排除时间由小时级降低到分钟级，为获取高品质的海量地震数据和实施高效作业奠定了基础。

3.3.4.1　传统采集排列管理方式的技术瓶颈

在地震勘探生产中，地震仪器排列是整个采集工作的基础，排列故障排查、质控数据分析、信息交互等都直接影响地震勘探生产的质量和效率。传统排列管理作业流程如图 3.3.15 所示仪器操作员通过语音电台将排列上不正常的地震道报给查线员，查线员检查整改后告知操作员测试验证，操作员再回报查线结果。该模式检查排列耗时长、效率低，且不利于在放炮过程中对排列的实时监控，严重影响生产质量和效率。高效高密度地震数据采集采用超大道数排列，一般道数都大于 5 万道，甚至数十万道，此时传统的排列管理方式在效率和质量控制水平上的劣势凸显，尤其是滑动扫描项目，每日需额外 2 ～ 3h 专门进行查线工序，严重制约了施工作业进度。

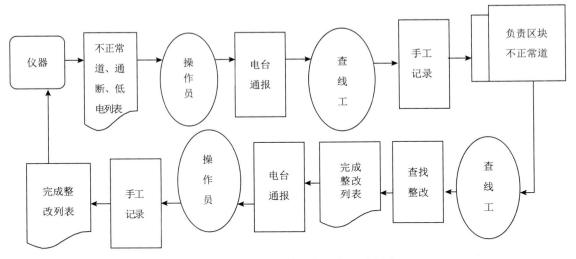

图3.3.15　传统排列管理作业流程示意图

3.3.4.2　排列自动管理系统概述

针对传统排列管理作业方式存在的劳动强度大、效率低等技术瓶颈，东方地球物理公司创新研发了排列自动管理系统。该系统主要由服务器、手持终端及附属设备组成，用于实现排列信息的数字化、自动化交互管理。排列自动化管理流程如图 3.3.16 所示，其中系统的服务器安装在仪器车上，与地震仪器主机通过高速网络相连接，负责各类信息的分析、处理和分发，并对管理系统手持终端的请求做出回应。手持终端及附属设备作为移动终端由排列排查人员使用，手持终端通过无线或网络接收排列自动管理系统服务器发出的排列状态分析结果并进行显示和提醒，通过人机接口接收排列排查人员输入的查询请求并做出反馈。附属设备配合手持终端进行使用，主要是对手持终端功能的增强和补充，包括外部扩展电池单元、增强型通信天线（可选）、排列助手连接电缆（可选）和北斗通信拓展单元（可选）等。排列自动管理系统工作场景如图 3.3.17 所示。

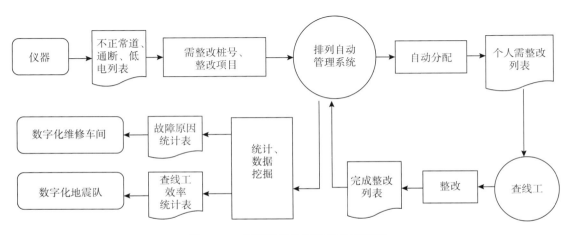

图3.3.16　排列数字化管理作业流程图

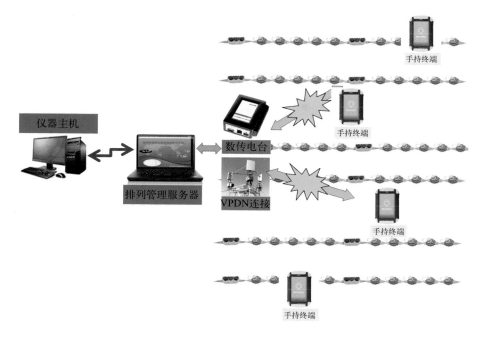

图3.3.17 排列自动管理系统工作场景示意图

排列自动管理系统的服务器主要功能包括：（1）进行 VPDN（虚拟专用网络）和数传电台通信的编组控制，完成与 VPDN 网络和数传电台的接口（北斗卫星通信能力可选）；（2）从地震仪器主机获取排列信息并经过相应处理后在本地显示；（3）向手持终端发送排列信息；（4）接收、显示排列终端信息；（5）与地震仪器主机交互完成相关任务；（6）进行排列数据的统计和存储。排列自动管理系统服务器管理软件主界面如图 3.3.18 所示。

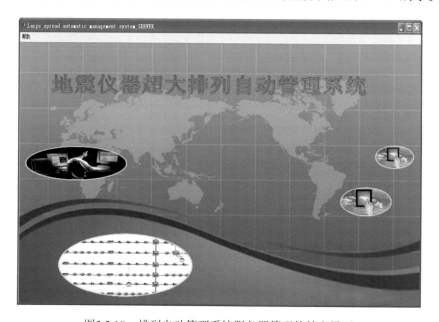

图3.3.18 排列自动管理系统服务器管理软件主界面

排列自动管理系统的手持终端和车载终端是系统的重要组成部分，以移动终端平台为基础，整合了通信模块和 GPS 模块，具备外部拓展接口以满足北斗卫星和排列应用的拓展。手持终端或车载终端的主要功能包括：（1）进行 VPDN 网络和数传电台通信的通信控制，对蓝牙、VPDN 网络和数传电台的接口（北斗卫星通信能力可选）传送的数据进行调制和解调；（2）应用蓝牙与终端附属设备中的通信拓展单元进行通信（可选）；（3）在本地屏幕显示收到的排列信息；（4）根据接收到的坐标信息进行坐标显示（可选）；（5）向排列管理服务器发送请求信息；（6）统计和存储排列数据；（7）通过蓝牙、串口进行用户定义的排列操作（需要授权软件支持）；（8）进行必要的电源管理；（9）与排列人员交互完成相关任务。手持终端的硬件设计和组织框架如图 3.3.19 所示。

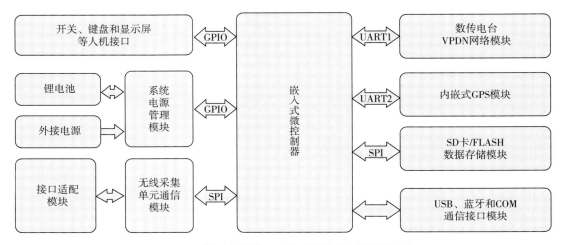

图3.3.19　排列自动管理系统手持终端硬件设计框架

作为整个系统通信平台的数传电台和 VPDN 连接设备被直接整合到排列自动管理系统的服务器和管理终端中，不作为单独的单元进行管理。因此涉及通信的相关管理功能已经分别整合到服务器或终端软件中，通过应用软件操作完成通信平台的选择和数据流的控制。除数传电台外，还需要对通用 VPDN 网络进行技术改造，以满足地震仪器的特殊技术要求。改造要点是采用隧道技术，在地震仪器与公网的接口处将数据作为负载封装在一种可以在公网上传输的数据格式中，在远程控制主机与公网的接口处将数据封装解开，取出负载，实现数据的可靠传输。其中，通信协议是保证数据顺利封装、传送及解封装的关键。需要特别说明的是，VPDN 网络路径中依托了部分公共网络，这部分公共网络采用预先配置方式，在本设计中主要完成接口的参数配置和应用软件的数据交换。

3.3.4.3　排列自动管理系统关键技术

排列自动管理系统通过对地震仪器排列状态数据的自动提取、检测和分类，借助基于数传电台、2G/3G/4G 移动通信网络的数据通信技术，实现兼容多种、同种通信模式的信息传送，满足仪器操作员与查线工之间高效、可靠的信息交互要求，缩短了采集排列故障排查时间，大大提高了野外生产效率和质量控制水平。排列自动管理系统集成或创新了如下诸多关键技术：

（1）排列信息自动获取技术。排列自动管理系统与地震仪器主机或 RTQC（实时质量控制）主机之间基于网络连接实现排列信息数据的共享，可在不影响地震仪器主机或 RTQC 主机正常工作和数据安全的前提下自动侦测排列信息是否有更新，并按照相应算法进行排列信息的提取、检测和分类，无须任何人为干预。

（2）排列分区管理技术。排列自动管理系统支持根据野外地表条件、排列排查难易程度以及查线工的技术水平等，将故障排列划分为不同区块进行管理。技术人员可根据生产实际情况为查线工量身定制查线任务并进行独立管理，有利于进一步缩短故障排列排查时间。

（3）故障排列信息同步分发技术。排列自动管理系统采用服务器向多个车载式或手持式查线终端同步多线程发送故障道信息的播报方式，其中单通道"点对点"方式的地震道信息发送速率为 12 道 /s，"点对面"的信息发送采用广播方式，两种方式合理并用可有效解决 20万道级以上超大道数采集项目故障道信息播报效率问题。

（4）全数字智能通信中继技术。为解决山地等复杂环境下排列状态信息的传输问题，排列自动管理系统的全数字智能通信基站采用了基于时间链路的信息管理技术，可有效避免重复覆盖区的通信数据被不同中继站重复发送、接收。支持商用网络与电台通信的交换连接，同时具有完整的电量预测和状态检测等功能，在灵活性和数据通信效率方面较传统的电台中继方式有显著的优势。

附属设备需配合手持终端或车载终端使用，是排列管理系统手持终端和车载终端的可选功能拓展部件，主要实现以下可选功能：（1）为手持终端和车载终端提供备用电源，延长其连续工作时间；（2）为手持终端和车载终端提供增强型天线，拓展其与仪器车的通信距离；（3）为手持终端和车载终端提供北斗卫星通信和定位支持；（4）为外围设备提供便于携带的挂载点，可根据排列人员工作特点提供必要装备的携带平台。用户可选的北斗通信拓展单元拓展了排列管理终端的通信能力，尤其适用于地形较为复杂 VPDN 网络和数传电台通信效果较差的环境。如图 3.3.20 所示，北斗通信拓展单元使用外接电池作为供电电源，通过蓝牙与排列管理终端进行通信，向排列管理终端发送定位坐标信息和接收到的短报文，同时将排列管理终端发出的信息通过北斗卫星传递到排列管理服务器。手持终端软件操作界面如图 3.3.21 所示。

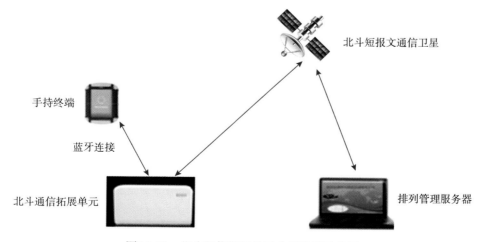

图3.3.20　北斗通信拓展单元应用效果示意图

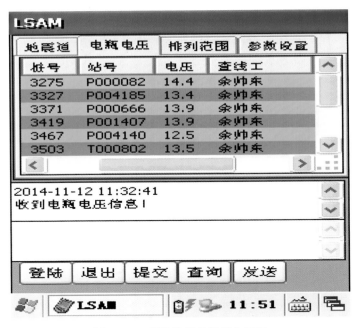

图3.3.21　手持终端软件操作界面

4　可控震源高效采集技术

相对传统的稀疏三维，"两宽一高"三维地震勘探要求更高的炮点密度，有时单个项目高达几十万炮甚至上百万炮，激发工作量十分巨大。因此，无论采用炸药或可控震源，常规采集作业方式的效率都是不可能完成的，且若以炸药为震源，其成本也是不可承受的。为确保"两宽一高"经济可行，我们在可控震源常规采集技术的基础上，开展了基于时空规则的高效扫描的方法研究，形成了以多种高效扫描技术、大数据实时质控技术、自动化地震作业管理技术和高效噪声压制技术为代表的可控震源高效采集技术系列，有效地解决了高效激发问题，生产效率大幅提高，为"两宽一高"地震采集的大规模工业化生产奠定了基础。

4.1　可控震源高效采集方法

4.1.1　可控震源地震采集技术发展历程

可控震源是 20 世纪 50 年代问世的一种地震勘探激发源。与炸药震源相比，可控震源具有安全、环保、出力和频带可调控等优点。

可控震源激发的基本原理是在地表由可控震源在每个激发点处产生时间较长的连续振动信号（该信号函数可知，频率成分可以人为设定），仪器将不同道的振动信号记录下来形成振动记录，并与已知的参考信号进行相关处理运算，最终得到可控震源相关地震记录（图 4.1.1）。

最初的生产采用一组可控震源，一个炮点扫描结束后，可控震源才能移动到下一炮点进行激发，这种传统意义上的常规扫描技术，施工效率较低。1993 年，Shell 公司首次使用可控震源交替扫描（Flip-flop Sweep）激发技术；1996 年，阿曼石油公司提出可控震源滑动扫描（Slip Sweep）激发技术；2006 年，BP 公司发明独立同时扫描技术（ISS，Independent Simultaneous Sweep），并在 2008 年开始规模应用；2009 年，PDO 公司（阿曼石油开发公司）首次使用距离分隔同步扫描（DSSS，Distance Separated Simultaneous Sweep）激发技术；2010 年，Saudi Aramco、ARGAS、和 CGG 开始探索应用动态扫描（DSS，Dynamic Slip Sweep）技术。至 2020 年，可控震源动态扫描作为成熟的高效采集技术被广泛应用于可控震源高效采集项目中。

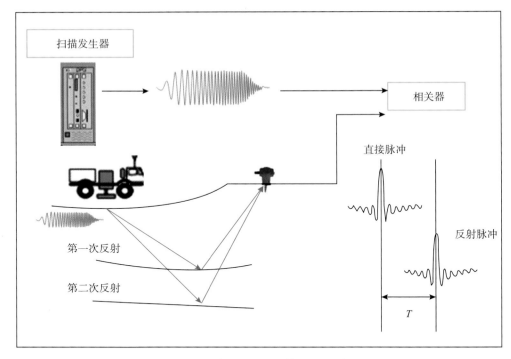

图4.1.1 可控震源地震采集原理示意图

4.1.2 可控震源常规施工方法

可控震源的常规施工方式是采用一组震源施工的采集模式，震源在一个点激发完成后，搬点到下一个激发点继续生产（图 4.1.2），因此施工效率一般不高。

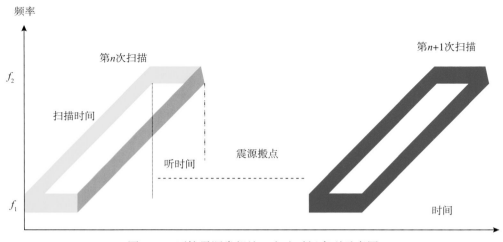

图4.1.2 可控震源常规施工方法时间序列示意图

可控震源常规生产的放炮时间间隔 t_s 是由两部分组成 [式（4.1.1）或式（4.1.2）]。

$$t_s=t_d+t_m, \quad t_1 < t_m \tag{4.1.1}$$

$$t_s = t_d + t_1, \quad t_1 \geqslant t_m \tag{4.1.2}$$

式中，t_d 为扫描长度；t_1 为可控震源听时间（相关后记录长度）；t_m 为可控震源组在相邻炮点之间的移动与震源升降平板时间之和。

在图 4.1.3 中，假设 t_d=16s，t_m=20s，由于记录时间（听时间）t_1=6s，小于搬家时间，那么平均每放一炮的时间是 36s，每小时可采集 100 炮；考虑环境噪声、仪器设备配备数量、施工组织管理方式等限制，假设一天有 5h 有效作业时间，一天约施工 500 炮。

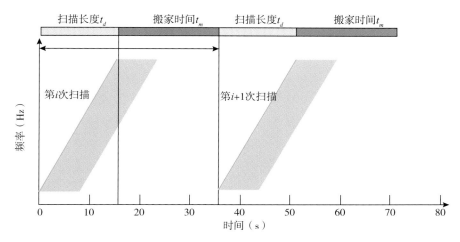

图4.1.3　可控震源常规扫描方法放炮时间示意图（$t_1 < t_m$）

图 4.1.4 中，假设 t_d=16s，t_1=12s，由于搬家时间 t_m=10s，小于记录时间（听时间），那么平均每放一炮的时间是 28s，每小时可采集 128 炮；考虑环境噪声、仪器设备配备数量、施工组织管理方式等限制，假设一天有 5h 有效作业时间，一天约施工 640 炮。

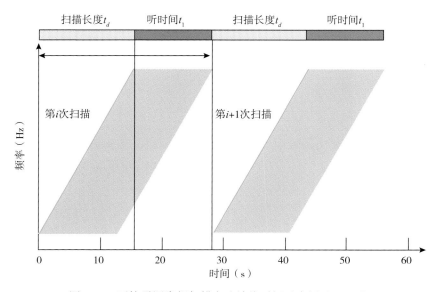

图4.1.4　可控震源常规扫描方法放炮时间示意图（$t_1 \geqslant t_m$）

分析公式（4.1.1）、公式（4.1.2），以及图 4.1.3 和图 4.1.4 可见，影响施工效率的因素主要为是扫描长度 t_d、听时间（相关后记录时间）t_1、可控震源在两炮之间的移动时间与升

降震源平板时间 t_m，所以相应提高施工效率的方法就是缩短这 3 个时间。其中记录时间取决于目的层深度，施工期间无法改变；扫描长度 t_d 是通过试验确定的，不能随意改动；可控震源在两炮之间的移动时间与升降震源平板时间 t_m 与地表和震源操作手熟练程度有关，提高作业效率有限。因此实际生产过程中，通常采用增加震源组数并采用多组震源同时施工的模式来提高生产效率，不同的施工方法形成了交替扫描、滑动扫描、距离分隔同步激发、动态扫描和独立同时扫描等可控震源高效采集技术。

4.1.3　几种可控震源高效采集方法

4.1.3.1　交替扫描

交替扫描是指两组或两组以上的可控震源作业，当前一组可控震源完成振动激发并延续听时间后，下一组可控震源才能开始扫描的施工方法（图 4.1.5）。

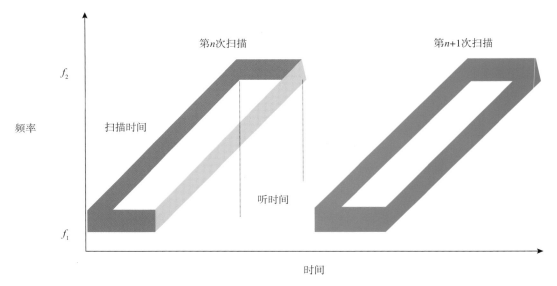

图4.1.5　交替扫描施工方法时间序列示意图

4.1.3.2　滑动扫描

滑动扫描是指相邻振次启动时间间隔符合滑动时间定义要求的多组可控震源连续作业的施工方法（图 4.1.6）。滑动时间（slip time）是在滑动扫描施工中，设置的相邻扫描时间间隔。滑动扫描技术发展初期通常要求滑动时间在数值上大于等于听时间并小于相关前记录长度。滑动扫描数据分离采用每组震源扫描信号与相对应的原始记录数据做相关运算（图 4.1.7）。

4.1.3.3　独立同时扫描

独立同时扫描是指多组可控震源按设计距离要求自主激发、仪器连续记录的施工方法（图 4.1.8、图 4.1.9）。任意一组震源准备好了就可以随时起振，连续记录的数据包含本震点未相关的地震信息和其他震源同时工作而在排列上产生的噪声。

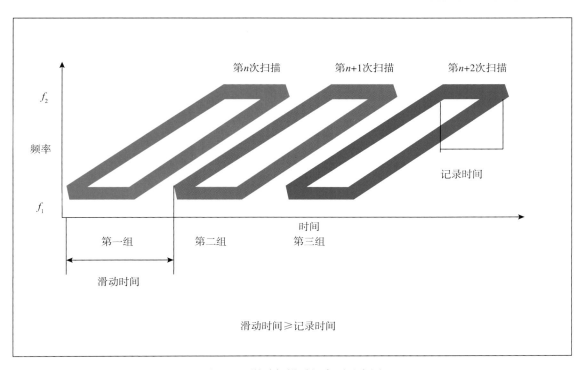

图4.1.6 滑动扫描时间序列示意图

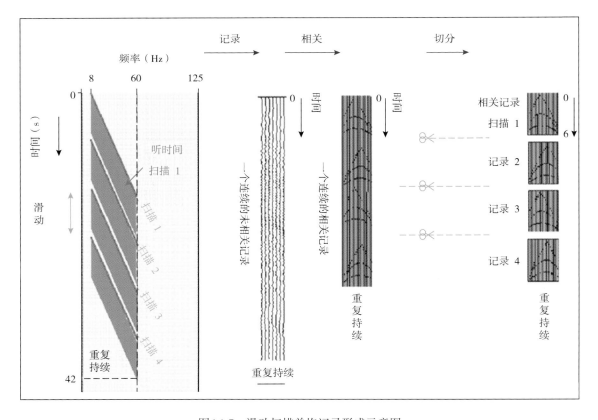

图4.1.7 滑动扫描单炮记录形成示意图

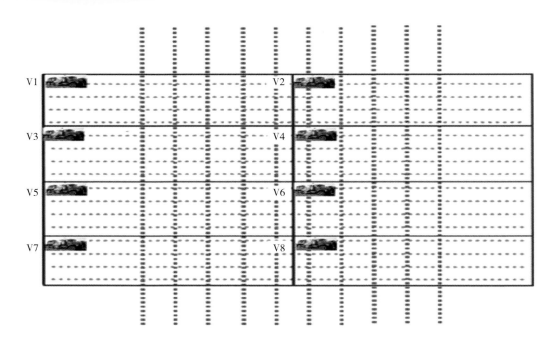

图4.1.8　独立同时扫描方法震源施工示意图

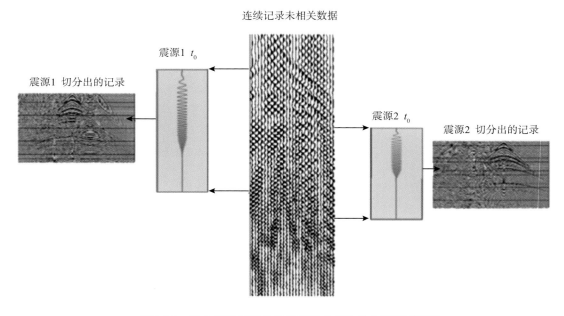

图4.1.9　独立同时扫描从连续记录中提取单炮记录示意图

4.1.3.4　距离分隔同步扫描

距离分隔同步扫描是指同步激发的震源组（同步激发的震源组也称"激发串"）间距离满足初至干扰不影响最深目的层以上信息要求的同步激发施工方法。激发串间可采用交替或滑动扫描施工方式（图4.1.10）。这样的施工效率是单纯交替或滑动的 N 倍（N 为激发串内同步激发震源的组数）。数据分离采用扫描信号与原始接收数据做相关运算。

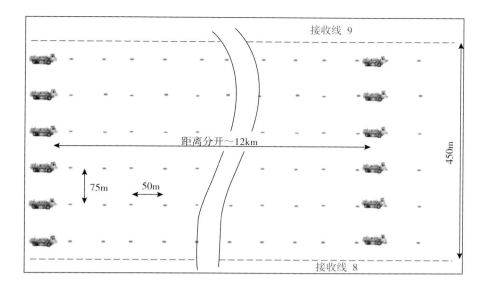

图4.1.10　距离分隔同步扫描方法震源施工示意图

4.1.3.5　动态扫描

　　动态扫描是指多组可控震源在满足时距规则（time-distance rule，振次之间时间间隔与距离关系曲线）的条件下，交替扫描、滑动扫描或者距离分隔同步扫描等联合施工的方法。一般情况下，滑动扫描通过滑动时间拆分地震记录，DSSS 是通过距离拆分地震记录。动态扫描就是同时将滑动时间和震源组间距离两者都考虑进来，在震源组间距离满足条件的情况下，滑动时间可以缩短，以至可以同步激发；在震源组间距离较小时，滑动时间就需相应延长。如图 4.1.11 所示，在 2km 范围内，震源采用交替扫描，在 2 ～ 12km 震源采用滑动扫描，滑动时间可以根据距离增加相应缩短。在超过 12km 的情况下，采用 DSSS 施工。这样就成倍地提升了采集效率，当然相应的设备投入也要增加。

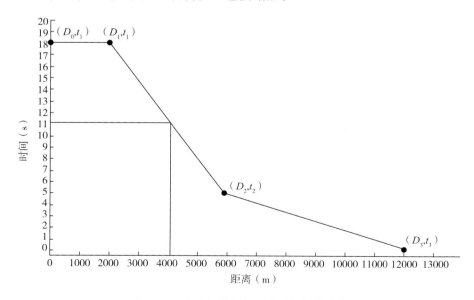

图4.1.11　动态扫描相邻振次时间距离曲线

4.1.4　可控震源高效采集技术要点

可控震源高效采集会带来施工效率的大幅提升，同时对资源投入、质控和野外作业组织等方面带来一些挑战，通常有如下要求：

（1）采用多组可控震源施工；

（2）采用超级排列接收，仪器具有连续记录的能力；

（3）要求能记录下每组（台）震源启动 t_0 时间，需要 GPS 授时；

（4）需配套质控和资料处理技术，硬件的配备确保资料质控、处理周期与施工效率相匹配；

（5）方法设计时要进行技术、经济效益一体化综合分析，以完成地质任务为目标，结合地震地质条件、采集设备能力、投资成本等方面进行充分论证，合理优化采集参数和施工方案。

4.1.5　不同可控震源采集方式效率对比

可控震源施工效率与采集设备配备、震源激发参数、地表条件及操作工熟练程度等因素有关。假设采集装备配备充足且没有考虑震源在炮线之间搬动，基本参数为：扫描时间 16s，听时间 5s，炮距 50m，震源升板时间 4s，震源降板时间 6s，震源移动时间 50m 时间是 17s，估算 1h 的振次效率见表 4.1.1。

表4.1.1　几种可控震源采集方法效率对比表

采集方法	效率	效率估算方法	效率（炮/h）
常规采集		单位时间/(扫描时间＋震源搬点时间＋升降平板时间)，震源搬点时间＋升降板时间≥听时间； 单位时间/(扫描时间＋听时间)，震源搬点时间＋升降板时间≤听时间	83
可控震源高效采集	交替扫描	单位时间/(扫描时间＋听时间)	171
	滑动扫描（滑动时间10s）	单位时间/滑动时间	360
	DSSS（同组2套）	(单位时间/滑动时间)×每组同步扫描的震源套数（2）	720
	动态扫描	根据不同扫描所占比例而定，效率介于交替和DSSS之间	171～720
	独立同时扫描（12台震源）	[单位时间/(扫描时间＋震源搬点时间＋升降平板时间)]×震源台数（12）	996

4.2　可控震源邻炮干扰压制技术

可控震源高效采集技术的推广应用，较以往常规采集方式大幅度提高了野外施工效率。但在可控震源高效采集提高效率的同时，由于其特有激发接收方式，原始地震数据中除以往常见的异常振幅干扰、面波及浅层折射干扰等噪声外，还产生了特有干扰，如谐波干扰、邻炮干扰等。图 4.2.1 是某工区采用可控震源高效采集的原始单炮记录。可以看到存在着严重的谐波干扰和多源激发带来的邻炮干扰波，各种干扰波的存在严重影响了资料信噪比。

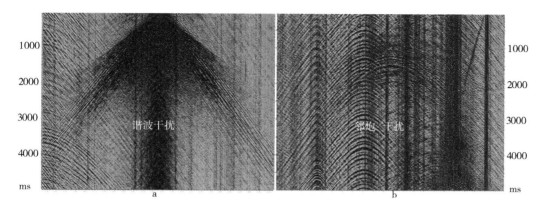

图4.2.1　某工区高效采集的原始单炮记录

a—近排列；b—远排列

不同的可控震源高效采集方法会产生不同的噪声类型（表 4.2.1），不同的噪声类型在数据处理时要求采用不同的方法。对于震源行进噪声，一般当作随机噪声处理，通常利用高覆盖和随机噪声衰减技术即可解决。本节重点介绍谐波压制技术和 ISS（邻炮记录重叠）干扰压制技术。

表4.2.1　几种可控震源高效采集地震数据主要噪声类型

采集方法 \ 项目内容	采集参数一般要求	通常噪声表现
交替扫描	滑动时间≥扫描长度 + 听时间	震源间行进噪声
滑动扫描	听时间≤滑动时间≤扫描长度 + 听时间；震源组间距离≤最大炮检距	（1）震源间行进噪声； （2）邻炮间谐波干扰
动态扫描	（1）震源组间距离≤最大炮检距：交替或滑动扫描，滑动时间通常为常量； （2）震源组间距离≥最大炮检距：滑动扫描，滑动时间随着震源组间距离的增加而减小	（1）震源间行进噪声； （2）邻炮间谐波干扰； （3）前炮对后炮干扰
DSSS	距离≥ 2× 最大炮检距，同步激发； 同步激发串间是交替或滑动	（1）震源间行进噪声； （2）邻炮间谐波干扰
ISS	震源按设计要求的距离摆放，启动时间无限制，但越随机越好	（1）震源间行进噪声； （2）邻炮间谐波干扰； （3）邻炮间记录信息重叠

4.2.1　滑动扫描谐波压制技术

4.2.1.1　滑动扫描谐波产生的机理

在可控震源地震勘探过程中，可控震源在向地下传输扫描信号的同时，不可避免产生谐波干扰。谐波干扰产生的原因主要有两个，一是可控震源的机械装置和振动装置的非线性，以及液压伺服系统的非线性，这导致可控震源输出的信号存在谐波干扰。二是由于平板与大地的耦合问题。谐波干扰的频率范围为参考信号的整数倍，即谐波干扰以参考信号频率整数倍的形式出现，根据其频率的倍数，将谐波分量依次分为二次谐波、三次谐波以及 n 次谐波。而且谐波干扰除了频率这一特性外，还具有相应的相关特性、时间特性和振幅特性等。

谐波干扰伴随着基波扫描出现，常用的扫描信号为升频扫描方式，所以一般的谐波也是线性的升频扫描信号，k 次谐波的时频关系式为

$$f_k = kf_{\min} + \frac{k(f_{\max} - f_{\min})}{T}t \tag{4.2.1}$$

k 阶谐波的数学表达式为

$$S_k(t) = A(t)\sin 2\pi[f_{k\min} + (f_{k\max} - f_{k\min})t/2T]t = A(t)\sin 2\pi\phi_k(t) \tag{4.2.2}$$

$$S(t) = \sum_{m=0}^{M} S_m(t) \tag{4.2.3}$$

式中，f_k 是 k 次谐波的瞬时频率；k 是谐波阶次；$f_{k\max}$ 是扫描终止频率；$f_{k\min}$ 是起始扫描频率；T 是扫描长度。不同阶次的谐波以不同的斜率线性出现在滑动扫描记录上，并延续到其他记录。

1970 年，A．J．Seriff 定量推导了谐波干扰在相关记录中出现的时间位置公式，即对于降频扫描，谐波在记录中出现的起点位置 $\tau_k(kf_0) = \frac{(k-1)f_0 T}{W}$，终点位置 $\tau_k(f_m) = \frac{(k-1)f_m T}{kW}$。

对于升频扫描，对应的起、止时间分别为 $-\tau_k(kf_0)$、$-\tau_k(f_m)$，谐波瞬时频率时间位置方程为 $\tau_k(f) = \frac{(k-1)fT}{kW}$，其中 $W = f_m - f_0$，并且满足条件 $kf_0 \leq f \leq f_m$。设记录长度为 L，滑动时间为 S，如图 4.2.2 所示。图中红线代表第 k 次谐波。则不难求出最小干扰频率 f_n 和最小干扰时间 $Q_{\lim}$。

$$f_n = \frac{kW(S-L+\tau)}{(k-1)T}, \quad S-L > \tau_k(kf_0)$$
$$f_n = \frac{kW\tau_k(kf_0)}{(k-1)T}, \quad S-L \leq \tau_k(kf_0) \tag{4.2.4}$$

$$Q_{\lim} = S + \tau - \tau_m(f_m) \tag{4.2.5}$$

式中，τ 为相关记录中某个同相轴的时间。

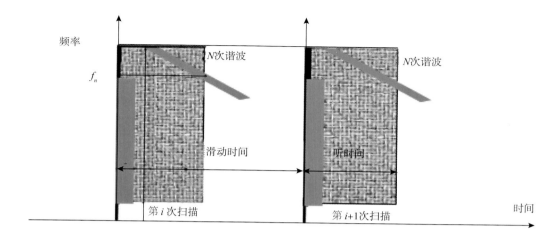

图4.2.2　滑动扫描谐波位置分析

P.Pas（1996）根据 Seriff 和 Kim（1970）的研究成果推导了谐波干扰在 t-f 域表达式，Julien 及 Meunier（2001）等在此基础上进一步给出了谐波干扰对有效波影响范围的量化公式，即

$$f_k = \frac{k}{k-1} \frac{(F_H - F_L)}{t_d} (t_h - t_1) \tag{4.2.6}$$

$$\theta_{\mathrm{lim}k} = t_h - \frac{k-1}{k} \times \frac{t_d \times F_H}{F_H - F_L} \tag{4.2.7}$$

式中，f_k 代表上一个单炮记录的瞬时频率下限，小于该频率的信息，不会受到本炮产生的第 k 次谐波的干扰。f_k 是扫描信号最高频率 F_H、最低频率 F_L、扫描长度 t_d、滑动时间 t_h、记录时间（听时间或单炮记录长度）t_1 的函数。不受谐波干扰的频率范围为 $F_L \leqslant f \leqslant f_k$；$\theta_{\mathrm{lim}k}$ 代表某一时刻，在该时刻以外单炮信息受到谐波干扰的影响。对于具有双程旅行时为 t_0 的某一反射波同相轴 R，f_k、$\theta_{\mathrm{lim}k}$ 表达参见公式（4.2.8）和公式（4.2.9），即

$$f_k^R = f_k \left(\frac{t_h - t_1 + t_0}{t_h - t_1} \right) \tag{4.2.8}$$

$$\theta_{\mathrm{lim}k}^R = \theta_{\mathrm{lim}k} + t_0 \tag{4.2.9}$$

图 4.2.3a，b 描述了滑动扫描谐波干扰对有效波的影响。图 4.2.3 a 是基波信号，干扰谐波与扫描信号相关前的时-频域示意图，它们出现在时间轴的正轴。图 4.2.3b 是基波信号，干扰谐波与扫描信号相关后的时-频域示意图，它们出现在时间的负轴。因此，从这个角度，可以利用基波设计一个滤波器，把谐波噪声从力信号中分离出来，并与参考信号相关，得到时间负轴谐波能量，则可预测前一炮道集上的谐波噪声，用前一炮相关后的数据减去预测的谐波噪声即可压制。图 4.2.3b 是第二组可控震源单炮记录计时零线负时间轴上的谐波干扰，主要由初至波及中浅层反射波对应的谐波干扰组成（红色三角形）。图 4.2.4 为不同滑动时间

得到的单炮记录。可以看出，随着滑动时间的延长，谐波干扰逐渐减弱。

通过以上对谐波干扰产生的原因进行分析，我们知道在可控震源地震勘探的过程中，谐波干扰不可避免，来自地下的每个反射信息都含有谐波分量。但是对于滑动扫描记录，它又具有自己的特点。我们所关注的是地震波初始到达的地震波所包含的谐波成分，因两炮相互重叠，后一炮初始到达的地震波能量较强，其包含的较强的谐波成分才会对前一炮的地震记录造成影响。随着偏移距的增大，初始地震波衰减后，其包含的谐波成分也非常弱，偏移距1000～1500m范围内还勉强能看到谐波成分，1500m之后谐波成分在地震记录上基本不能分辨了。

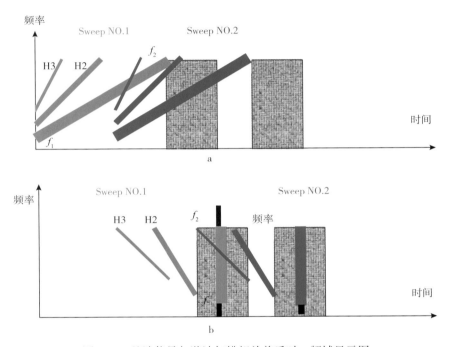

图4.2.3 基波信号与谐波扫描相关前后时—频域显示图

a—基波信号、二次谐波、三次谐波与扫描信号相关前时—频域显示图；
b—基波信号、二次谐波、三次谐波与扫描信号相关后时—频域显示图

滑动扫描采集中谐波干扰有以下主要特点：

（1）频率范围。

谐波的频率为有效波频率的整数倍，随有效波频率的变化而变化，若基波的扫描频率为6～84Hz，则二次谐波的频率变化范围为12～168Hz，三次谐波的频率变化范围为18～252Hz。

（2）出现位置。

谐波分布在整个记录上，但只是在近道的初始波中包含较强的谐波能量，若当前炮和前一炮的滑动扫描时间小于一个记录长度，谐波会出现在前一炮的记录中。

（3）相关特性。

用基波和谐波相关后，谐波相关后其频率范围与基波一致。

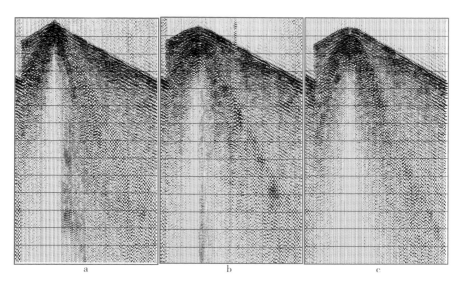

图4.2.4　不同滑动时间谐波干扰的单炮记录

a—7s；b—12s；c—16s

4.2.1.2　滑动扫描谐波干扰压制方法

压制谐波的方法很多，最直观的方法缩小扫描长度、增大滑动时间、增加扫描频带宽度都可以使对应后一炮记录的谐波干扰降低对前一炮记录的影响，使影响的时间深度变大、频率变高。图 4.2.5 表明，滑动时间由 8s 增加到 11s，可以看到谐波干扰在减少。

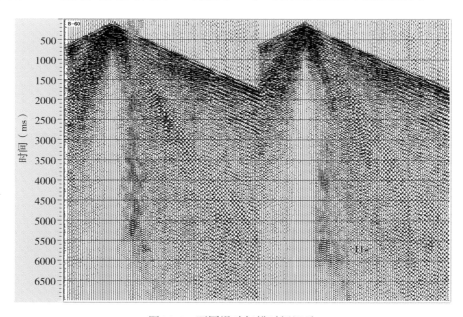

图4.2.5　不同滑动扫描时间记录

还可以利用组合扫描压制谐波干扰，通过把长扫描信号分成若干段，从而改变每段的扫描宽度达到压制谐波的目的。该方法仅仅适合于常规扫描本炮谐波的压制，不适合于滑动扫描产生的谐波。在可控震源资料的采集中，另一种直观的压制谐波的方法是变相位扫描技术

（相位移动技术、旋转相位技术）。扫描信号一个 $\Delta\Phi$ 初始相位的变化，将导致 k 阶谐波在相位发生 $k\Delta\Phi$ 的变化。根据扫描信号的这一相位变化特点，在同一物理点扫描多次，每次扫描信号的初相按照一定的规则发生变化，最后使得谐波在相关求和中消除。变相位扫描在一定程度上起到了压制谐波的作用，但是由于不同振次之间震源底板与大地的耦合条件不断改变，各次扫描向地下输入的能量不同，压制谐波的效果往往不好。变相位扫描技术仅仅适用于本炮谐波压制，该方法的应用条件是滑动扫描施工方法所不具备的。

此外，也有学者提出采用串联扫描的方式，要求可控震源采用 n 组不同起始相位的扫描信号连续扫描作业，相关则采用 $n-1$ 组扫描信号，从而压制谐波干扰，这种方法也不适用于滑动扫描作业。

以上为通过设置仪器参数或扫描信号的方法压制谐波干扰，这些方法往往与滑动扫描的作业方式或采集高效目标相矛盾，因此，消除谐波的另一种可行手段是数字滤波。针对滑动扫描野外采集以及原始资料处理方法的特点，近年来国内外先后研发了多种压制谐波的技术，这些数字滤波技术包括：纯相移滤波方法、谐波预测方法和反褶积滤波方法等，下面介绍其中两种。

（1）模型法压制滑动扫描谐波干扰。

对于升频扫描的激发方式，滑动扫描数据经震源相关后，当前炮的数据常被后续炮的谐波所干扰。为在当前炮中降低后续炮谐波干扰的影响，可采用根据后续炮来估计谐波干扰，然后将所估计的谐波干扰从当前炮中减去的办法。可以从力信号中估计谐波预测算子，也可以直接从地震道中估计谐波预测算子，并且直接从地震道中估计谐波预测算子的压制效果会更好。但该方法直接从地震道中估计谐波预测算子的操作繁复、效率较慢，且会受到地震数据背景噪声的影响。

图4.2.6a 为滑动扫描试验的原始单炮（炮号6020，道号1850 ～ 2026），图 b 为模型法谐波干扰压制后的结果。为了便于显示，图4.2.6 中两张记录都加了道均衡处理。对比图4.2.7 可知，经谐波干扰压制处理后，图 a 单炮中的谐波干扰能量绝大部分都得到了压制，效果明显，且对记录中其他信号的影响甚小。

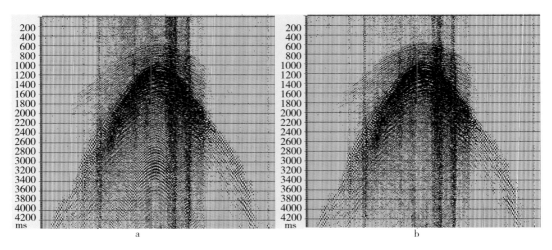

图4.2.6 实际数据单炮经模型法谐波干扰压制前（a）、后（b）效果对比

图 4.2.7 给出了谐波干扰压制前、后的谱分析结果。分析结果表明，本方法在有效压制谐波干扰的同时，并不会损害有效信号的频率成分。

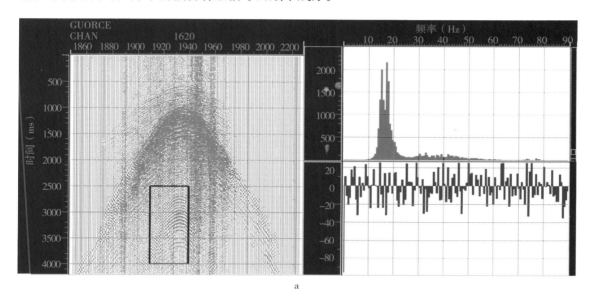

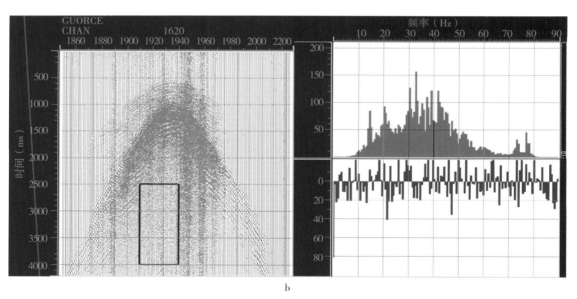

图4.2.7　谐波干扰压制前（a）后（b）深层数据（左）及其频谱（右）

图 4.2.8 中给出了谐波干扰压制前、后效果在时频谱中的对比。其中图 4.2.8a 为谐波干扰压制前单道的时频谱，图 4.2.8b 为谐波干扰压制后单道的时频谱。时频谱的对比结果更清楚地表明，虽然后续炮的 2、3 阶谐波同有效信号的频带互相重叠，但谐波干扰还是得到了有效压制。

（2）预测褶积滤波技术压制谐波干扰。

随着可控震源系统本身技术的发展，记录每一炮点位置的地面力信号简单可行，使用地面力信号的谐波滤波法更能快速、有效压制谐波。利用地面力信号可以在时—频域分离获得基波与谐波；利用基波与谐波就可以设计滤波器并与滑动扫描相关地震记录褶积运算获得谐波干扰；在相关地震记录中减去下一炮的谐波干扰就达到了压制谐波干扰的目的。

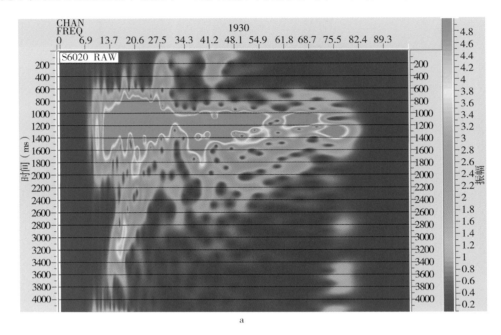

a

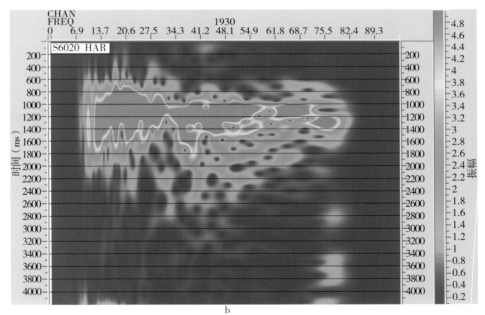

b

图4.2.8　谐波干扰压制前（a）后（b）时频谱

a—谐波压制前；b—谐波压制后

未相关的可控震源记录可用表示为

$$d = (Base + Harmonic) \otimes R \tag{4.2.10}$$

式中，d为检波器接收的未相关记录；$Base$为基波信号；$Harmonic$为谐波信号；R为地层反射

序列。式（4.2.10）的频率域表示为

$$D = (Base + Harmonic) \times R \tag{4.2.11}$$

滑动扫描谐波预测滤波器为

$$Filter = \frac{Harmonic}{Base} \tag{4.2.12}$$

图 4.2.9 是利用预测褶积滤波技术压制谐波干扰的实例，通过应用预测褶积滤波技术，谐波干扰得到了很好的压制。

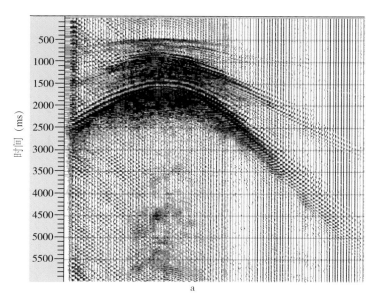

a

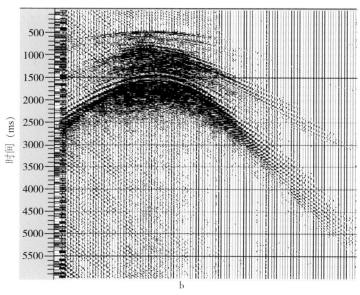

b

图4.2.9　预测褶积滤波谐波压制

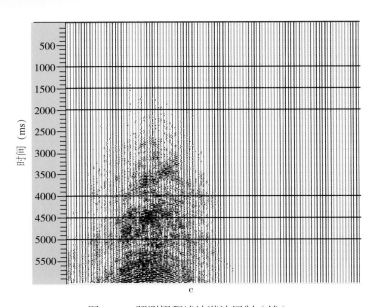

图4.2.9　预测褶积滤波谐波压制（续）

a—谐波压制前；b—谐波压制后；c—压制掉的谐波

4.2.2　邻炮干扰压制技术

可控震源高效采集 ISS 方式地震采集作业时，各震源组起振时间随机，独立工作，当相邻炮点较近且存在记录时间重叠时，存在邻炮干扰。根据 ISS 激发采集方式的特点，相同的排列接收了不同震源在不同的位置以不同的时间起震所激发的反射波、直达波等能量。在共激发点道集上，除主激发点的能量具有相干性外，其他激发点所产生的能量也都具有相干性；而在共炮检距道集、共接收 点道集或共中心点道集上，由于相邻炮点起震时间的差异，只有来自主激发点的能量具有相干性，来自邻炮干扰的能量则都表现为随机噪声因而可以在共炮检距记录、共接收点记录或共中心点记录上用去除随机噪声类的方法压制邻炮干扰能量。

中值滤波是一种压制脉冲随机噪声的经典算法，广泛应用于信号和图像处理领域，同样在地震数据处理中，中值滤波也是一种常用技术。传统中值滤波也可以认为是标量中值滤波，其优点是在压制随机脉冲类噪声的同时，能保持信号的锐度，不存在均值滤波方法模糊边界的缺陷。针对用标量值表示的信号，传统标量中值滤波可以取得较好的结果，但是针对用多值表示的信号，矢量中值滤波可以取得比传统标量中值滤波更好的效果。矢量中值滤波就是在一组矢量中找到一个矢量，该矢量与其他矢量的距离之和最小，式（4.2.13）是 L2 范数下的矢量中值滤波

$$\sum_{i=1}^{N}\left\|X_m - X_i\right\|_2 \leqslant \sum_{i=1}^{N}\left\|X_j - X_i\right\|_2 \tag{4.2.13}$$
$$X_m \in \{X_i \mid i=1,\cdots,N\}; \; j=1,\cdots,N$$

式中，X_m 是滤波后输出的中值矢量。

来自邻炮的干扰在原始的共炮点道集中表现为相干，在非共炮点道集，如共接收点道集、共偏移距道集和 CMP 道集，只有来自主炮的地震波表现为相干，而邻炮干扰则为随机的。因此，在非共炮点道集沿 $t-x$ 方向，只有来自主炮的有效波可以预测，当将一段地震数据作为一个矢量，便可以在非共炮点道集沿 $t-x$ 方向应用矢量中值滤波压制随机的邻炮干扰，可以表示为

$$\sum_{i=1}^{n}\left\|X_{m,k}-X_{i,k}\right\|_{p} \leqslant \sum_{i=1}^{n}\left\|X_{j,k}-X_{i,k}\right\|_{p}$$

$$X_{m,k} \in \{X_{i,k} \mid i=1,\cdots,n\}; j=1,\cdots,n$$

(4.2.14)

式中，$X_{m,k}$ 为输出结果；k 为短数据段顺序号；$X_{i,k}$ 和 $X_{j,k}$ 为参与滤波的地震数据段；i 为地震数据道顺序号；n 为参与滤波处理的道数；p 为合适的范数。

图 4.2.10 是某工区 ISS 地震采集数据应用矢量中值滤波前后的单炮对比，很显然通过滤波前后的单炮对比可以发现矢量中值滤波很好地实现了 ISS 采集地震数据中混叠波场的分离，同时，保留和突出了来自主炮的地震反射波（无论是浅层还是深层的反射）。

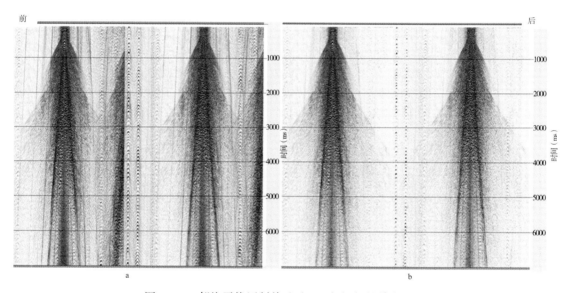

图4.2.10　邻炮干扰压制前（a）、后（b）的单炮记录

4.3　可控震源高效采集配套技术

为了确保可控震源高效采集方法的顺利实施，必须要有相应的配套技术支撑施工的各个环节。东方地球物理公司通过多年的持续研究，形成了一套成熟的可控震源高效采集配套技术，能确保各个施工环节稳定高效的实施。下面介绍其中的数字化地震队、海量地震数据转储以及海量地震数据实施质控 3 种主要技术。

4.3.1 数字化地震队

东方地球物理公司的数字化地震队,又称为 DSS 系统,是一套独特的地震采集作业管理系统,可以极大地提高生产效率,简化管理流程,并适合多种生产模式,其系统框架如图 4.3.1 所示。数字化地震队可以实施无桩号导航,适合震源组野外独立施工、推土机施工及其他工程车辆导航等情况。

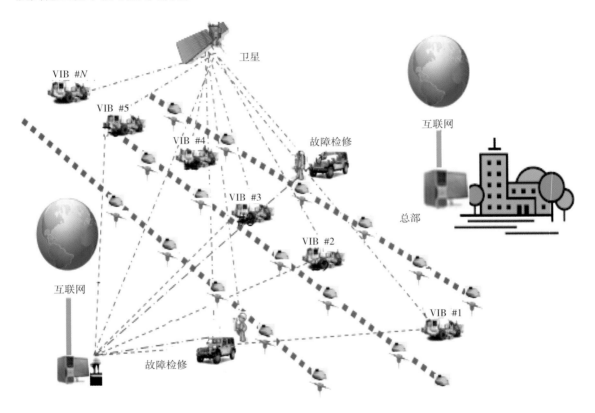

图4.3.1 数字化地震队系统框架示意图

数字化地震队有以下特点:

(1)智能生产流程。系统提供手动及自动放炮功能。在自动放炮模式下,可实现无人值守的生产模式。此外,系统还提供滑动扫描及交替扫描的生产模式配置功能,通过配置时间及距离的曲线,实现最佳的生产效率。

(2)实时质量控制。系统提供 TB、可控震源扫描状态及底板信号等数据的实时回传,实现实时质量控制及数据互相关,从根源上避免废炮的产生。

(3)仪器远程控制。系统与多种震源仪器设备实现无缝对接,提供远程参数设置、数据存储及控制等功能。系统还对箱体提供时间一致性的检测功能,确保箱体工作正常,从而无须再进行箱体的月检、季检等操作。

(4)生产进度监控。系统提供生产进度的实时统计及分析功能。可以随时掌握项目进度及震源的工作状态,并提供丰富的图表及报表,以便管理人员和生产人员回顾和分析。

(5)实时导航预警。系统中的车载终端提供实时导航及危险对象的预警功能。实时导航包括无桩号施工及特殊地点导航；危险对象预警提供 200ms 间隔的预警能力，并且可以根据优先级对多种危险对象同时预警，为车辆在复杂环境中的驾驶提供了可靠的保障。

（6）高速无线链路。系统提供的高速无线链路指高速大功率双工电台链路，可以保证有效覆盖数百公里的工区，无须架设中继设备，从而简化通信环境的搭建、维护和减少相关的开支。高速无线链路的数据传输速度从 115.2kbps 到 1Mbps，为实时质量控制和实时数据相关提供了可靠的支持。

（7）厘米级定位。系统通过 RTK 方式或 OmniSTAR 服务来提供厘米级的定位精度。RTK 方式无须支付额外服务费用，但需要额外架设基站和专门的人员进行维护和管理；OmniSTAR 服务需要支付额外服务费用，但无须额外架设基站和使用专门技术人员。考虑到小队生产启动后，需要频繁移动及每天 24h 作业，OmniSTAR 更适合恶劣环境及能够提供较好的连续可靠的定位服务。

（8）PMP 管理理念。系统采集的生产数据及设备使用情况，可以与现有的 PMP 系统进行数据共享，从而将 PMP 理念真正贯穿到整个生产过程及末梢。

（9）地震队作业平台。系统功能涵盖了地震队野外作业的各个环节，实现完整的生产数据管理链条，从震源的生产数据采集，到小队生产管理数据的汇总，是一套完整的地震队作业平台。

4.3.2　海量数据实时质控技术

常规地震采集数据监控依靠人工对纸质回放记录进行分析检查，这种方式检查效率低、对资料分析监控主要基于肉眼识别，难以进行量化分析。而高密度宽方位采集，地震采集道数和采集效率大幅度提高：单炮采集道数由原来的 2000 道左右，增长到 20000 ～ 30000 道，甚至达到 100000 道以上；地震采集效率由每天的 300 炮左右，增加到了 3000 炮以上，甚至超过万炮。地震采集数据量指数增长，常规的监控方式已经不能满足高密度宽方位高效采集的质控需求。因此快速、有效并且实用的地震采集实时监控技术和质量评价方法，已经成为现场质控的必然趋势，东方地球物理公司开发的 KL-RTQC 软件能满足海量数据的实时质控需求，其主要质控方法包括了以下几种。

4.3.2.1　数据品质监控方法

地震数据品质监控主要是针对地震数据的能量、频率（主频与频宽）、信噪比、环境噪声 4 项内容。在对 4 项数据品质类监控项进行监控时，均需要用到标准数据。所谓标准数据是指用来与被监控数据对应监控项的计算结果值进行比较，从而判断该项监控内容是否超标的一个数据值。当某一数据品质类监控项的数值与对应标准数据之间的差别超出预先规定的比例门槛时，则该监控项将被判定为超标。综上所述，对于能量、频率（主频与频宽）、信噪比、环境噪声 4 项数据品质类监控项的监控过程应包括 3 步：监控项的数值计算、标准数据的获取、监控结果的判定。对于数据品质的监控方法可用图 4.3.2 的流程来表示。

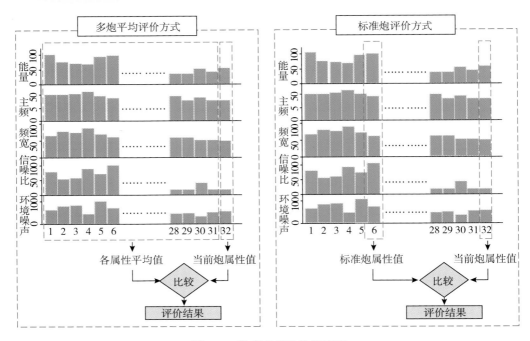

图4.3.2　数据品质监控流程图

4.3.2.2　异常道监控方法

地震数据异常道监控主要针对极值道、掉排列道、串接道、弱振幅道、强振幅道等 5 项内容进行监控。这些异常道通常是由于在地震采集过程中受到各种外界破坏或设备自身故障等影响而导致的。这些因素会给采集设备的工作状态带来不利，进而导致检波器接收到的数据在地震记录中表现不正常，并且这些不正常的数据无法通过室内的地震资料处理手段将其恢复成有效信息。从各种类型异常道的数据特征出发，利用提前设置好的质控参数值对获取的地震道采样点真值进行比较与统计，对极值道、掉排列道、串接道、弱振幅道（不跳、懒跳）及强振幅道等类型的异常道进行自动识别。图 4.3.3 是实际生产中遇到的包含串接道的炮记录。

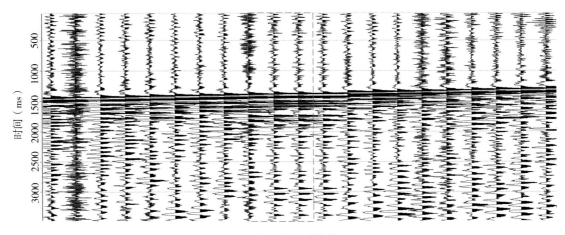

图4.3.3　包含串接道的炮记录

4.3.2.3 采集参数监控方法

地震数据采集参数监控主要针对采样间隔、记录道长、辅助道及 SPS 等四项内容进行监控。在对这四项内容进行监控前，需要预先设置或导入标准的采集参数信息；之后，在监控的过程中，通过将从地震数据中获取的采集参数信息与标准采集参数信息进行比较，来判定当前炮的采集参数信息是否存在错误。

4.3.2.4 初至时间监控方法

地震数据的初至时间监控主要通过数据的初至时间来检查野外生产是否出现放错炮或者早、晚爆等情况。野外地震记录初至时间正确与否，是评价资料能否使用的最关键的因素，因此野外采集质控软件应该能够分析识别初至时间是否出现异常。国内外现有的采集质控软件都是通过拾取野外记录的速度，然后根据所拾取的速度建立一个理论曲线，将这条理论曲线投影在后续进来的地震记录上，通过肉眼观察理论曲线与初至时间的吻合情况，判断野外采集记录初至时间是否正确。这种方法虽然理论曲线是利用软件计算的，但其识别过程仍是利用肉眼识别，因此还没有达到对初至异常的自动识别。在高效采集时，稍微疏忽，就可能导致初至时间异常的炮观察不到。通过分析导致初至时间异常的原因，研究了自动识别的方法。

对理论初至与自动拾取初至进行自动比较，进而对出现上述与初至有关问题的炮数据进行自动识别的方法和步骤包括：（1）选取初至起跳清楚、时间准确的单炮进行初至拾取，分析速度，根据速度分析结果和炮检距，生成理论初至曲线；（2）利用能量比法自动拾取后续进来的每炮初至时间；（3）将理论初至时间与自动拾取的初至时间进行比较，若二者的时差小于预先设置的误差范围，说明初至时间没有问题，若大于所设置的初至时间误差范围，则说明初至时间存在问题。

4.3.2.5 地震数据综合评价

地震数据的综合评价是对数据品质、异常道、采集参数及初至时间四个方面所包含的全部监控内容进行综合考虑，并最终对单炮记录给出一个整体的评价结果。对于综合评价过程中给出警告的单炮将被直接判定为不合格炮，因此，对于单炮数据进行综合评价评价的结果只有两种情况，即合格和不合格。

在对地震数据进行实时监控的过程中，有些监控内容仅仅是展示当前所采集地震数据的属性结果状态，即使该项内容对应的监控结果超标，也并不代表当前生产炮是废炮；而有些监控内容则是在满足几项同时超标的情况下，才能够判定当前生产炮是废炮；此外，还有部分监控内容对生产炮起着决定性的影响，因此，当其监控结果为超标，则直接可以判定当前生产炮是废炮。

4.3.3 海量数据的转储技术

随着高效、超高效采集技术及节点采集技术的快速发展，野外采集的地震数据量呈几何级增长，每天的数据量可达几 TB 甚至几十 TB。为了满足现场海量地震数据转储的需求，东方地球物理公司开发了 KL-SeisPro 地震数据转储软件。为了实现每天 30TB 海量数据快速拷贝，主要从三个方面解决：一是采用多节点并行转储框架；二是多通道并行快速转储；三是对硬盘读写速度方面进行升级，即硬件环境搭建。

4.3.3.1 多节点并行转储框架

由于单节点转储能力有限，调整软件架构，采用多节点并行的操作模式。如图 4.3.4 所示，有一个主控节点进行控制，需支持多个节点同时进行多通道拷贝、格式转换及质量控制。整个框架由主控节点模块、监控交互模块及各个节点数据拷贝模块等三部分组成（图 4.3.5）。

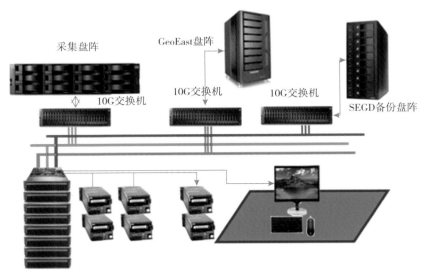

图4.3.4 多节点并行转储示意图

（1）主控节点模块：在有屏幕的工作站上启动，负责节点个数设置、输入输出参数选择、作业组织和任务分配，并启动监控交互模块和各节点数据拷贝模块。

（2）监控交互模块：以多窗口的方式显示各节点数据拷贝进程的进度等信息；与各个节点的拷贝进程进行双向通信，具有应答各个进程的请求等功能。

（3）各节点数据拷贝模块：负责拷贝分配的地震数据，每个节点的拷贝、格式转换、振幅质控均以并行方式实现。拷贝日志、系统故障等信息通过网络通信方式发送给监控交互进程。

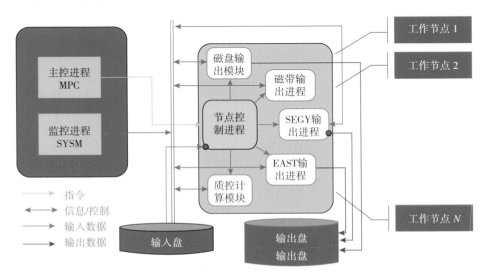

图4.3.5 多节点并行转储工作原理

4.3.3.2　多通道并行快速转储

对单个节点，是通过多通道并行转储实现的，需尽最大可能地提升转储速度。数据读取、磁盘与磁带的每份输出、质控都是并行实现的，每个都是一个线程。拷贝速率受到磁带机速度、网络速率等限制，已接近硬件的理论上限速度。如目前较新的 IBM 3592-E07 磁带机理论最大速度是 250MB/s，实际写带速度可达 230MB/s。因此对单个节点，利用软件进一步提升转储速度的空间有限，主要可从下面两个方面进行优化。

一是在高速磁盘阵列的基础上优化数据的读取算法。通过并行读取方式，充分调动计算机资源，进一步提高数据的读取速度。

二是优化数据格式转换结构与算法。由于格式转换需对每个采样点值进行解析并转换为输出格式，计算量非常大，因此采用并行方式，进一步提高转换速度。当输出多份相同转换数据时，只转换数据格式一次，所有输出都从同一个转换的数据获得，节约多次转换时间。

4.3.3.3　硬件环境搭建

多节点并行操作模式需要以高性能的硬件为依托，需要：高速磁带机、光纤卡、高速磁盘阵列、10GB 交换机等，如图 4.3.6 所示。磁盘阵列读写速度不小于 1GB/s，保证每个工作节点数据读写速度不低于 250MB/s。

图4.3.6　高速读写设备

5 "两宽一高"地震资料处理技术

作为地震勘探"采集、处理、解释"三大环节的纽带与桥梁，资料处理成果的优劣既取决于野外原始资料的品质，也影响着资料解释成果的有效性和可靠性。相对常规的采集方法，高密度、宽方位数据大大提高了空间采样精度，实现了对地震波场的无假频采样，并提供了丰富的方位波场信息。如何充分发挥高密度、宽频带、宽方位数据的优势，深化研究高保真噪声压制、复杂构造成像，以及进一步拓展子波的频带尤其是低频成分，构成了"两宽一高"地震资料处理技术的核心内容。

5.1 高密度数据叠前去噪技术

对于反射地震学来就说，有效信号是指一次反射波。除一次反射波以外的任何其他地震波都称为干扰波或噪声。地震资料中干扰波的产生一般与震源类型、激发方式、激发点介质特性、激发接收环境、表层与地下介质特征及传播机理有关，主要的干扰类型包括面波干扰、异常能量干扰、浅层折射及多次折射干扰、随机干扰及多次波等。其中对地震资料品质影响最大的主要是面波、异常能量、多次波等干扰波。面波干扰的特征主要与工区的近地表特点有关；异常能量干扰通常是采集环境中存在异常源而引起的非反射信号，比如钻机、交通、高压线路、自然环境等，这些异常能量通常远大于正常反射信号的能量；多次波干扰则来源于地下反射系数较大的强反射界面（也包括地表与空气界面），通常包括全程多次波和层间多次波。

高密度地震资料叠前去噪的理念是利用高密度空间采样最大程度压制干扰的同时而不损害或最小损害有效地震信号。基于空间傅里叶变换类的地震数据去噪方法在理论上要求对有效信号和噪声进行无假频空间采样，提高噪声和有效信号在频率—波数域的可区分性，才能达到最佳去噪效果。高密度地震采集数据一般采用较小的接收点距、炮点距、接收线距和炮线距，能够对接收到的有效信号及噪声在空间进行高密度采样，因而较好地满足去噪方法对空间采样的要求。基于空间变换或基于空间褶积的去噪技术在高密度宽方位地震数据处理中得到广泛应用，去噪效果得到大幅提升。如 K-L 变换面波去噪技术、十字排列子集三维 f-k 滤波、高精度 Radon 变换及层间多次波预测与压制技术。还有一类基于有效信号与噪声在空间上的能量差异的异常能量干扰压制技术应用也非常广泛。这些技术的应用，有效发挥了高密度地震资料的优势，提高了地震数据的信噪比和保真度。

5.1.1 K-L 变换面波去噪

面波是地震勘探中常见的噪声，面波通常分为三种，即分布在自由界面的瑞利（Rayleigh）面波、表面介质与覆盖层之间的 SH 型勒夫（Love）面波、在深部地层两个弹性层之间的斯通莱（Stoneley）面波。纵波地面地震勘探中面波属于瑞利（Rayleigh）面波，又称地滚波，一般表现为频率范围低、视速度低、能量强，同相轴表现大致为直线状的特征，并有频散现象。

面波干扰压制比较先进的思路是首先预测面波噪声，然后再从原始记录中减去预测出的噪声。该思路有两个关键，一是预测噪声的准确性；二是如何从原始记录中减去预测噪声。基于 K-L 变换本征滤波技术是这类技术的典型代表，此技术源于遥测资料处理，经过后人的不断研究和完善，已成为地震勘探领域中一项成熟技术，目前得到了广泛应用。

K-L 变换类似于傅里叶变换，它是一种正交变换方法，具有如下两个重要特征：（1）K-L 变换的协方差矩阵是一对角矩阵，变换的结果是其各分量之间两两正交，互不相关；（2）均方差最小。

假设由 N 个地震道组成的道集数据 $X=(x_{ij})$（$i=1, 2,\cdots, N$）为道号，$j=1, 2,\cdots, M$ 为样点号），每道的均值为 0。以 X 作为 K-L 变换的输入地震道集，若令 λ_i 为其协方差矩阵 C_x 的特征值，V_i 为对应于特征值 λ_i 的归一化非零特征向量，则称由下式计算得到的 N 道地震数据 $Y=(y_{ij})$（$i=1, 2,\cdots, N$ 为道号，$j=1, 2,\cdots, M$ 为样点号）为 X 的 K-L 变换（即经 K-L 变换的输出道集），道集 Y 中的每一行称为一个分量（道），即

$$Y=V^{\mathrm{T}}X \tag{5.1.1}$$

式中，V 为由特征向量 V_i 构成的正交阵，即

$$V=(V_1, V_2, \cdots, V_N) \tag{5.1.2}$$

特征值 λ_i、特征向量 V_i 及协方差矩阵 C_x 的关系为

$$V^{\mathrm{T}}C_xV=\Lambda=\begin{pmatrix} \lambda_1 & 0 & \cdots & 0 \\ \vdots & \ddots & & \vdots \\ 0 & \cdots & 0 & \lambda_N \end{pmatrix} \tag{5.1.3}$$

可以证明，Y 的协方差 $C_y=\Lambda$，而 Λ 为一对角阵，除对角元素外其他元素均为零，说明 Y 的各道之间两两正交、互不相关，且 λ_i 为第 i 道的能量。故 K-L 变换实质上为对 X 按其协方差矩阵的归一化特征向量进行正交分解。一般来说，一个随机信号向量经过正交变换后总能在一定程度上消除各分量之间的相关性，这对于随机信号处理具有重要的意义。因此，从完全消除各分量相关性的指标上看，K-L 变换是一种最佳变换。

如果变换前先对 λ_i 按从大到小排序，则此时的 K-L 变换又称为主分量分解。因 λ_i 为相应分量道的能量，故主分量分解的物理意义十分明确：经过主分量分解之后，Y 中的第 1 个分量道表示原数据中能量最大的相干成分，第 2 个分量道表示能量次大的相干成分，依此类

推，第 N 个分量表示能量最小的相干成分。

如果我们只保留 Y 中部分能量较大的相干分量，将其他分量清零或做压制处理，再按下式反变换回去，即可得到压制了部分不相关信号后的结果，即

$$X = VY \qquad (5.1.4)$$

因为面波能量通常比反射信号强得多，如果把面波同相轴校平后再进行 K-L 变换（罗国安等，1996），则最大能量的相关分量即为面波。选择少部分能量较大的分量进行反变换，并采用最小二乘自适应相减技术从原始记录中减去，即可得到压制了面波后的结果数据。该方法对噪声和假频不敏感，只要噪声呈近线性分布，且可根据资料噪声的特点限定处理的频率范围和速度范围，还可以把资料分选到不同的数据域，如共炮点、共接受点、共 CDP 域进行多域去噪。

图 5.1.1 和图 5.1.2 为某可控震源采集资料面波压制前、后的单炮和叠加剖面，可以看到面波干扰得到较好的压制。

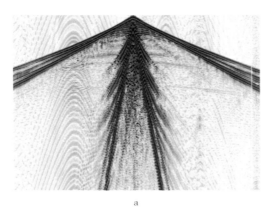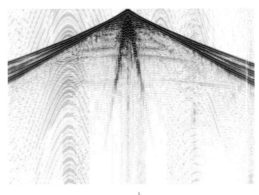

a   b

图5.1.1   K-L变换去噪前、后的单炮

a—去噪前的单炮；b—去噪后的单炮

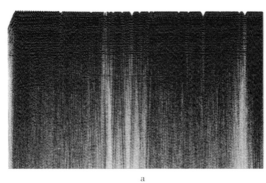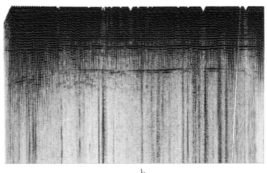

a   b

图5.1.2   K-L变换去噪前、后的叠加剖面

a—去噪前的叠加剖面；b—去噪后的叠加剖面

5.1.2　三维十字排列 f-k-k 去噪

目前的高密度宽方位三维采集多采用正交观测系统。在正交观测系统中，十字排列道集是具有空间连续的单次覆盖最小数据子集，很自然地，由于十字排列子集中的空间采样是 CMP 间距，也就是半个道距，高密度地震数据在十字排列域的空间采样能够更好地满足面波等规则干扰每个波长内至少两个样点的采样要求，因此，高密度采集地震数据在十字排列最小地震数据子集上进行频率—波数域去噪具有本质的优势。该方法提高了三维傅氏变换域中信号与规则干扰的可分离性，很大程度上避免了因空间采样不足带来的假频影响。根据视速度（锥体）的大小，选择滤波因子进行滤波，将保留的有效信号部分 f-k-k 谱进行三维傅氏反变换，即可得到去噪后的时空域信号（图 5.1.3）。

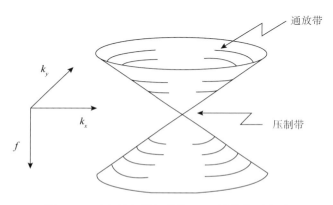

图5.1.3　时空域相关部分的 f-k-k 域分布示意图

如果用 $g(x, y, t)$ 代表十字子集记录的输入信号，用 $h(x, y, t)$ 代表三维滤波器，用 $y(x, y, t)$ 代表滤波后输出的信号，$G(k_x, k_y, \omega)$，$H(k_x, k_y, \omega)$，$Y(k_x, k_y, \omega)$ 分别表示各自的三维傅里叶变换，则输出信号满足 $Y(k_x, k_y, \omega)=G(k_x, k_y, \omega)=H(k_x, k_y, \omega)$。

我们需要定义滤波器 $H(k_x, k_y, \omega)$。如果固定频率不变，则每个频率的滤波器 $H(k_x, k_y, \omega)$ 是一个锥形滤波器。如果我们定义有效信号通过，则可以定义一个通放滤波器，如图 5.1.4 所示的阴影部分，三维 f-k-k 滤波后可以得到保留的有效信号。

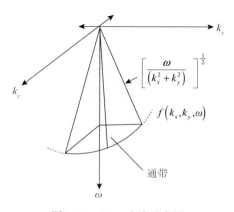

图5.1.4　f-k-k 滤波示意图

图 5.1.5 是实际资料十字排列去噪前、后单炮对比和去掉的噪声。图 5.1.6 是十字排列去噪前后的叠加剖面和噪声叠加剖面。从单炮和叠加剖面上可以看到去除的噪声中没有包含有效信号，达到了比较保真的去噪效果。

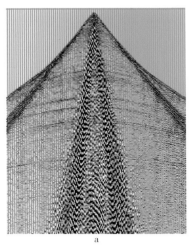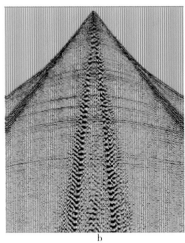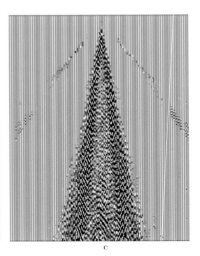

a   b   c

图5.1.5 十字排列去噪前、后的单炮

a—去噪前的单炮；b—去噪后的单炮；c—去除的噪声

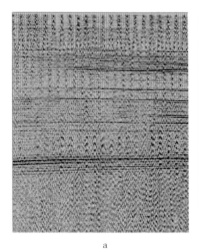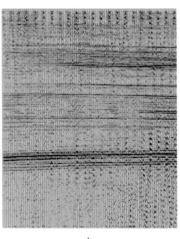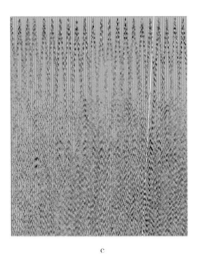

a   b   c

图5.1.6 十字排列去噪前、后的剖面

a—去噪前的叠加剖面；b—去噪后的叠加剖面；c—噪声叠加剖面

5.1.3 分频异常振幅压制

异常振幅或异常能量是时空域内存在的局部振幅突变，而不是连续的空间多道分布的强能量。针对此类噪声，目前一般采用保真效果较好的分频压制技术来处理。其基本思路是：在给定的处理时窗和宽度（道数）范围内，进行 Fourier 变换，然后进行频带划分；在每个频带内计算平均能量和门槛值，对超出门槛值的道进行剔除，并用相邻道进行替换；最后将所有频带照此处理后的结果合并就得到去噪后的结果。其基本思路是"分频处理，多道识别，单道压噪"，基本实现过程如下：

（1）进行傅里叶变换，对地震数据按一定频率间隔进行频率划分，通常以2Hz为间隔，划分成若干个不同频带段的地震数据；

（2）在每个频率段，定义一定范围的空间—时间窗，对振幅绝对值进行平滑，并计算振幅平均值，得到参考振幅值；

（3）在定义的空间—时间窗内，当输入道的每个样点的绝对值振幅大于或小于参考振幅值时，按照一定的压制系数对该振幅值进行压制；

（4）所有频带数据处理完后进行合并，得到异常振幅压制后的地震记录。

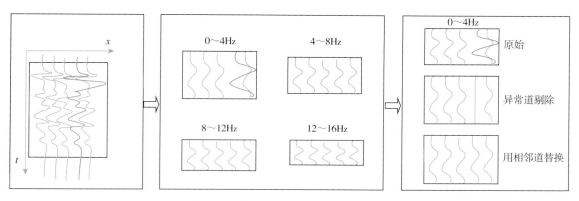

图5.1.7　分频异常干扰原理压制示意图

图5.1.7是分频异常振幅压制基本原理的示意图。该方法仅对异常干扰出现的频带进行处理，保留了没有异常能量的频带的信号特征，因而保真度更高。图5.1.8和图5.1.9为分频干扰压制后的单炮和叠加剖面对比。

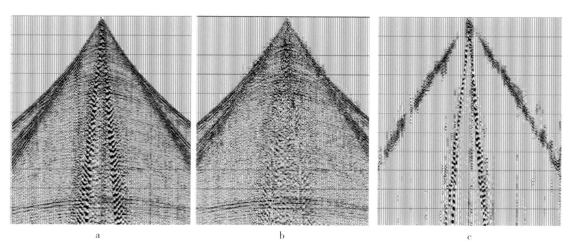

图5.1.8　分频去噪前、后单炮

a—分频去噪前的单炮；b—分频去噪后的单炮；c—去除的噪声

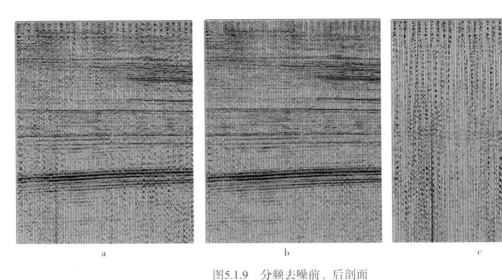

图5.1.9　分频去噪前、后剖面

a—分频去噪前的叠加剖面；b—分频去噪后的叠加剖面；c—噪声叠加剖面

5.1.4　长周期多次波压制

很多时候，地震资料中会存在较强的长周期多次波，这些多次波通常是地表面与地下强反射面形成的，一般具有以下特征：多次波与对应的反射界面的一次波呈周期性出现、与对应的一次波速度相近且明显低于同时间的一次反射波速度、具有较长的时间间隔、多次波倾角随多次波阶数增大而增大。对于这种长周期多次波，主要根据多次波与一次波在时间、空间的差异来识别和压制。长周期多次波压制通常是在对一次波进行正常时差校正后或叠前偏移后进行的，此时长周期多次波的时距曲线变成抛物线，基于抛物线的高精度 Radon 变换是目前常用的多次波压制方法。

抛物线 Radon 变换是将数据沿着一系列抛物线 $t = \tau + qx^2$ 求和，其中 τ 为截距时间，q 为曲率参数。在 $\tau-q$ 域中，一次波能量集中在 $q=0$ 附近的道上，而多次波能量集中在 $q > 0$ 的道上。在压制多次波时，先在 $\tau-q$ 谱中选出多次波能量，再通过 Radon 反变换得到时空域的多次波数据，然后从原始的 CMP 道集中减去 Radon 变换分析得到的多次波，就可以得到一次有效波。

在远炮检距处，一次波与多次波的时差较近，常规的 Radon 变换难以处理这种问题。为了区分与一次波时差较近的多次波，人们提出了高精度 Radon 变换方法。此方法的基本原理是将数据变换到 Radon 域后，寻找反射轴在其中的稀疏表示，对不确定的截断时间和 Radon 参数进行稀疏性约束，这样就可以识别远偏移距道处具有较小剩余时差的多次波，达到高精度变换的目的。高精度 Radon 变换有效降低了采集孔径效应所引起的变换域远近偏移距假象，更好地聚焦一次波和多次波的能量，压制多次波的效果明显优于常规 Radon 变换。图 5.1.10 为高精度 Radon 变换压制长周期多次波前、后的对比图。可以看到道集上强能量的长周期多次波得到很好的消除，叠加剖面上多次波形成的虚假同相轴得到压制，真实的构造特征得到反映。

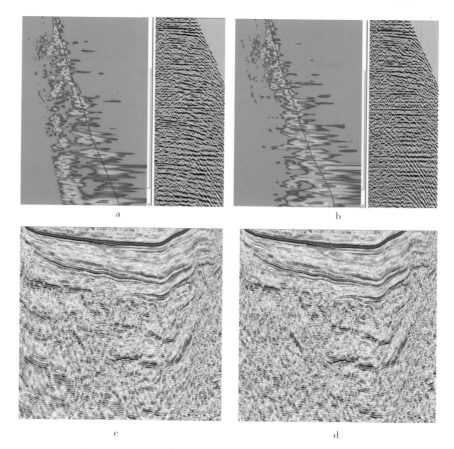

图5.1.10　高精度Radon变换压制多次波前、后的对比

a—多次波压制前的速度谱和道集；b—多次波压制后的速度谱和道集；c—多次波压制前的叠加剖面；d—多次波压制后的叠加剖面

5.1.5　层间多次波压制

中国陆上地震资料由于复杂的地质运动及沉积环境变化，普遍存在明显的沉积间断、平行不整合、煤系地层等导致的强反射界面，这些强反射界面引起了复杂的、强能量层间多次波，严重影响了构造和岩性沉积现象的识别。很多时候层间多次波与一次波没有明显的时差，很难通过 Radon 变换或 $f-k$ 等方法去除，必须采用基于波动理论的空间褶积技术预测出与这些强反射面有关的层间多次波，然后采用自适应相减消除层间多次波的影响。

与地表相关的层间多次波预测本质上是一种波场外推。对于一维情形，在频率域就是整个数据 $p(f)$ 和首次从地下反射回来的脉冲响应 $x_0(f)$（包括各种层间多次波）的乘积。对于二维情形，这些从地下反射回来的脉冲响应 $x_0(f)$ 被看作格林函数，用来预测所有可能的地表相关的多次波。多次波预测方程可以看作是非平稳的空间褶积处理，其公式描述为

$$M_0(x_r, x_s, f) = -\sum_{x_k} X_0(x_r, x_k, f) P(x_k, x_s, f) \tag{5.1.5}$$

x_r，x_s 分别代表检波点和炮点位置；x_k 代表进行求和的横坐标。

写成矩阵形式为

$$M_0 = -X_0 P \tag{5.1.6}$$

将该方法扩展，可以得到与任意界面有关的层间多次波预测，其方法就是在重建多次波产生的激发点和接收点基准面时所需要的两个逆传播算子可以用来自该反射界面的一次反射的逆时来构建。图 5.1.11 为利用 3 个反射同相轴预测层间多次波的示意图。炮点和检波点都在地表的 3 个一次反射（SB、AB、SR），通过联合使用与产生多次波界面有关的一次反射的逆时数据和地震数据，再与地震数据进行结合，就可以预测出层间多次波。

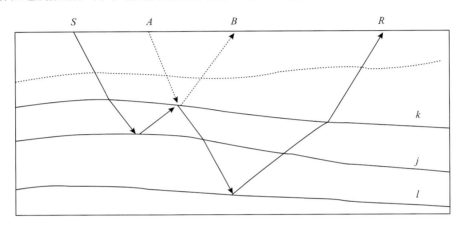

图5.1.11　利用3个反射波（SB、AB、SR）预测层间多次波

从该数据中提取出需要的一次反射和层间多次波的全部数据驱动的预测过程可以写为

$$M_n^{(i)}(z_0, z_0) = \overline{P}_n^{(i-1)}(z_0, z_0) [\Delta P_n(z_0, z_0)]^{\mathrm{H}} \overline{P}_{n-1}(z_0, z_0) \tag{5.1.7}$$

式中，$M_n^{(i)}(z_0, z_0)$ 表示炮检点在地面的界面 Z_n 所产生的层间多次波。$\overline{P}_n^{(i-1)}$，$\overline{P}_{n-1}(z_0, z_0)$ 代表去除了 Z_n 层及其以上所有界面的一次反射的地表数据。上标H表示转置和复共轭。$\Delta P_n(z_0, z_0)$ 为只与界面 Z_n 有关的一次反射。变量上方的横杠表示切除了产生多次波的界面及该界面以上的所有同相轴的波场。该过程也是个迭代过程（迭代次数用 i 表示）。

该方法的实现过程分为 3 步：（1）通过地震、测井等信息标定出这些强能量反射界面有关的一次反射，将一次波信息切除出来，作为褶积算子；（2）切除过的地表数据和该算子进行两次地表一致性褶积，得到预测的多次波模型；（3）通过自适应相减从原始数据减去预测出的多次波。

图 5.1.12 为层间多次波压制前后的道集和预测的多次波模型，可以看到强的层间多次波被预测出来并被减掉。图 5.1.13 为层间多次波压制前后的叠加剖面和叠加剖面的自相关函数，可以看到层间多次波能量得到了很好的压制，岩性反射波组特征更加清晰。图 5.1.14 显示了多次波压制后反射波组特征与合成记录结合 VSP 走廊叠加吻合得更好。

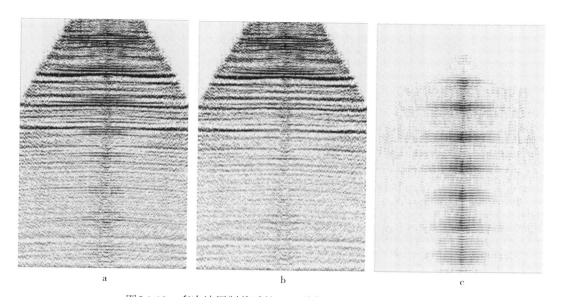

图5.1.12 多次波压制前后的CMP道集和预测的多次波模型

a—多次波压制前的CMP道集；b—多次波压制后的CMP道集；c—预测的多次波模型

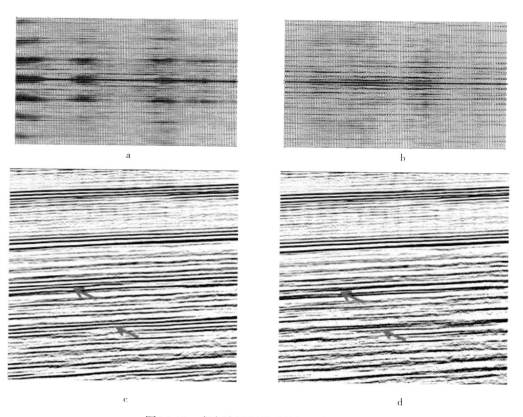

图5.1.13 多次波压制前后叠加及自相关函数

a—多次波压制前的自相关函数；b—多次波压制后的自相关函数；c—多次波压制前的叠加剖面；d—多次波压制后的叠加剖面

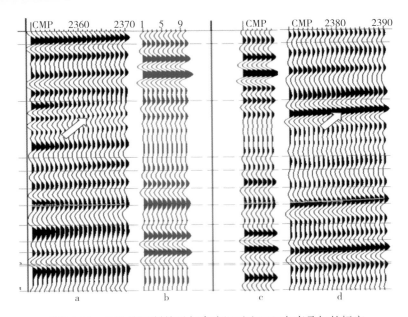

图5.1.14 多次波压制前后与合成记录和VSP走廊叠加的标定

a—多次波压制后的叠加；b—合成记录；c—VSP 走廊叠加；d—多次波压制前的叠加

5.2 宽方位资料处理技术

地下介质本身是各向异性的，在地震勘探中通常考虑 3 种对称系统下的各向异性介质类型，即横向各向同性、正交各向异性和单斜晶系各向异性介质。横向各向同性是指垂直于对称轴方向上具有相同的弹性特征，常称为 TI 介质，TI 介质是所遇到的各向异性中最重要的一种。常用的 TI 介质模型是 VTI（垂直对称轴的横向各向同性）、TTI（倾斜对称轴的横向各向同性）、HTI（水平对称轴的横向各向同性）。这些介质模型描述了反射信号随波传播方向与对称轴之间的夹角对成像变化的特征。如果在薄层介质中存在定向应力产生的裂缝时，则需要用到正交晶系介质假设。正交晶系介质假设被认为是目前最符合地下介质实际情况的一种介质模型。因此，在大部分地区应用处理 VTI/TTI 模型的方法处理实际地震资料时，都不能完全消除方位各向异性对成像的影响。

宽方位采集的地震数据为方位各向异性的研究提供了基础，同时也对地震数据处理提出了挑战。宽方位地震数据方位各向异性处理与应用主要表现在两个方面：一是在资料处理中尽量保留方位各向异性信息，用于 HTI 介质裂缝预测；二是尽量消除方位各向异性对成像的影响，提高成像精度。在消除方位各向异性的影响方面有两种主要处理技术，第一种是采用OVT 域处理或分扇区处理，在保留方位信息的共成像点道集上校正方位各向异性时差，提高道集叠加质量。第二种是根据正交晶系介质理论进行成像处理，直接得到消除了方位各向异性影响的共成像点道集。正交晶系叠前深度偏移技术目前成为宽方位地震数据各向异性偏移成像的研究热点。

5.2.1　OVT 域处理的基本概念与流程

传统上，宽方位高密度地震数据处理一般是基于方位角扇区的方式进行。这种处理方式首先将根据地质构造情况和方位分布情况地震数据划分为确定个数的方位角扇区，然后在每个方位角扇区内按传统的二维处理流程进行处理，最后组合不同扇区的数据分析方位各向异性及预测裂缝。每一个扇区数据的方位角被置为该扇区的平均方位角，因此每个扇区的方位角范围很大，精度较低，没有充分利用宽方位高密度地震信息。虽然增大扇区个数可以解决上述问题，但是，处理工作量也成倍增大，并且每个扇区的覆盖次数及规则性也大幅降低，影响处理效果。

目前，基于炮检距矢量片 OVT（Offset Vector Tile）的处理技术在业界得到了广泛应用，是宽方位高密度地震数据理想的处理技术。前面已经介绍，OVT 是对十字排列道集的细分，十字排列中每一个固定位置的 OVT 块可以组成一个 OVT 数据体。所有的 OVT 数据体偏移后得到含有炮检距（反射角）和方位角信息的螺旋道集，反映了地震反射信号随炮检距和方位角变化的特征。OVT 技术相对于传统的分扇区处理具有以下优势：（1）OVT 道集能够拓展到整个探区，并且空间不连续性幅度小，并且 OVT 道集内各道的炮检距和方位角分布范围很小，数据道之间的有效信号相干性较好，是理想的三维共炮检距共方位角道集，有利于规则化和偏移处理；（2）OVT 处理能得到更准确的方位各向异性速度，可以较好地解决方位各向异性问题，成像效果更好；（3）OVT 偏移后可以保留更精确的方位和炮检距信息，便于提取方位相关的属性，可以为方位各向异性分析及叠前裂缝预测提供高质量的数据，从而提高裂缝预测的精度。

OVT 处理流程中的关键步骤在图 5.2.1 中用红色的字体表示，分别为：OVT 道集抽取、OVT 域叠前时间偏移及蜗牛道集输出、方位各向异性分析与校正。

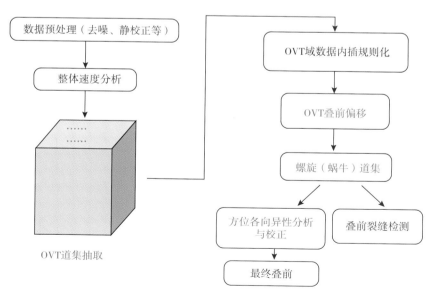

图5.2.1　OVT域数据处理基本流程

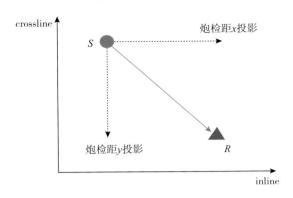

图5.2.2　炮检距矢量投影示意图

通过炮检距矢量在 inline 和 crossline 两个方向的投影来划分 OVT，如图 5.2.2 所示。这里，inline 方向为十字坐标系的 x 轴方向，crossline 为 y 轴方向。炮检距矢量在 inline 方向的投影为炮检距 x 投影，用 offset x 表示，在 crossline 方向的投影为炮检距 y 投影，用 offset y 表示。每个 OVT 片可以用（offset x 分组号，offset y 分组号）表示，把整个工区数据中具有相同分组号的 OVT 片抽取出来，就得到覆盖整个工区的 COV（Common Offset Vector）数据体，这里称为 OVT 道集。

因为 OVT 道集内各道的炮检距和方位角都分布在一个很小的范围内，所以 OVT 道集本质上是一个三维的共炮检距—共方位角道集。

理想的共炮检距—共方位角道集是一个叠前单次覆盖剖面。也就是说，理想的共炮检距—共方位角道集中的每一道应该来自工区中不同的成像点（CMP 面元），共炮检距—共方位角道集中数据道的个数等于工区中成像点的个数。对于三维正交观测系统，当使用两倍的炮线距作为 offset x 的分组大小，2 倍的检波线距作为 offset y 的分组依据，就能实现理想的 OVT 划分，即每个 OVT 道集在每一个 CMP 面元中只有一道。

经过 OVT 分组之后，用户可以对 OVT 道集质控。图 5.2.3、图 5.2.4 分别是所有 OVT 道集的方位角、炮检距分布图；图 5.2.5、图 5.2.6 分别是其中一个 OVT 道集的方位角、炮检距分布图。

由图可见一个 OVT 道集的方位角和炮检距都分布在一个很小的范围。这也是 OVT 道集称为共方位角、共炮检距道集的原因。

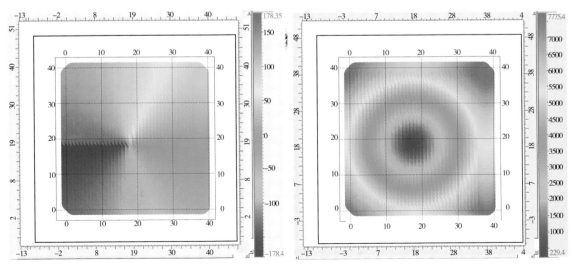

图5.2.3　所有OVT道集的方位角分布图　　　　图5.2.4　所有OVT道集的炮检距分布图

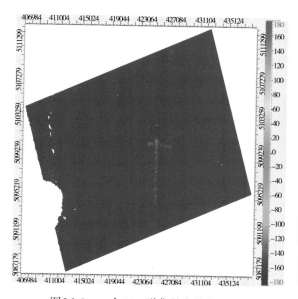
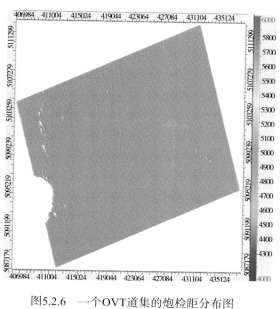

图5.2.5　一个OVT道集的方位角分布图　　　图5.2.6　一个OVT道集的炮检距分布图

5.2.2　五维插值与规则化技术

受野外施工条件限制当所采集到的数据无法满足处理和成像对地震数据空间规则性采样的要求时，需要进行地震数据规则化处理。

若用炮、检点的 x、y 坐标共 4 个空间维度加上时间维度描述地震数据，可认为地震数据是五维的。在不同的坐标系统下，这 5 个维度可以有不同的含义。前 4 个空间维度也可以是 CMP 点的 x、y 坐标加上炮检距在 x、y 方向的投影；或者是 CMP 点的 x、y 坐标加上绝对炮检距和炮检方位角。

利用非均匀傅里叶重构技术，可以在上述不同的坐标系统下同时进行 4 个空间方向的规则化处理，使空间方向不均匀采样规则化重建，从而改善炮检距、覆盖次数等属性的不均匀性，也能在一定意义上重建缺失的地震道。

为增强对不同数据的适用性，可在不同阶段采用规则化和插值两种不同的手段。在规则化选项时，所有的输出地震道全部经重建得到；若数据品质较差，完全重构结果不理想，则可选用插值选项，此时输出数据是由输入数据和重建的缺失地震道合并而成。

对于非规则空间分布的地震数据，不能由常规的快速傅里叶变换获得数据的频谱。其原因在于不规则采样造成了傅里叶变换的基函数不再正交，使能量泄漏到其他的频率成分上。因此，傅里叶重构类数据规则化算法的目的，是如何去掉能量泄露的影响，得到对应规则空间分布数据的波数谱系数。

非均匀傅里叶重构技术利用时空域已知的非均匀空间采样信息估算傅氏域未知的频谱，再利用常规傅里叶逆变换将估算频谱变换回与给定规则网格对应的时空域，从而完成地震数据的重构过程，具体如下。

对于时间频率片 $f(x)$，有 M 个空间点，令波数谱为 $F(k)$，共有 N 个波数系数。定义 $\Phi_{M \times N}=[\phi_1, \cdots, \phi_N]$，其中

$$\phi_n = \begin{bmatrix} e^{i\left(k_n^1 x_1^1 + k_n^2 x_1^2 + k_n^3 x_1^3 + k_n^4 x_1^4\right)} \\ e^{i\left(k_n^1 x_2^1 + k_n^2 x_2^2 + k_n^3 x_2^3 + k_n^4 x_2^4\right)} \\ e^{i\left(k_n^1 x_M^1 + k_n^2 x_M^2 + k_n^3 x_M^3 + k_n^4 x_M^4\right)} \end{bmatrix}_{M \times 1} \quad (5.2.1)$$

则傅里叶正、反变换分别为

$$f = \Phi F, \quad F = \Phi^{\mathrm{H}} f \quad (5.2.2)$$

令 j 表示迭代次数，则频谱估计过程可表示为

$$F^j(P) = \max_{-N/2 \leqslant k \leqslant N/2} \left\langle f^j, \varphi_k^{\mathrm{H}} \right\rangle, F^{j+1} = F^j - F^j(p)\Phi^{\mathrm{H}} \varphi_p \quad (5.2.3)$$

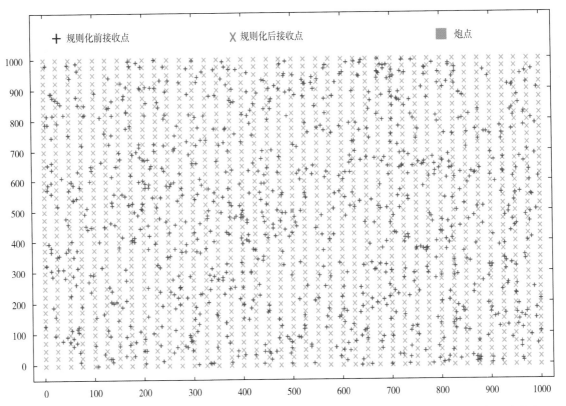

图5.2.7　合成数据的炮检点位置分布（蓝色：规则化前接收点 红色：规则化后接收点 绿色：炮点）

图 5.2.7 为合成数据的炮、检点位置分布情况。由图可见只有一个炮点位置（绿色的点），但合成了两个单炮记录。其中一个为接收点非规则分布，另一个为接收点规则分布。

图 5.2.8a 为接收点规则分布时的原始合成数据，将其作为期望输出，用于对比规则化后的结果；图 5.2.8b 为接收点非规则分布时的原始合成记录，将其作为输入，用来验证算法的规则化效果；图 5.2.8c 为对中间的记录进行规则化后的结果，将其同最上面图中的期望输出对比可知，规则化结果正确。

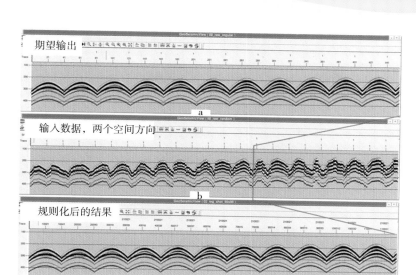

图5.2.8 合成数据的规则化结果

a—规则分布时的原始合成数据；b—接收点非规则分布时的原始合成记录；c—对图b规则化后的结果

图 5.2.9 是某实际数据应用五维插值的结果。该区块由于连片处理时需要调整 CMP 面元尺寸，导致插值前数据的 CMP 面元覆盖次数不均匀，甚至有许多空面元。经五维插值处理后叠加剖面的品质得到很大改善。

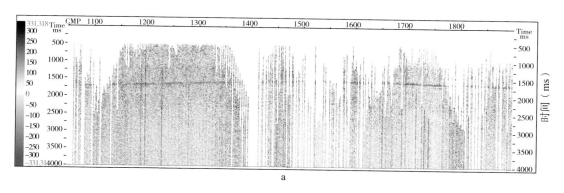

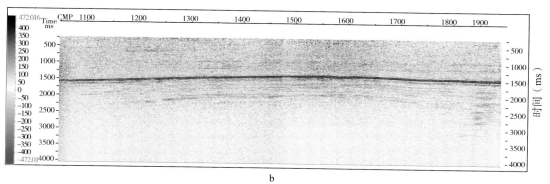

图5.2.9 五维插值结果

a—五维插值前；b—五维插值后

图 5.2.10 为某实际数据 OVT 域规则化的结果。由于施工条件的限制，工区的某些区域不能放炮，因此，剖面上存在缺口（图 5.2.10a）。规则化后剖面上浅层的缺口得到一定程度的弥补，另一方面，由于规则化算法本身隐含抑制随机噪声功能，虽然规则化前、后的覆盖次数并没有明显变化，但规则化后的信噪比仍然有所提高。

a

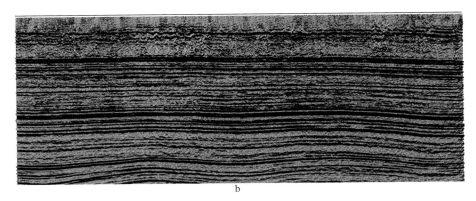

b

图5.2.10　OVT域规则化前（a）、后（b）的PSTM对比

5.2.3　方位各向异性速度反演及时差校正

OVT 叠前偏移得到的螺旋道集中随炮检距和方位角变化的剩余时差现象主要由方位各向异性速度引起，通过拾取剩余时差反演方位各向异性速度，然后进行方位各向异性校正。所以，整个过程需要：螺旋道集剩余时差拾取、方位各向异性速度反演、方位各向异性校正3 个步骤。

5.2.3.1　剩余时差拾取

理论上讲，叠前偏移后的成像点道集是消除了地层倾角影响的道集。在偏移速度准确的情况下，道集中的反射波同相轴应该被拉平。如果道集中的反射波同相轴存在剩余时差，则认为地下介质存在方位各向异性。

模块使用道集内的各道与模型道在用户定义的时窗内做互相关处理。根据互相关系数最大原则得到每个互相关时窗中点的相对时移，即时窗中点的剩余时差。然后进行内插，得到整道数据的剩余时差（图 5.2.11）。最后，根据每个样点的剩余时差进行校正。模型道可以是与输入数据对应的叠后道，也可以是输入道集内部直接叠加得到的道。

在每一个互相关时窗内，截取对应互相关时窗范围内的模型道数据序列，用 X 表示，长度为 L_x；截取对应互相关时窗范围内的第一个数据道数据序列，用 Y 表示，长度为 L_y。对 X 和 Y 进行互相关计算，得到相关系数序列 C，长度为 L_c，互相关计算公式为

$$C_i = \sum_{j=1}^{L_x} X_j \cdot Y_{i+j-1} \tag{5.2.4}$$

式中，i 的取值范围为1到 L_c；j 的取值范围为1到 L_x。

为了更精确的计算剩余时差，使用三点逆抛物线内插计算出最大相关系数对应的序号，用 X_{max} 表示。使用该序号和地震数据的采样间隔可以得到当前互相关时窗中点的剩余时差量 Δt；X_{max} 对应的相关系数 C_{max} 就是当前互相关时窗中点的相关系数（图5.2.12）。

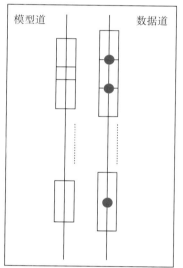

图5.2.11 滑动时差互相关示意图

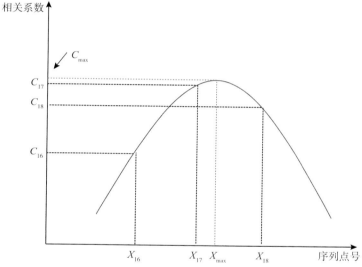

图5.2.12 三点逆抛物线内插求取极大值的示意图

5.2.3.2 方位各向异性速度反演

方位各向异性情况下，对当前零炮检距数据样点 i，它在第 j 地震数据道的旅行时方程为

$$T_j^2 = T_{0i}^2 + \frac{X_j^2}{V_{ai}^2(\theta_j)} \tag{5.2.5}$$

式中，T_{0i} 为 i 在零炮检距的双程旅行时；X_j 为第 j 地震数据道的炮检距；V_{ai} 为 i 的方位各向异性速度；θ_j 为第 j 地震数据道的炮点到检波点的方位角。

V_{ai} 是 θ_j 的函数，可以表示为

$$\frac{1}{V_{ai}^2(\theta_j)} = \frac{\cos^2(\theta_j - \beta_i)}{V_{slowi}^2} + \frac{\sin^2(\theta_j - \beta_i)}{V_{fasti}^2} \tag{5.2.6}$$

式中，$V_{ai}(\theta_j)$ 是一个关于 θ_j 的椭圆函数；V_{slowi} 为 i 的方位各向异性速度椭圆的短轴，称为方位慢速；V_{fasti} 为 i 的方位各向异性速度椭圆的长轴，称为方位快速；β_i 为 i 的方位各向异性速

度椭圆短轴的方位角，称为慢速方位。通过 $V_{\text{slow}i}$，$V_{\text{fast}i}$ 和 β_i 可以确定当前零炮检距数据样点 i 的方位各向异性速度 V_{ai}（图5.2.13）。

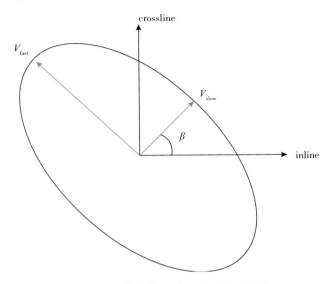

图5.2.13　方位各向异性速度椭圆示意

经过推导，V_{ai} 还可以表示为

$$\frac{1}{V_{ai}^2(\theta_j)} = s_{0i} + s_{0i}s_{1i}\cos(2\theta_j) + s_{0i}s_{2i}\sin(2\theta_j) \tag{5.2.7}$$

式中，s_{0i}、s_{1i}、s_{2i} 分别为 i 的方位圆形慢速、方位慢速余弦扰动量、方位慢速正弦扰动量；$V_{\text{slow}i}$，$V_{\text{fast}i}$，β_i 与 s_{0i}，s_{1i}，s_{2i} 的关系为

$$\frac{1}{V_{\text{fast}i}^2} = s_{0i}\left(1 - \sqrt{s_{1i}^2 + s_{2i}^2}\right)$$

$$\frac{1}{V_{\text{slow}i}^2} = s_{0i}\left(1 + \sqrt{s_{1i}^2 + s_{2i}^2}\right)$$

$$\beta_i = \arctan\left(\frac{s_{1i} + \sqrt{s_{1i}^2 + s_{2i}^2}}{s_{2i}}\right) \tag{5.2.8}$$

可以构造线性方程组，即

$$\boldsymbol{W} \cdot \boldsymbol{A} \cdot \boldsymbol{y} = \boldsymbol{W} \cdot \boldsymbol{b} \tag{5.2.9}$$

式中，$\boldsymbol{W}$ 为零炮检距数据样点的相关系数数据构成的加权对角矩阵；$\boldsymbol{A}$ 为零炮检距数据样点的设计矩阵；$\boldsymbol{b}$ 为零炮检距数据样点旅行时数据构成的向量；$\boldsymbol{y}$ 是由 s_{0i}，s_{1i}，s_{2i} 三个未知数构成的向量。

再通过加权最小平法算法可以得到 s_{0i}，s_{1i}，s_{2i}，通过计算得到 $V_{\text{slow}i}$，$V_{\text{fast}i}$ 和 β_i。

5.2.3.3　方位各向异性校正

在方位各向异性情况下，在一个偏移后的共成像点道集中，不同炮检距与不同方位角接收的反射波剩余旅行时可以表示为

$$T_x^2 = T_0^2 + \left[\frac{\cos^2(\alpha)}{V_{\text{slow}}^2} + \frac{\sin^2(\alpha)}{V_{\text{fast}}^2} - \frac{1}{V_{\text{bg}}^2} \right] X^2 \qquad (5.2.10)$$

式中，T_x是炮检距为X时的反射波剩余旅行时；T_0为炮检中心点处反射波的自激自收时间；X为炮检距；V_{slow}为慢速速度；V_{fast}为快速速度；α为地震数据对应的炮检方向与慢速速度方向的夹角；V_{bg}为输入数据的成像参考速度（图5.2.14）。

图 5.2.15—图 5.2.18 分别为方位剩余时差校正前的成像点道集、校正后的成像点道集、校正前的叠加剖面、校正后的叠加剖面。由图可见在方位剩余时差校正前可以清楚地看到由于方位各向异性造成的同相轴的"波浪"形态（图 5.2.15）。方位各向异性校正后的道集，消除了"波浪"形态。拉平后的同相轴更有利于同相叠加，能量聚焦更好，更有利于方位 AVO反演（图 5.2.16）。方位各向异性校正后叠加剖面的能量聚焦性更好，反射轴"变实"，更容易区分弱反射轴（图 5.2.18）。

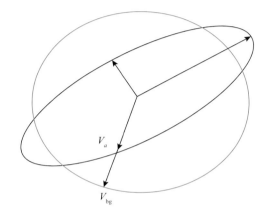

图5.2.14　方位剩余速度示意图（黑色椭圆表示方位速度，红色圆表示背景成像速度）

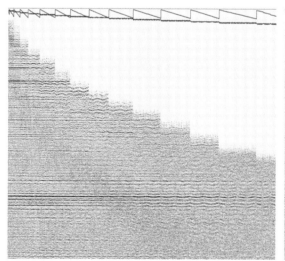

图5.2.15　方位剩余时差校正前的成像点道集

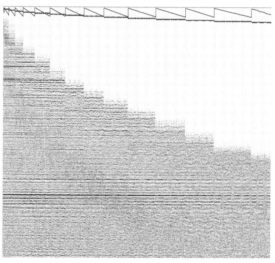

图5.2.16　方位剩余时差校正后成像点道集

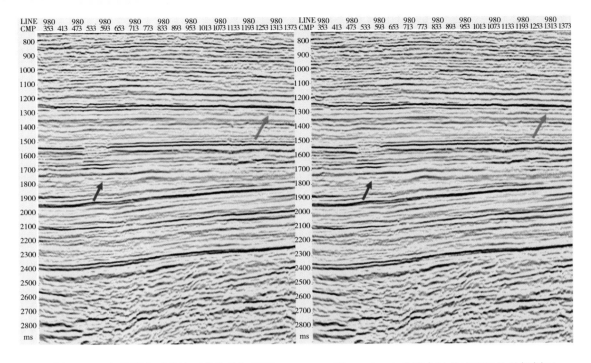

图5.2.17　方位剩余时差校正前的叠加剖面　　　　图5.2.18　方位剩余时差校正后的叠加剖面

5.2.4　OVT 积分法偏移

5.2.4.1　积分法偏移的理论

Kirchhoff 积分法叠前偏移基于波动方程的积分解，尽管理论推导非常复杂，但是积分解的形式非常简单，即

$$I(\xi) = \int_{\Omega_\xi} W(\xi,m,h) D\big[t = t_D(\xi,m,h),m,h\big] \mathrm{d}m\mathrm{d}h \tag{5.2.11}$$

式中，成像点 $\xi = (x_\xi, y_\xi, \tau_\xi)$；$I(\xi)$ 是成像结果；$D[t,m,h]$ 是野外观测的地震数据；m 是共中心点；h 是半炮检距；Ω_ξ 是偏移孔径；$W(\xi,m,h)$ 是加权函数；$t_D(\xi,m,h)$ 就是由炮点到成像点再到检波点的旅行时间。叠前偏移过程就是对一系列观测数据的加权求和。

深度域成像方法通常使用射线追踪或求解程函方程的方法获得旅行时间 $t_D(\xi,m,h)$，时间域成像方法的炮点—检波点域旅行时可以写为

$$t_D = t_s + t_g = \sqrt{\tau_\xi^2 + \frac{\left|\xi_{xy} - s\right|^2}{v_{\mathrm{rms}}^2(\tau_\xi, x_\xi, y_\xi)}} + \sqrt{\tau_\xi^2 + \frac{\left|\xi_{xy} - g\right|^2}{v_{\mathrm{rms}}^2(\tau_\xi, x_\xi, y_\xi)}} \tag{5.2.12}$$

式中，v_{rms} 表示均方根速度；$\xi_{xy} = (x_\xi, y_\xi)$ 为成像点坐标系中的水平坐标。实际数据采集是由地表的离散检波点完成的，积分可以转化为有限项的求和，即

$$I(\xi) = \sum_{i \in \varOmega_\xi} W(\xi, m_i, h_i) D\big[t = t_D(\xi, m_i, h_i), m_i, h_i\big] \tag{5.2.13}$$

5.2.4.2　基于炮检距分组积分法偏移及物理实现方法

在基于炮检距的四维地震数据处理中，沿炮检距方向对地震数据进行分组，则式（5.2.13）变为

$$I(\xi,\ h_i) = \sum_{i \in \varOmega_\xi} W(\xi, m_i, h_i) D\big[t = t_D(\xi, m_i, h_i), m_i, h_i\big] \tag{5.2.14}$$

在客观上存在两种求和方法，一种是 Spraying 的方法，另一种是 Gathering 方法。这两种方法数学上等价，但在数值计算上存在差异。

Kirchhoff 积分的 Gathering 方法：对于每一个地下的成像点 ξ，在时间表中查找关于某一炮、某一检波点分别到达 ξ 的旅行时，求和得到总旅行时 t；按照该点的旅行时间 t，到观测数据集中查找该道的振幅值 D（t，s，g），然后将它加权叠加到该成像点的求和变量 I（ξ）中；对于该成像点孔径内的所有观测道数据都进行上述操作，就完成了该点的偏移；循环所有的地下成像点，就得到了整个输出空间的偏移结果。

可以看出，Gathering 方法是以输出的成像点为核心，到时间表和数据集中寻找属于该成像点的能量，并把这些能量收集、叠加，对成像点而言是一个主动寻找的过程。

实际上，Gathering 方法中属于一个成像点的能量在原始数据集中的分布就是求和面（图 5.2.19）。

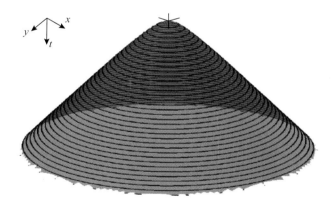

图5.2.19　零炮检距求和面

其垂直轴是时间，水平轴是中点坐标系。等值线上具有相同的时间，曲面顶点的米字交叉点就是成像的输出点，它对应的时间就是双程旅行时，即

$$\tau_\xi = \frac{2z_\xi}{v} \tag{5.2.15}$$

该求和面的方程为

$$t_D = 2 \cdot \frac{\sqrt{z_\xi^2 + |\boldsymbol{\xi}_{xy} - \boldsymbol{m}|^2}}{v_{\mathrm{rms}}} \tag{5.2.16}$$

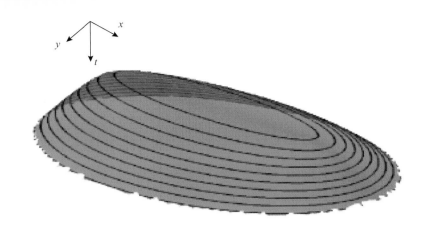

图5.2.20　非零炮检距求和面

图 5.2.20 是非零炮检距求和面，它的曲面方程为

$$t_D = \frac{\sqrt{z_\xi^2 + \left|\boldsymbol{\xi}_{xy} - \boldsymbol{m} + \boldsymbol{h}\right|^2}}{v_{\mathrm{rms}}} + \frac{\sqrt{z_\xi^2 + \left|\boldsymbol{\xi}_{xy} - \boldsymbol{m} - \boldsymbol{h}\right|^2}}{v_{\mathrm{rms}}} \qquad (5.2.17)$$

其中固定的炮检距的值为 3000m。图上面的米字交叉点仍然是成像的输出点，它是零炮检距曲面的顶点。

将零炮检距的求和面和一个固定炮检距的求和面绘制在一起，可以看出二者的相对位置关系（图 5.2.21）。

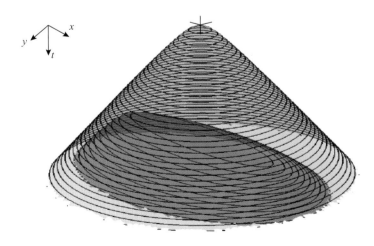

图5.2.21　零炮检距求和面和非零炮检距求和面叠合图

Spraying 方法则相反，它是以数据点为核心，把该点的能量按照一定权分配到成像点空间中，并把每一个数据点在成像点空间的分配结果累加起来，得到整个成像点空间的偏移结果。

Spraying 方法的能量分配位置就是偏移脉冲响应，对于均匀介质的求和区域，二维是一个半椭圆，三维是一个半椭球。如图 5.2.22 所示，这是一个零炮检距的能量分配面，垂直轴

是深度，水平轴是成像空间的水平坐标，等值线上具有相同的深度，半球底的顶点是输入脉冲的位置，对应的深度为

$$z_\xi = \frac{v\tau_\xi}{2}$$

(5.2.18)

分配面的方程是

$$\frac{4\left(x_\xi - x_m\right)^2}{t_D^2 v^2} + \frac{4\left(y_\xi - y_m\right)^2}{t_D^2 v^2} + \frac{4\left(z_\xi\right)^2}{t_D^2 v^2} = 1$$

(5.2.19)

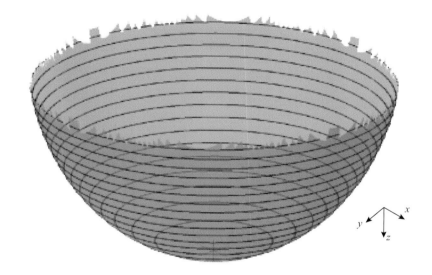

图5.2.22　零炮检距的能量分配面

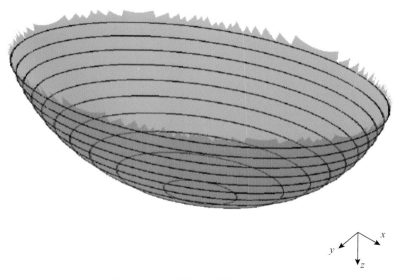

图5.2.23　非零炮检距的能量分配面

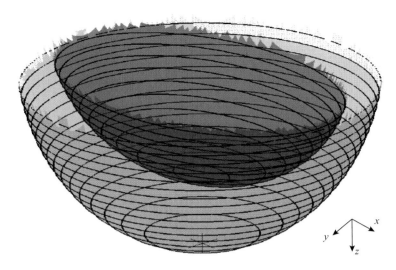

图5.2.24　零炮检距的能量分配面和非零炮检距能量分配面叠合图

图 5.2.23 是非零炮检距的能量分配面。非零炮检距分配面的方程（固定炮检距 h=3000m）为

$$\frac{4\left(x_\xi - x_m\right)^2}{t_D^2 v^2} + \frac{4\left(y_\xi - y_m\right)^2}{t_D^2 v^2 - 4h^2} + \frac{4\left(z_\xi\right)^2}{t_D^2 v^2 - 4h^2} = 1 \tag{5.2.20}$$

图 5.2.24 是零炮检距的能量分配面和非零炮检距的能量分配面叠合在一起显示。

5.2.4.3　OVT 域积分法偏移

设成像点的平面坐标为 (x_0, y_0)，输入道的中心点坐标为 (x_1, y_1)，半炮检距为 h，炮检点连线与正北方向的夹角为 α，则炮点、检波点坐标可表示为

$$\begin{cases} x_s = x_1 + h\sin\alpha \\ y_s = y_1 + h\cos\alpha \end{cases} \tag{5.2.21}$$

和

$$\begin{cases} x_r = x_1 - h\sin\alpha \\ y_r = y_1 - h\cos\alpha \end{cases} \tag{5.2.22}$$

在炮检距和方位角域，式（5.2.12）可以写作为

$$t_D = \sqrt{t_0^2 + \frac{(x_0 - x_1 + h\cos\alpha)^2 + (y_0 - y_1 + h\sin\alpha)^2}{{}^2 v}}$$
$$+ \sqrt{t_0^2 + \frac{(x_0 - x_1 - h\cos\alpha)^2 + (y_0 - y_1 - h\sin\alpha)^2}{v^2}} \tag{5.2.23}$$

固定成像点和输入地震道位置，研究某一成像样点旅行时随炮检距和炮检连线方位角的变化规律。图5.2.25 是炮检距分别为0，3000m，6000m时，方位角为-180°～180°的旅行时。

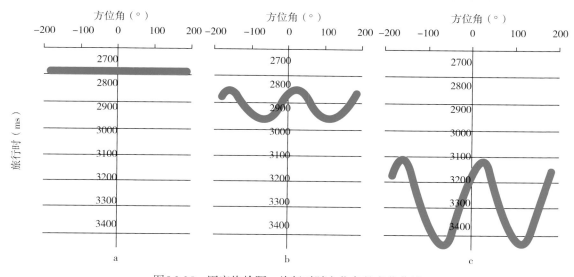

图5.2.25　固定炮检距，旅行时随方位角的变化曲线

a—炮检距为0；b—炮检距为3000m；c—炮检距为6000m

从图 5.2.25 可以看出，当炮检距为 0 时，旅行时不随方位角的变化而变化；当炮检距非 0 时，旅行时是方位角的正弦函数。炮检距越大，正弦函数的幅值越大。

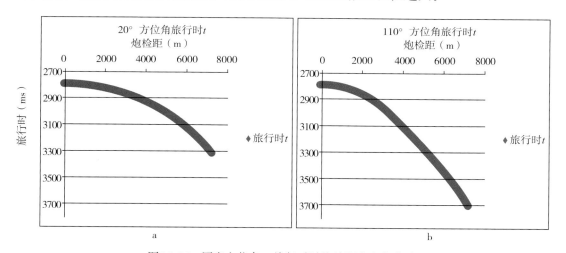

图5.2.26　固定方位角，旅行时随炮检距的变化曲线

a—方位角=20°；b—方位角=110°

图 5.2.26 是方位角分别为 20°、110° 时，旅行时随炮检距变化曲线。可以看出，固定方位角时，旅行时随炮检距的增大而增大，不同方位角的旅行时随炮检距变化的曲率是不同的。

图 5.2.27 是某高密度工区中一个 CMP 道集中 2000～4000ms 段的地震记录。2000 多个地震道的炮检距范围为 0～7300m，方位角范围 -180°～180°。图中浅蓝色散点是叠前时间偏移某一成像样点与各个输入道对应的旅行时间。可以看出，在左边小炮检距处，旅行时相对比较聚齐。随着炮检距增大，不同地震道的旅行时弥散分布。

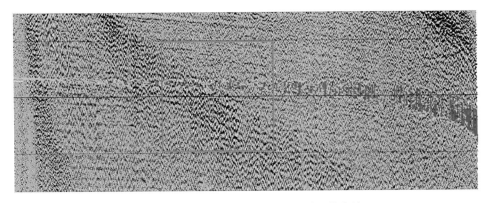

图5.2.27 实际数据旅行时随地震道变化曲线

上述分析是建立在工区平面内一个成像点和一个输入 CMP 道集基础之上，虽然不能完全展示叠前成像结果与炮检距、方位角的关系，但是能说明成像结果与地震数据的方位角存在某种依赖关系。公式（5.2.14）仅仅对地震数据按炮检进行分组，其成像结果是 CRP 炮检距道集；OVT 是把地震数据炮检距和方位角进行细分，分割后数据的炮检距和方位角相对固定，对宽方位数据在 OVT 子集上进行成像处理，其成像结果属性不仅随炮检距变化，而且能展示不同方向上的变化规律。

图 5.2.28 是某高密度数据的共炮检距道集和 OVT 螺旋道集。其中，共炮检距道集的纵、横向坐标轴分别是时间、炮检距，OVT 螺旋道集的纵、横向坐标轴分别是时间、炮检距和方位角组合，时间显示区间均为 2000 ～ 2720ms。仔细比较可以看出，在 OVT 螺旋道集上地震同相轴表现为明显的正弦曲线，地震振幅值在不同方位存在周期性的强弱变化，共炮检距道集上这些特征被淹没了。

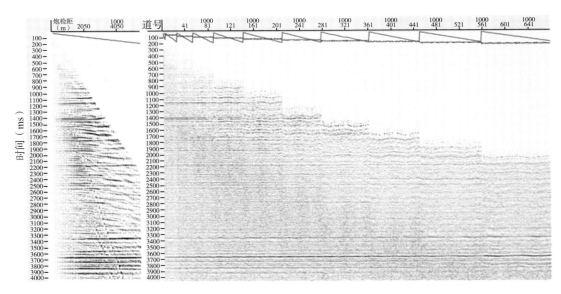

图5.2.28 某高密度数据叠前时间偏移道集

a—共炮检距道集；b—OVT螺旋道集

5.2.4.4　海量数据积分法叠前偏移并行算法

近年来，随着勘探地质目标越来越复杂，高密度、全方位野外地震采集非常普遍，几十 TB 级数据总量勘探工区屡见不鲜，地震勘探正在迈入 PB 级数据时代。目前积分法叠前时间（生产使用率为 100%）、深度（生产使用率为 80% 以上）偏移是处理流程中最常用的两种成像方法，计算量占据处理周期总计算量 90% 以上。若要缩短处理周期，提高积分法叠前偏移的计算效率迫在眉睫。仅仅依靠增加 CPU 核数和计算节点数的方法依然无法充分满足要求，必须借助于 GPU 提升性能，并利用异构系统的能效优势，降低运行成本。因此，异构计算系统要求叠前偏移并行算法在各个并行层次上都要具备极高的可扩展性。

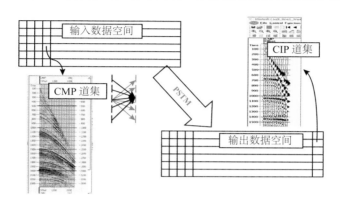

图5.2.29　积分法偏移数据映射关系

积分法偏移的物理实现过程可以相对简单地描述为：地震道从输入数据空间到偏移结果数据空间多对多的映射。映射关系为式（5.2.13）表达的积分法求和公式。如图 5.2.29 所示，左上是叠前时间偏移的输入数据空间，每个面元中按炮检距 h 排列的一组地震道称作共中心点（CMP）道集；右下是相应的输出数据空间，每个面元中按炮检距 h 排列的一组地震道称作共反射点（CRP）道集。在不考虑时变孔径的条件下，积分法偏移就是把每个输入地震道映射到偏移结果数据集中的椭圆柱体中（图 5.2.30）。椭圆柱体的轴心是当前输入地震道按大地坐标在偏移结果数据空间中的投影位置，椭圆的长、短轴分别是叠前偏移在两个方向的偏移孔径，椭圆柱体的高度由最大偏移时间确定。反过来说，即输出空间中的任意一道是来自于输入空间中椭圆柱体范围内所有数据加权叠加的结果。

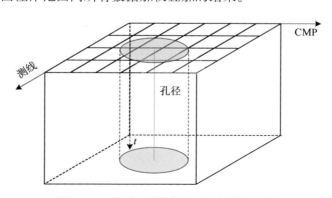

图5.2.30　单道地震数据积分法偏移示意图

在 Kirchhoff 叠前偏移并行计算方法研究的初期，不管是对叠前偏移的输入数据还是偏移结果的输出数据，人们一直把一个面元内的道集数据看成一个整体，即 (t, h) 看成一个维度，用伪三维数据空间 (x, y, t') 研究并进行任务划分。在伪三维数据空间由于叠前时间偏移多对多的数据映射关系，不能同时分割输入数据和输出数据，就只能单独分割输入数据或输出数据，而共享另一个数据，从而形成了两种相互对立的并行算法。一种是输入道并行方法（Spraying 方法），即共享输入数据分割输出数据；另一种是输出道并行方法（Gathering 方法），即分割输入数据共享输出数据。由于两种方法的优缺点都非常明显，没有哪一种有明显的优势，使这两类方法在工业界并行发展。

随着研究的深入，根据炮检距偏移和 OVT 偏移不同的处理需求，地震数据可以被细分为多个四维空间 (h_i, x, y, t) 或者五维空间 (h_i, a_j, x, y, t) 子集，h_i 代表炮检距区段，(h_i, a_j) 代表 OVT 片。分割后每一个数据子集分别是一个三维数据体，其中偏移结果数据子集只与输入数据相应数据子集有关，数据子集之间没有任何依赖关系。据此发展了适合海量数据计算的共炮检距（共 OVT）积分法叠前偏移并行算法。图 5.2.31 是共炮检距叠前时间偏移并行算法数据分割示意图，图中上端从左到右表示输入数据炮检距从小到大分布，最小炮检距和最大炮检距之间按一定的炮检距增量分割。下端是按炮检距分离后的叠前偏移结果数据子体。其中若炮检距落入第 i 段输入数据，只能对第 i 个输出炮检距数据子体产生贡献，地震数据炮检距之间不产生交叉作用（OVT 数据分割和基于炮检距的数据分割大致相同）。

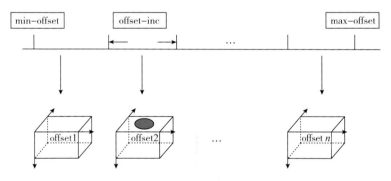

图5.2.31　共炮检距（共OVT）并行算法数据分割示意图

基于上述数据分割方法成功研发了基于共炮检距（OVT）并行算法，在一个数据子集内继续沿用前述的 Spraying 方法，两种方法结合形成更加高效的混合域并行算法。该算法把叠前偏移从数据依赖性转化为数据分割性并行算法，使其研究提升到一个更高的水平。

图 5.2.32 是当前异构集群的常见的体系结构。一个计算节点配置两个 CPU，两块 GPU，节点间一般是万兆以太网或者 Infiniband 网络互连。积分法偏移算法设计面向的是数千异构节点组成的大规模集群。混合域并行算法很好地解决了数据之间、节点之间的并行计算问题。在节点内 CPU 和 GPU 内处理好多核计算关系是该算法的关键。处理好两类协同计算：协处理器之间、CPU 与协处理器之间。不同处理器间的协同计算需要尽量保证异步性与负载均衡。

如图 5.2.33 所示，CPU 与协处理器之间的任务调度与计算节点间类似，CPU 与协处理器做同样的炮检距成像任务，地震数据在两类处理器之间动态分发，最后将中间结果叠加输出。

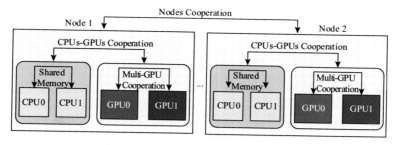

图5.2.32　异构集群的硬件体系结构

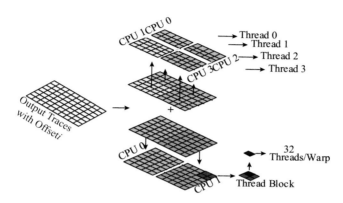

图5.2.33　CPU-GPU协同计算

每个 CPU 核启动一个线程，采用 round-robin 方式将计算面元均分给计算线程，保证每个线程分到等量的计算任务，降低线程之间的同步开销。所有线程共享输入数据，可以提升 Cache 命中率。

多个协处理器之间均分计算面元，与 CPU 核间的任务划分方式相同。对于 GPU 协处理器，需要将任务粒度进一步细分，每一个 Thread Block 分配到一部分面元，每个面元内的输出地震道由一个 warp 的 32 个线程配合完成，每个线程计算一部分输出样点。GPU 内采用这种任务划分方法，一方面可以产生足够多的任务，另外一方面有利于全局内存（global memory）合并访问。输入地震道载入纹理内存加速访问，这是最为关键的优化策略之一。

表 5.2.1 展示的是输入道并行算法（Spraying）和共炮检距并行算法针对不同测试样例的运行数据。目标线作业运行较快，运行时间用秒（s）记时，而体偏移作业运行很慢，运行时间用小时（h）记时。随着测试节点数增大，输入道并行方法网络流量急剧增加，测试作业运行很不稳定，造成 3 个测试样点没有完成。

表5.2.1　不同作业输入道与共炮检距并行算法效率

节点数	16	32	64	128	256
输入道目标线偏移	8427s	7023s	7203s	6851s	
共炮检距目标线偏移	5988s	3032s	1562s	924s	648s
输入道体偏移	7.1h	5.05h	3.3h		
共炮检距体偏移	6.26h	3.23h	1.68h	0.93h	0.51h

图 5.2.34 是根据表 5.2.1 数据绘制的加速比曲线。不管是目标线偏移还是体偏移，共炮检距算法的加速比远高于输入道算法。由于体偏移相对于目标线来说，偏移计算时间较长，对地震数据在网络上的传输速度要求相对较低，因此体偏移加速比高于目标线偏移。

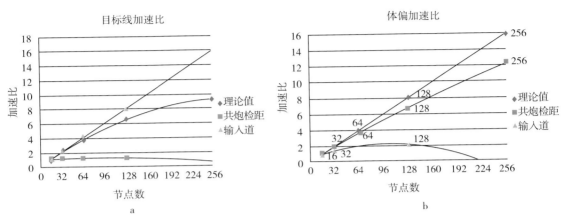

图5.2.34　输入道和共炮检距并行方法加速比

a—目标线偏移；b—体偏移

理论论证和前述实际数据测试都已经证明，共炮检距叠前时间偏移并行算法彻底消除了地震数据的网络流量，和其他算法相比优势非常明显。为了验证该算法在更大规模集群上的运行情况，请某超算中心进行了扩展性测试。

实验共采集了 5 个样本，节点数依次为 128，256，512，768，1024，记录每个实验的运行时间。图 5.2.35 是根据实验数据计算的加速比曲线。可以看出节点数小于 256 时，实际加速比和理论计算加速比完全相同。随着节点数增加，实际加速比逐渐偏离理论计算值，但偏离幅度很小，即使节点数达到 1024，实测值依然达到理论值的 90%。

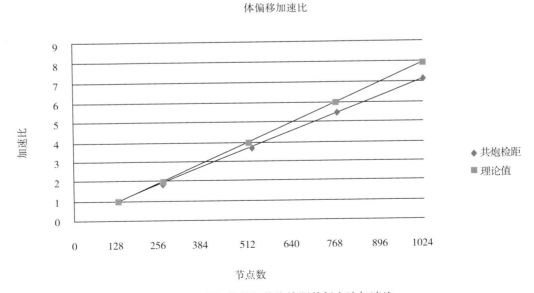

图5.2.35　大规模并行共炮检距并行方法加速比

表5.2.2 展示了共炮检距积分法并行算法在不同型号 CPU-GPU 的加速效果。可以看出，随着并行算法和计算机硬件技术的不断发展，积分法偏移的计算效率得到了 16 倍提升，使其计算周期从数个月缩短到以小时为考察单位，为海量数据勘探提供了充分的技术保障。

表5.2.2 共炮检距并行算法GPU/CPU加速比

	CPU（32核）	GPU（K系列）	GPU（V系列）
加速比	1倍	3.5倍	16倍

5.2.5 正交晶系叠前深度偏移处理

随着地震勘探和开发的不断深入，对成像精度的要求越来越高。正交晶系介质理论较好地解释了常规的 VTI/TTI 叠前深度偏移处理时，不同方位出现不一致的剩余深度差现象，并且利用正交晶系介质成像取得了很好的效果。理论和实践证明，宽方位、高密度地震数据成像需要更复杂、更真实的正交晶系速度模型，方位速度变化提供了各向异性参数估计的有价值约束条件。因此，正交晶系介质时间和深度域处理技术是目前国际研究的热点之一。

5.2.5.1 正交晶系介质基本理论

利用 3 个镜像对称的相互垂直面刻画其正交晶系（或正交各向异性）模型特征（图5.2.36）。在与对称面有关的坐标系统中，正交晶系介质有 9 个独立刚度系数。在沉积盆地中出现正交晶系各向异性的原因之一是在背景介质中平行的垂向裂缝与 VTI 介质的组合。两个或 3 个相互垂直裂缝系统或两个一致的裂缝系统且相互之间可以是任意角度可以造成正交晶系对称。因此，正交晶系各向异性对于地球物理问题来说可能是最简单现实的对称（Bakulin 等，2000b）。

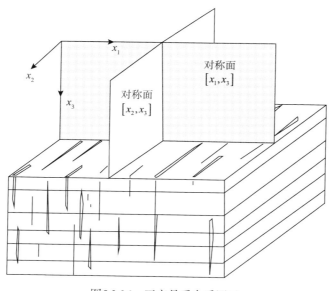

图5.2.36 正交晶系介质图示

在与对称面相对应的笛卡尔坐标系统中（每一个坐标面是一个对称面），正交晶系刚度矩阵写成如下形式，即

$$
c^{(\text{ort})} = \begin{pmatrix} c_{11} & c_{12} & c_{13} & 0 & 0 & 0 \\ c_{12} & c_{22} & c_{23} & 0 & 0 & 0 \\ c_{13} & c_{23} & c_{33} & 0 & 0 & 0 \\ 0 & 0 & 0 & c_{44} & 0 & 0 \\ 0 & 0 & 0 & 0 & c_{55} & 0 \\ 0 & 0 & 0 & 0 & 0 & c_{66} \end{pmatrix} \tag{5.2.24}
$$

在正交晶系介质对称面上的克利斯托菲尔方程的形式与简单 TI 模型相同。

5.2.5.1.1　正交晶系介质的各向异性参数

利用与 VTI 介质类似，可以把刚度系数用一组 Thomsen 各向异性参数替换，从而可以更加简明地刻画正交晶系的地震信号特征。将完整的 Thomsen 的参数归纳如下：

v_{P0}——P 波垂向速度；

v_{S0}——在 x_1 方向的 S 波垂向传播速度；

$\varepsilon^{(2)}$——在对称面 $[x_1, x_3]$ 上的 VTI 参数 ε（接近于 P 波速度在 x_1 方向在和 x_3 方向之间的分数差）；

$\delta^{(2)}$——在对称面 $[x_1, x_3]$ 上的 VTI 参数 δ（负责垂向附近平面 P 波速度变化，同样影响 SV 波速度）；

$\gamma^{(2)}$——在对称面 $[x_1, x_3]$ 上的 VTI 参数 γ（接近于 SH 波速度在 x_1 方向和在 x_3 方向之间的分数差）；

$\varepsilon^{(1)}$——在对称面 $[x_2, x_3]$ 上的 VTI 参数 ε；

$\delta^{(1)}$——在对称面 $[x_2, x_3]$ 上的 VTI 参数 δ；

$\gamma^{(1)}$——在对称面 $[x_2, x_3]$ 上的 VTI 参数 γ；

$\delta^{(3)}$——在对称面 $[x_1, x_2]$ 上的 VTI 参数 δ（以 x_1 作为对称轴）。

5.2.5.1.2　正交晶系介质的纵波速度

在 Tsvankin（1997c）论著中，对称面以外的 P 波相速度通过线性化各向异性系数的准确方程来得到。

$$
v_P^2 \approx v_{P0}^2 \left[1 + 2n_1^4 \varepsilon^{(2)} + 2n_2^4 \varepsilon^{(1)} + 2n_1^2 n_3^2 \delta^{(2)} + 2n_2^2 n_3^2 \delta^{(1)} + 2n_1^2 n_2^2 (2\varepsilon^{(2)} + \delta^{(3)}) \right] \tag{5.2.25}
$$

首先用极相角和方位相角 ϕ 来替换慢度（或相速度）矢量 n_j 的方向余弦。

$$
n_1 = \sin\theta\cos\phi, \quad n_2 = \sin\theta\cos\phi, \quad n_3 = \cos\theta
$$

对式（5.2.25）开平方根得到与 VTI 介质相同形式的 P 波相速度表达式

$$
v_P(\theta, \phi) = v_{P0} \left[1 + \delta(\phi)\sin^2\theta\cos^2\theta + \varepsilon(\phi)\sin^4\theta \right] \tag{5.2.26}
$$

式中

$$
\delta(\phi) = \delta^{(1)}\sin^2\phi + \delta^{(2)}\cos^2\phi \tag{5.2.27}
$$

$$\varepsilon(\phi) = \varepsilon^{(1)}\sin^4\phi + \varepsilon^{(2)}\cos^4\phi + (2\varepsilon^{(2)} + \delta^{(3)})\sin^2\phi\cos^2\phi \tag{5.2.28}$$

在 $[x_1, x_3]$ 平面上，$\delta(\phi=0°)=\delta^{(2)}$ 和 $\varepsilon(\phi=0°)=\varepsilon^{(2)}$；在 $[x_2, x_3]$ 平面上，$\delta(\phi=90°)=\delta^{(1)}$ 和 $\varepsilon(\phi=90°)=\varepsilon^{(1)}$。

方程（5.2.26）表明在弱各向异性正交晶系介质中的 P 波运动学信号仅仅依赖于 5 个各向异性系数（$\varepsilon^{(1)}$，$\delta^{(1)}$，$\varepsilon^{(2)}$，$\delta^{(2)}$ 和 $\delta^{(3)}$）和垂向速度。这些参数完全可以描述在所有 3 个对称面上的 P 波相速度，对于强速度各向异性也是如此。

5.2.5.2 正交晶系介质各向异性参数求取技术

在弱各向异性正交晶系介质中，P 波运动学信号的表达式可以进一步简化为仅依赖于 v_0 和 5 个各向异性参数（$\varepsilon^{(1)}$，$\delta^{(1)}$，$\varepsilon^{(2)}$，$\delta^{(2)}$，$\delta^{(3)}$）。当地层倾斜时，需要考虑倾斜正交晶系各向异性模型（简称 TORT），此时需要增加描述地层的倾角 θ 和倾向 ϕ。

TORT 有 9 个参数需要估算（v_0，$\varepsilon^{(1)}$，$\delta^{(1)}$，$\varepsilon^{(2)}$，$\delta^{(2)}$，$\delta^{(3)}$，θ，ϕ，α），其中（v_0，$\varepsilon^{(1)}$，$\varepsilon^{(2)}$，α）是 TORT 层析最敏感的参数，在 TORT 层析前，必须先得到初始各向异性参数。这里 α 是在方位速度具有椭圆假设下，主轴与正交晶系对称轴的旋转角度，也就是地下介质的裂缝方位与正交晶系介质对称轴的旋转角度，其中 x'_1，x'_2，x'_3 是相对于地面坐标 x_1，x_2，x_3 的旋转坐标，正交晶系对称轴平行于 x'_1，x'_2。（$\delta^{(\beta)}$，$\varepsilon^{(\beta)}$）是与正交晶系对称轴夹角为 β 方位的各向异性参数。在 TORT 下的坐标关系如公式（5.2.30）和图 5.2.37 所示。

$$\begin{bmatrix} x'_1 \\ x'_2 \\ x'_3 \end{bmatrix} = \begin{bmatrix} \cos\alpha & \sin\alpha & 0 \\ -\sin\alpha & \cos\alpha & 0 \\ 0 & 0 & 1 \end{bmatrix} \begin{bmatrix} \cos\theta & 0 & -\sin\theta \\ 0 & 1 & 0 \\ \sin\theta & 0 & \cos\theta \end{bmatrix} \begin{bmatrix} \cos\phi & \sin\phi & 0 \\ -\sin\phi & \cos\phi & 0 \\ 0 & 0 & 1 \end{bmatrix} \begin{bmatrix} x_1 \\ x_2 \\ x_3 \end{bmatrix} \tag{5.2.29}$$

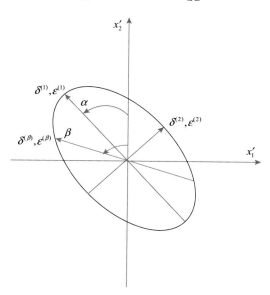

图5.2.37　速度椭圆主轴与正交晶系对称轴坐标的定义

在 TORT 层析前，必须先得到初始各向异性参数。下面描述怎样得到初始化 TORT 参数。图 5.2.38 给出了求取这些初始参数的流程图。

首先从宽方位数据常规的 TTI 开始，TTI 层析迭代后，可以得到 TTI 模型参数 v_0，ε，δ，θ，ϕ。在 TORT 介质下，可以观察到在不同方位的 CIGs 上深度差，这说明 TTI 模型不能把所有方位的 CIGs 校平。

从得到 v_0，θ，ϕ 开始进行 TORT 建模。v_0 从 TTI 模型得到，需要进行一定程度的平滑以确保无异常，参数 θ，ϕ 直接使用 TTI 模型。为了提取其余的参数 ($\varepsilon^{(1)}$，$\delta^{(1)}$，$\varepsilon^{(2)}$，$\delta^{(2)}$，$\delta^{(3)}$，α)，需要把数据划分成不同的方位（一般至少 3 个方位）。固定 v_0，θ，ϕ 这些参数不变，然后对每个方位进行 TTI 层析，通过更新 $\varepsilon^{(\beta)}$，$\delta^{(\beta)}$ 拉平 CIGs。对每一个方位，在 TORT 平面 $[x'_1, x'_2]$ 内视速度 v_β 等于

$$v_\beta^2 = (1 + 2\varepsilon^{(\beta)})v_0^2 \tag{5.2.30}$$

如果对每个方位都给出对应的 v_β，并在平面 $[x'_1, x'_2]$ 上拟合出一个复杂的正交曲线。然而，在大多数实际情况下，受有限的方位信息的限制。因此，从建立初始模型的目的出发，假定在平面 $[x'_1, x'_2]$ 上速度 v_β 的接近于椭圆分布无法拟合该复杂曲线。此时，可以获得正交晶系参数 ($\varepsilon^{(1)}$，$\varepsilon^{(2)}$，α)。参数 $\delta^{(1)}$，$\delta^{(2)}$ 也能从椭圆假设中通过拟合或者简单关系计算得到 ($\delta = r\varepsilon$)，r 是一个常系数。$\delta^{(3)}$ 的影响比较小，可以忽略或者通过简单公式 $\delta^{(3)} = \sqrt{\delta^{(1)}\delta^{(3)}}$ 得到。最终得到了 9 个初始的正交晶系参数。在初始模型的基础上，可以进一步进行 TORT 层析反演更新优化各向异性参数。

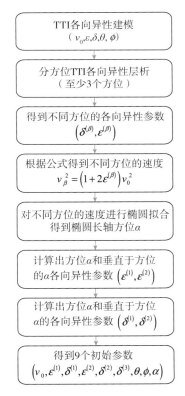

图5.2.38　倾斜正交晶系初始参数建模流程

5.2.5.3 正交晶系介质叠前深度偏移应用实例

倾斜正交晶系介质假设条件是在 TI 层状介质模型中增加了垂向裂隙。库车山地真实地下介质情况符合倾斜正交晶系介质假设。我们选择库车地区一块宽方位三维资料进行正交晶系深度偏移处理，建模技术流程如图 5.2.38 的所示。首先进行 TTI 偏移处理，得到 TTI 介质各向异性模型，然后进行 6 个方位划分，每个方位分别进行 TTI 层析反演，得到 6 个方位的 ε 值，进而拟合出速度椭圆，得到快、慢方向的各向异性参数及快方向与对称轴的旋转角度，用建立的正交晶系各向异性参数进行正交晶系偏移。图 5.2.39 为 TTI 和 TORT 叠前深度偏移剖面对比。可以看到 TTI 偏移剖面上断裂处同相轴破碎，断裂不清楚，画弧严重（图 5.2.39a）；倾斜正交晶系叠前深度偏移剖面上同相轴能量聚焦，信噪比高，断点干脆，构造形态清楚（图 5.2.39b）。

因此，宽方位地震采集数据为提取实际介质的各向异性参数提供了新的机遇，可以更准确地描述所有方位的波传播特征，对于改善复杂区的地震成像精度、描述各向异性特征具有重要意义。

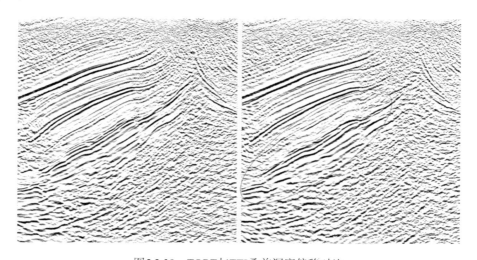

图5.2.39　TORT与TTI叠前深度偏移对比

a—TTI叠前深度偏移；b—倾斜正交晶系叠前深度偏移

5.3　宽频带数据处理技术

随着勘探目标由宏观构造转到复杂薄储层，对地震资料的分辨率和保真度要求越来越高。宽频带、高分辨率、空间一致性好的地震子波是宽频保真处理的保证。在地震波传播过程中，由于球面扩散以及地下介质的吸收作用，使地震波振幅发生衰减，相位产生畸变，高频反射信息衰减剧烈，地震记录分辨率大幅降低。另一方面，由于野外采集过程中激发、接收因素的差异，地震子波在空间上也存在一定差异。宽频高密度地震数据保真处理要求在地震资料处理过程中必须消除这些影响，以提高子波空间一致性和地震子波分辨率。

如前所述，地震子波的频带，尤其是由倍频程表示的相对频宽，决定了子波的分辨率。随着子波在地层中的传播，高频成分的衰减程度远远强于低频成分，而低频成分因衰减缓慢更易于穿透具有强散射和强吸收性的特殊岩性体，可保持中深层分辨率。同时低频信息在波阻抗反演方面具有特殊意义。因此，拓展子波的低频成分不但在增大子波有效频带的倍频程方面作用更大，从而有效地提升子波的分辨率，而且可提高地震反演的保真度。

在地震资料处理中，通常采用吸收补偿技术消除地层吸收因素对地震信号的影响。因为波场传播及吸收过程的复杂性，需要采用的针对性技术及考虑的因素是多方面的。

首先是近地表地层对地震信号的吸收问题。因为风化层的存在，近地表地层压实度较差，且存在较严重的横向变化，对地震信号的吸收效应极大，因此在地震资料处理中首先需要进行表层吸收补偿处理。

其次，是子波一致性问题。表层的横向变化还会造成激发及接收条件的变化，从而进一步加重子波的不一致性，必须在近地表补偿的基础上进行地表一致性子波处理，改善地震子波的一致性，为进一步压缩地震子波、提高分辨率打下基础。

最后，理论上，地震波传播过程中的吸收补偿应该沿着地震射线路径进行。因此比较理想的技术是基于黏弹介质的 Q 叠前深度偏移处理。该方法首先需要通过基于衰减旅行时的 Q 层析反演或其他近似方法获得空间变化的深度域 Q 模型，然后利用 Q 叠前深度偏移技术，在偏移过程中补偿地震波的振幅和相位损失，提高偏移剖面的纵向分辨率和横向一致性。

总体而言，考虑地表及地下介质对地震波传播的影响是宽频高保真处理技术流程的重要内容之一，必须采取针对性的技术方法，以拓展有效信号的频带，提高子波纵向分辨率和空间一致性，保证地震成果真实反映地下介质的真实特征。

5.3.1 近地表吸收补偿处理

在黏弹性介质中，地震波传播过程中能量的衰减程度与介质的品质因子（常说的 Q 值）有关，Q 值越小，衰减越严重。地震波的传播存在波散现象，也就是不同频率的波传播速度不同。地震波的高频成分由于波长小，相对于低频来说，能量衰减更快。陆上地震勘探中疏松表层介质 Q 值较小，对地震波高频成分有强烈的吸收作用。同时，由于表层岩性速度、厚度横向剧烈变化，导致不同位置的地震波能量、频率和相位不一致，影响同相叠加结果，必须进行近地表吸收补偿处理，吸收补偿的方法是反 Q 滤波，表层 Q 值求取是关键。

5.3.1.1 近地表 Q 值建模

通过近几年的研究，目前常用的近地表 Q 值估算和建模有 3 种方法。

第一种方法是经验公式法。采用李庆忠院士提出的纵波速度 v 与 Q 值的经验公式，即

$$Q = 3.516 \times v^{2.2} \times 10^6 \tag{5.3.1}$$

由于 Q 值随频率变化很小，吸收主要取决于地层岩石的致密程度，愈致密的岩石其 Q 值愈大。而岩石的致密程度与纵波的传播速度有关，因此可以建立纵波速度与 Q 值的经验公式。结合层析反演得到的近地表厚度和速度模型，计算近地表空变的 Q 模型。但是需要说明的是该经验公式是基于大套地层的吸收规律而总结出的，而并非是速度与 Q 值的绝对关系，而且通常层析反演的速度高于实际速度，因此由该式得到的 Q 值相对较大，误差相

对较大，但可以用于分析近地表对地震波吸收的相对影响。

　　第二种方法是利用地震初至信息求取相对振幅衰减系数，再利用初至层析反演得到的表层速度模型计算近地表旅行时，利用旅行时与振幅衰减系数的关系式求取近地表的 Q 值，计算公式为

$$R \times scale = \frac{A(f)}{A_0(f)} = \mathrm{e}^{-\frac{\pi f t}{Q}} \tag{5.3.2}$$

　　利用该公式即可求取近地表 Q 值和建立表层的 Q 场，因为是利用振幅衰减关系计算得到的，与实际 Q 值存在误差，可称之为相对 Q 场。这种方法计算难度相对较大，对道集的初至振幅的拾取和振幅的衰减系数计算至关重要。可以利用双井微测井求取的绝对 Q 值进行校正，校正后的 Q 模型可以用于近地表反 Q 补偿处理。

　　第三种方法是双井微测井求取 Q 值。双井微测井观测方法是在测试点布设深度为 $40 \sim 50\mathrm{m}$ 的（根据近地表低速带厚度情况）两口浅井，一口为激发井，另一口为接收井，两口井的横向间隔约为 $5\mathrm{m}$。在地面围绕激发井井口埋置一些检波器，并在接收井的井底插入井下检波器。从井底开始，以一定深度间隔（一般情况下深层间隔为 $1\mathrm{m}$，浅层间隔为 $0.5\mathrm{m}$）用雷管在激发井中激发，一直移到井口（图 5.3.1）。Q 值计算的方法是应用地面检波器和井底检波器接收的信号峰值频率变化规律，通过建立和求解 Q 值方程组，获得井点位置高精度近地表 Q 值。

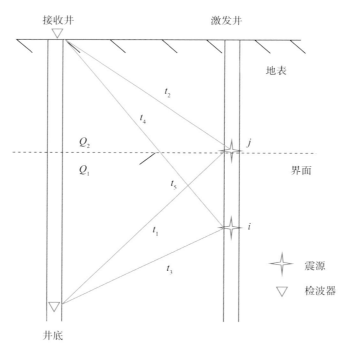

图5.3.1　双井微测井示意图

　　在建立了井点处准确的 Q 值之后，再结合初至层析反演得到的表层速度模型，拟合出低速带厚度与 Q 值的关系曲线，或是拟合速度—厚度—Q 值的关系方程，通过关系曲线或是关系方程计算整个工区的近地表 Q 模型。这种方法计算的 Q 值与实际 Q 值模型较为接近，

计算效率相对较高，Q 值模型较可靠。图 5.3.2 展示了在某沙漠区用该方法建立的表层 Q 值模型。可以看到近地表 Q 模型与表层低速带的变化规律吻合较好。

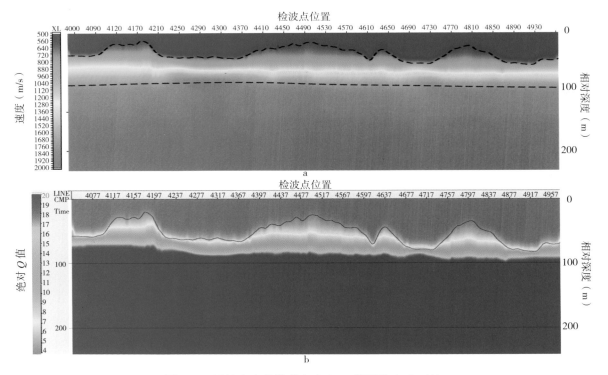

图5.3.2　近地表速度模型（a）与 Q 值模型（b）对比

5.3.1.2　近地表 Q 补偿处理

近地表 Q 补偿处理的方法是反 Q 滤波。将一维双程波动方程进行傅里叶变换，即

$$\frac{\partial^2 P(z,\omega)}{\partial z^2} + k_z{}^2 P(z,\omega) = 0 \tag{5.3.3}$$

将地震波的吸收效应引入，得到上式的解，即

$$P(T+\Delta T,\omega) = P(T,\omega)\exp(j\left|\frac{\omega}{\omega_{ref}}\right|^{-\gamma}\omega\Delta T)\exp(\left|\frac{\omega}{\omega_{ref}}\right|^{-\gamma}\frac{\omega\Delta T}{2Q}) \tag{5.3.4}$$

对所有的单频波求和可得时间域的波场，即

$$P(T+\Delta T) = \frac{1}{2\pi}\int P(T+\Delta T,\omega)\mathrm{d}\omega \tag{5.3.5}$$

式中，P（T，W）为波场函数；$\gamma = \dfrac{1}{\pi Q}$；$\omega_{ref}$ 为参考频率；$\exp(j\left|\dfrac{\omega}{\omega_{ref}}\right|^{-\gamma}\omega\Delta T)$ 为相位补偿项，也称为相位补偿因子；$\exp(\left|\dfrac{\omega}{\omega_{ref}}\right|^{-\gamma}\dfrac{\omega\Delta T}{2Q})$ 为振幅补偿项，也称为振幅补偿因子。

在近地表补偿中需要注意两个问题。一是地震波在近地表近似于垂直传播，因此对于每一炮记录来说，炮点位置的影响对炮内所有道是一样的。对于一个检波点道集来说，每一个检波点位置对所有地震道的影响是一样的，因此近地表的反 Q 滤波符合算法的一维假设条件。在具体进行时需要分两步进行，首先在炮集上以炮点位置的 Q 值和定义该 Q 值的低速带的单程传播时间进行补偿。然后，在检波点道集上，以该检波点位置的 Q 值及单程传播时间进行补偿。二是需要考虑对补偿的高频成分的振幅控制。根据公式（5.3.4）可以看到，近地表补偿后，高频成分会得到很大的放大，Q 值越小补偿的放大作用越强。岩层的 Q 值通常为 40～200，而近地表的 Q 值一般都为 1～20，反 Q 滤波补偿后，高频能量会得到极大的放大，从而导致数据计算不稳定以及高频端的噪声能量过大，极大地降低资料的信噪比。通常的做法是设置增益限制函数，在某一个频率的能量提升到一定的比例后，减小对高于该频率的能量的放大倍数。

图 5.3.3—图 5.3.5 展示了在黄土塬地区的近地表 Q 补偿效果。由于黄土塬地表低降速带速度和厚度变化剧烈，因此不同的地表特点对地震波的吸收差异较大，从而引起地震剖面上反射同相轴的横向不一致性。从近地表补偿后的频谱（图 5.3.3b）可以看到，高频大约拓展了约 5Hz，地震反射同相轴的一致性得到改善。从近地表补偿后的自相关函数，也可以看到，地震子波的横向一致性得到了明显提升。从近地表补偿后的均方根振幅属性切片可见有效消除了地表的剧烈变化引起的与地表相关的振幅属性差异。

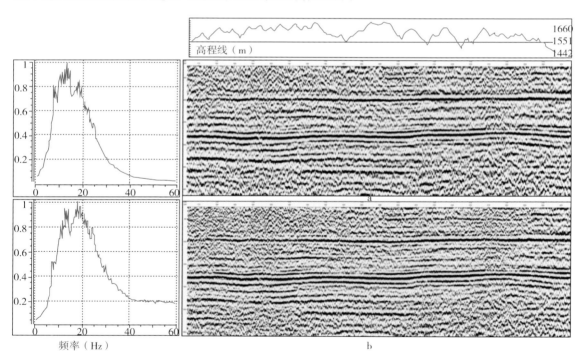

图5.3.3　近地表 Q 补偿前（a）、后（b）的剖面（右）及频谱（左）对比

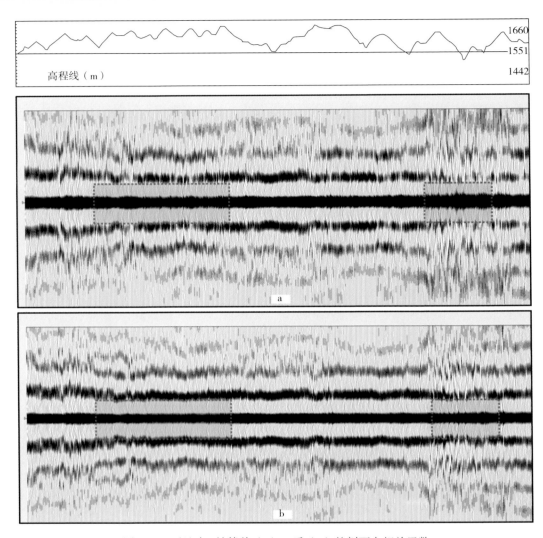

图5.3.4　近地表Q补偿前（a）、后（b）的剖面自相关函数

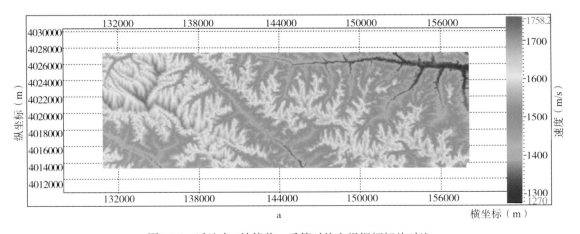

图5.3.5　近地表Q补偿前、后等时均方根振幅切片对比

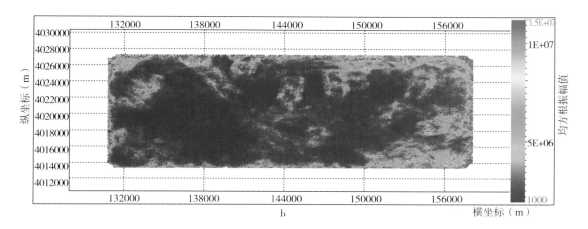

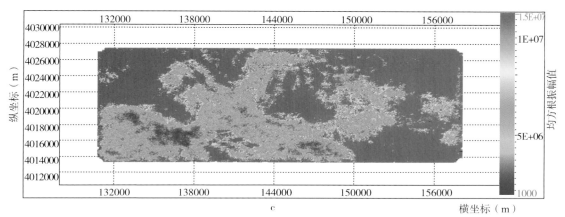

图5.3.5 近地表Q补偿前、后等时均方根振幅切片对比（续）

a—地表高程；b—近地表Q补偿前；c—近地表Q补偿后

5.3.2 子波一致性处理

子波一致性主要包括子波波形一致性和能量一致性两个方面，其中子波能量一致性通常又称作相对振幅保持。影响子波一致性的因素既包括激发、接收条件，也包括在传播过程地下介质的影响：

（1）由于激发和检波器的差异，特别是激发（包括震源不同或激发环境不同）的差异，使同一区块得到的地震记录的子波存在一定差异，同一条测线可能出现不同的记录面貌；同一地层在不同震源的衔接处，同相轴可能出现明显的不连续性，甚至由于频谱特点的不同可能会出现同相轴胖瘦的不一致以及振幅强弱的变化等。

（2）由于球面扩散和地层吸收的作用，在地震波传播过程中能量随时间迅速衰减，地震波在浅、中、深不同位置处的波形和能量存在较大差异。

这些与地下地质信息无关的变化，不但严重影响反褶积、动静校正和速度分析的精度，而且容易导致解释陷阱。

地表一致性处理的主要目的是消除地表因素变化引起的地震子波差异。处理手段包括地

表一致性振幅处理和地表一致性反褶积处理。它们的基本原理均是基于以下几点假设：

（1）表层一致性假设。地表层的岩石性质对地震波传播速度影响是一致的，与地震波的传播方向无关。亦即，地表各因素对某个固定位置的影响是永远不变的，它与波的传播路径不相干。例如，某共炮点道集的不同地震道只体现震源强度的差异；同理，某共检波点道集的不同地震道也只体现检波器耦合效应的差异。因此，不但由震源激发的地震波向所有方向传出的波形是完全统一的，并且到达所有方向的接收波形也是完全统一的。该假设使炮点位置与接收点位置的互换性得到了保证。

（2）时间一致性假设，或称为时间无关性假设。在地震波自震源处向地下传播再被检波器接收的整个过程中，地表以及近地表层的影响如震源耦合、震源响应、检波器灵敏性及其耦合作用是一种常态，是不随时间变化的。

（3）共反射点一致性假设。一个共中心点道集中其全部地震道的共反射点信息是相同的，亦即这个道集中每个地震道的任何地下反射点的信息也都是相同的。

地表一致性振幅补偿前首先需要做球面扩散补偿，以消除因地震子波球面扩散引起的振幅衰减。而地表一致性振幅补偿基本思想是把地震波的振幅分解为与地面及地表有关的分量和与地下界面有关的分量，进而消除地表及近地表因素对振幅的影响。首先，计算某一时窗的均方根振幅（或其他类型的振幅）。将该振幅表示为炮点、检波点、CMP、构造项四部分信息的乘积，通过取对数将该乘积变为四项的对数相加，通过高斯—赛德尔迭代法，将反映近地表分量的炮点与接收点项求出，用于补偿地表因素的影响。

地表一致性反褶积的假设是认为表层条件对地震波的影响是一种滤波作用，对子波的振幅与相位特性均有影响，它把地震记录看作是子波与炮点、检波点、CMP、构造项四部分信息的褶积。利用谱分解实现地表一致性反褶积通过三大步骤，即应用谱分析、谱分解和反滤波因子实现地表一致性补偿，其分解的基本思路与地表一致性振幅补偿一样。地表一致性处理在地表变化较大的地区都取得了理想的效果。

一般地，地表一致性模型可以表示为（Yilmaz，1987）

$$x_{ij}(t)=s_j(t)*h_{(i-j)/2}(t)*e_{(i+j)/2}(t)*q_i(t)+n(t) \tag{5.3.6}$$

式中，$x_{ij}(t)$ 表示第 j 个炮点、第 i 个接收点的波场；$s_j(t)$ 表示与第 j 个炮点有关的波场分量；$q_i(t)$ 表示与第 i 个接收点有关的波场分量；$h_{(i-j)/2}(t)$ 表示与炮检距有关的波场分量；$e_{(i+j)/2}(t)$ 表示与炮点、检波点中间位置有关的波场分量；$n(t)$ 表示随机分量。

在频率域，振幅谱可以表示为

$$A_x(\omega)=A_s(\omega)A_h(\omega)A_e(\omega)A_q(\omega) \tag{5.3.7}$$

对式（5.3.7）两边取对数，得到线性化公式，即

$$\ln A_x=\ln A_s+\ln A_h+\ln A_e+\ln A_q \tag{5.3.8}$$

式（5.3.8）表明：给定频率的信号振幅的对数为 4 个分量振幅谱的对数求和，根据最小平方准则可以确定上述 4 个分量。在应用反滤波因子时，通常只应用炮点项和检波点项。

在地表一致性处理前也可以先进行近地表 Q 补偿处理，此时可以将地表一致性处理作

为一种消除地表影响的剩余校正，此时依然符合地表一致性假设条件。

　　由地表一致性反褶积后地震记录（图 5.3.6b）可见频谱在高频端和低频端得到拓展，子波得到明显压缩，界面反射特征更加清晰，波组特征横向一致性显著变好。地表一致性反褶积后地震记录自相关函数（图 5.3.7b）可见地震子波的分辨率和横向一致性明显改善。从图 5.3.8 可以看到，地表一致性反褶积后，叠加剖面与合成记录也更吻合。

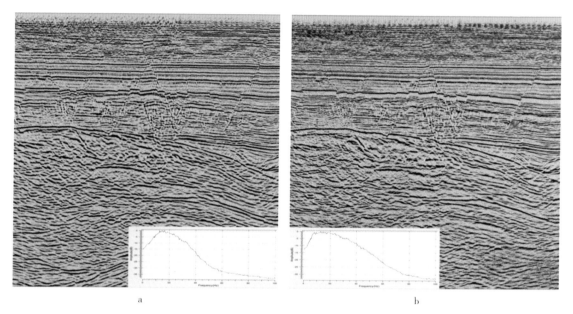

图5.3.6　地表一致性反褶积前（a）、后（b）的剖面与频谱对比

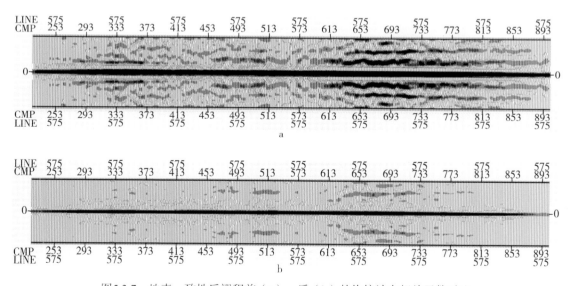

图5.3.7　地表一致性反褶积前（a）、后（b）的炮统计自相关函数对比

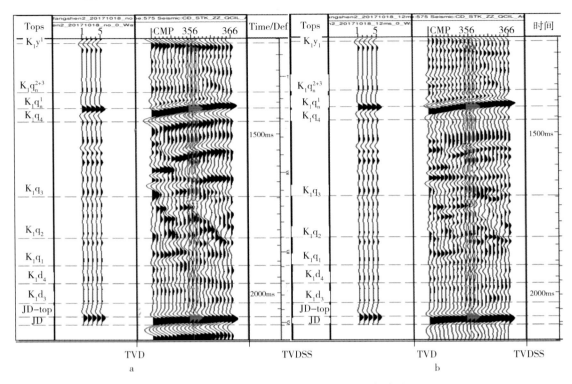

图5.3.8　地表一致性反褶积前（a）、后（b）的与合成记录对比

5.3.3　Q 偏移处理

5.3.3.1　Q 偏移基本原理

常规偏移中的振幅补偿项通常仅补偿球面扩散能量损失，而未考虑介质吸收效应对不同频率的能量的影响。反 Q 滤波是在频率域波动方程的通解中引入复波速，得出了地震波在黏弹性介质中不同频率的振幅衰减项和相位延迟项。通常反 Q 滤波为一维算法，仅能补偿地震波在垂向时间方向振幅损失和相位畸变，而不考虑地震波实际传播路径的差异。

Q 叠前深度偏移技术考虑了地震波在传播过程中的介质吸收因素，从而可消除从炮点到反射点再到检波点全路径上由介质非弹性因素引起的地震波吸收衰减与频散，从而得到纵向分辨率较高的成像结果，同时对吸收引起的能量衰减进行一定程度的补偿。

首先考虑地震波的速度频散公式，即

$$v(\omega)/v(\omega_c)=1+\frac{1}{\pi Q}\ln(\omega/\omega_c) \tag{5.3.9}$$

式中，v，ω，ω_c，Q分别为声波速度、频率、参考频率和地层品质因子。为表述黏弹性介质，定义由声波速度和Q值表述的复波速，即

$$v(x,\omega)=v(x,\omega_c)\left[1-\frac{1}{2}\mathrm{i}Q^{-1}(x)+\frac{1}{\pi}Q^{-1}\ln(\omega/\omega_c)\right] \tag{5.3.10}$$

根据复波速，可以得到复旅行时公式，即

$$\tau(x,\omega) = T(x) - \frac{1}{2}\mathrm{i}T^*(x) - \frac{1}{\pi}T^*(x)\ln(\omega,\omega_c) \tag{5.3.11}$$

式中，$T(x)$ 为声波旅行时；$T^*(x) = \int_{ray}\frac{1}{V_0 Q}\mathrm{d}s$ 包含了 Q^{-1} 沿着射线路径的积分。将复旅行时代入常规频率域 Kirchhoff 偏移积分公式（5.3.9）中得到 Q-Kirchhoff 偏移积分公式，即

$$u(x) = \int A(x,x_s)\mathrm{d}x_s \int F(\omega)D(x_s,\omega)\mathrm{e}^{-\mathrm{i}\omega\tau(x,\omega)}\mathrm{d}\omega \tag{5.3.12}$$

$$u(x) = \int A(x,x_s)\mathrm{d}x_s \int F(\omega)D(x_s,\omega)\mathrm{e}^{-\mathrm{i}\omega T(x,x_s)}\mathrm{e}^{\frac{1}{2}\omega T^*(x,x_s)}\mathrm{e}^{-\mathrm{i}\frac{1}{\pi}T^*(x,x_s)}\mathrm{d}\omega \tag{5.3.13}$$

式中，$A(x,x_s)$ 为常规偏移中的振幅加权因子；$D(x_s,\omega)$ 为地面波场；$\mathrm{e}^{\frac{1}{2}\omega T^*(x,x_s)}$ 为振幅补偿项；$\mathrm{e}^{-\mathrm{i}\frac{1}{\pi}T^*(x,x_s)}$ 为相位补偿项。

由于振幅加权项的反傅里叶变换不存在，Q 偏移只能在频率域进行，而不能变换到时间域通过褶积来实现。因此 Q 偏移计算效率非常低，计算成本巨大。

Q 深度偏移实际应用时，首先需要建立准确的速度—深度模型，然后通过 Q 层析或其他方法得到与深度模型对应的 Q 深度模型，最后进行 Q 偏移成像处理。在确定了速度模型和 Q 模型后，还需要设定增益控制函数，限制高频成分过度提升而降低资料信噪比。Q 深度偏移执行时可以选择只进行相位补偿、只进行振幅补偿或振幅相位同时补偿。

5.3.3.2 Q 层析方法 Q 场建立技术

用于 Q 偏移的 Q 场建立技术主要 4 种方法：第 1 种方法是，在常规深度偏移处理得到层速度模型后，利用李庆忠院士提出的 Q 值估算经验公式，将层速度场转换成 Q 场，用于 Q 偏移处理。该方法建立的 Q 场相对较稳定，方法简单易于掌握，但受速度精度的影响，难以反映小尺度的 Q 值异常。第 2 种方法是使用透射数据（比如 VSP 数据）下行波求取 Q 值。具体实现过程就是利用 VSP 采集的原始数据下行波，采用谱比法计算得到每个深度点的层 Q 值，得到井点处的 Q 值。根据解释的地质层位，采用时间厚度—速度拟合方法，沿构造模型外推至整个工区。这种方法对于连续沉积的地层效果较好，对于存在严重的地层缺失的资料适用性较差。该方法同样难以反映小尺度的 Q 值异常。第 3 种方法是通过 CMP 道集进行 Q 值提取。CMP 道集代表了地下结构的多次观测结果，同时含有时间和炮检距信息，可以提取出与地质结构、岩性和物质属性相关的参数，反射波到达时间取决于层间速度和地下地质结构，波动能量的吸收主要由频率、介质中的旅行时、Q 值决定。假设震源信号的振幅谱由雷克子波来刻画，品质因子 Q 可由地震记录峰值频率随炮检距和垂向旅行时变化的解析关系求得。第 4 种方法是利用衰减旅行时，根据网格层析反演的思路求取地下介质每个点的 Q 值。该方法精度较高，理论上可以求解小尺度的 Q 异常值。下面主要介绍 Q 层析的基本原理。前面 3 种方法的计算结果均可以作为 Q 层析的初始模型。

在偏移处理过程中，有多种因素会造成偏移剖面上的振幅异常，包括照明因素（采集没有接受得到）、运动学因素（没有合理成像聚焦）、散射因素（波的传播过程中波前面能量

发散)、透射因素(多数能量在到达目标之前产生透射损失)、吸收因素(波传播过程中摩擦生热造成的能量损失),以及不合理的地震资料处理手段(有效信号在处理过程中损失)等。其中,异常 Q 值区域引起的吸收衰减的特征是经过异常区后子波形态的改变,比较显著的特征就是主频或峰值频率降低。

常规旅行时层析反演需要建立观测到的旅行时误差与地震射线所穿过的介质的慢度的关系方程。与常规的层析反演技术思路一样,Q 层析反演需要建立观测到的等效的 Q 值与地下某个度量间隔内的 Q 值的对应关系,等效 Q 场指的是同相轴全路径传播过程中 Q 效应的累积测量。等效 Q 场可定义为

$$\frac{t}{Q_{\text{eff}}} = \sum_{t}^{ray} \frac{t_i}{Q_i} \tag{5.3.14}$$

式中,t 为射线总走时;t_i 为沿射线路径某间隔内的旅行时;Q_i 为沿射线路径某间隔内的层间 Q 值,这也是层析反演的目标。

使用初始速度模型、初始 Q 体和共成像点(CIP)道集进行射线追踪,对于每一对射线,沿着射线路径以及利用初始 Q 模型的层间 Q 值,可以累积得到等效 Q 体的模拟值,从而得到方如下程,即

$$\frac{t}{Q_{\text{eff}}^{\text{obs}}(t)} - \frac{t}{Q_{\text{eff}}^{\text{mod}}(t)} = \sum_{i,j,k}^{ray} (t_{ijk} \delta Q_{i,j,k}^{-1}) \tag{5.3.15}$$

式中,t 为传播走时;$Q_{\text{eff}}^{\text{obs}}(t)$ 为 t 时刻等效 Q 体的观察值;$Q_{\text{eff}}^{\text{mod}}(t)$ 为 t 时刻等效 Q 体的模拟值;i,j,k 为反演网格的索引;$t_{i,j,k}$ 为当前反演网格内的走时;$\delta Q_{i,j,k}^{-1}$ 为层间值 Q^{-1} 的修正量。多条射线路径即可组成一个大型稀疏线性方程组。

定义 Q 层析的目标函数如下,求解大型稀疏线性方程组,即

$$\Delta Q^{-1} = \arg\min_{\Delta Q^{-1}} \left[\left\| LS \Delta Q^{-1} - \Delta t^* \right\| + \lambda \left\| \Delta Q^{-1} \right\| \right] \tag{5.3.16}$$

式中,L 是与吸收旅行时相关的反演矩阵,也即第二步得到的大型稀疏线性方程组;S 是平滑因子;λ 为阻尼系数。除此之外,还需要考虑到 Q 值的物理意义,在求解过程中限定 Q 值只能为正值,且该值一般在 $10 \sim 500$ 之间。

显然,从以上公式看出,我们需要输入初始速度模型、初始 Q 模型和等效 Q 场。这里,等效 Q 场需要由 CIP 道集扫描峰值频率得到。

峰值频率是关键的参数,也就是层析反演中的观测值。在大多数情况下,可以假设子波是最小相位。有学者(Zhang 和 Ulrych,2002)假设子波的振幅谱可以使用雷克子波来逼近。但是当数据的信噪比很低时,该方法失效。这里使用的近年来新提出的一种新方法:通过使用短时窗信号自相关的方法来预处理地震子波,进而得到峰值频率。

雷克子波的频谱可表示为

$$W(f) = \frac{2}{\sqrt{\pi}} \frac{f^2}{f_{p0}^2} e^{\left(\frac{f^2}{f_{p0}^2}\right)} \tag{5.3.17}$$

式中，f 是频率；f_{p0} 是震源主频。在衰减 Q 模型体中，信号传播了时间 t 后的频谱变为

$$\omega(f,t) = \omega(f) e^{\left(\frac{-\pi f t}{Q}\right)} \tag{5.3.18}$$

此时，由 $\dfrac{\mathrm{d}\omega(f,t)}{\mathrm{d}f} = 0$ 即可求出频率峰值 f_p。进而可以得到等效 Q 体，即

$$Q_{\mathrm{eff}} = \frac{0.5\pi t f_p f_{p0}^2}{(f_{p0}^2 - f_p^2)} \tag{5.3.19}$$

通过地震资料估计到的等效 Q 体定义为观察值，层析即为通过比较等效 Q 体的观察值和模拟值的差异来估算层间 Q 体的修正量的过程。图5.3.9为 Q 层析的技术流程图。

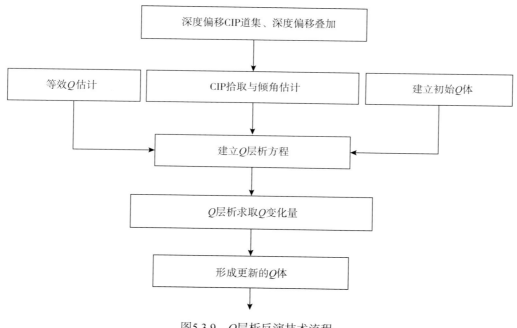

图5.3.9　Q 层析反演技术流程

5.3.3.3　Q 叠前深度偏移应用

图 5.3.10 为东部某探区的 Q 深度偏移处理前、后剖面的对比。可以看到主要目的层的分辨率得到了合理的提高，而信噪比得到了保持。图 5.3.11 是 Q 深度偏移处理前、后两种数据波阻抗反演结果对比。高分辨率的波阻抗反演结果很好地解释了储层之间的关系和变化。

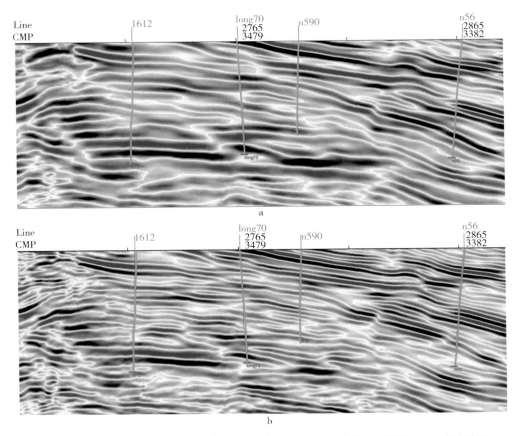

图5.3.10　常规Kirchhoff叠前深度偏移（a）与Q-Kirchhoff叠前深度偏移（b）结果对比

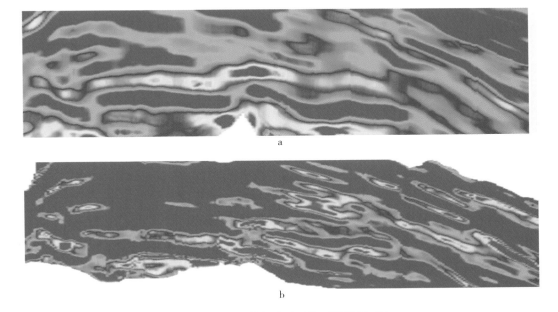

图5.3.11　两种数据的波阻抗反演结果对比

a—常规Kirrchhoff偏移结果的波阻抗反演；b—Q-Kirchhoff偏移结果的波阻抗反演

5.3.4　低频补偿处理

地震信号中的低频分量对于深部目标体的成像和地震反演尤为重要。低频成分具有相对稳定、传播距离远、穿透力能力强等优点，能够更好地识别深层及屏蔽层下的地质目标，增强特殊岩性体的识别能力。另外低频数据在全波形反演中起到至关重要的作用。丰富的低频信息可以使储层反演结果更清晰可靠，有利于岩性油气藏的识别。反演结果中的低频伴影可用于预示油气的分布。

尽管随着可控震源技术的发展，可控震源数据的低频分量已经得到拓展，但是低频有效能量仍然不能达到期望，主要有以下 3 个原因。一是激发的原因，可控震源的扫描频率决定了地震信号的频宽极限，但是可控震源的扫描频率在低频和高频都受到了来自震源结构的限制。低频起始频率主要受到震源提升系统、重锤行程和泵流量的限制。二是接收因素，出于提高信噪比的考虑，采用的检波器并不是低频段全通的检波器，会衰减信号中的低频有效信号。三是信号传播与处理因素，地震信号在地层中传播的过程中由于吸收衰减、散射、层间的多次波等作用，往往低频端和高频端的分量是缺失的，加之叠加处理本身都会突出能量强的优势频带。因此，成果数据的频谱通常都是钟形谱，而不是宽频的矩形谱。因此，进行低频补偿以提高中深层的低频反射特征、改善地震成像是十分必要的。

低频补偿的方法有很多种，目前工业生产中常用的方法是基于谱白化的处理方法。根据地震数据的频谱特征，定义一个对低频部分进行抬升的频谱形状，这样就可以得到实际数据向期望输出整形的滤波因子，对实际数据应用该滤波因子就能达到提升低频能量的目的。

具体实现方法也有不同的形式。一种较稳定的补偿方式是指数补偿方式，通过将原始数据进行傅里叶变换得到振幅谱和相位谱，采用如公式（5.3.17）对地震数据的振幅谱进行指数展宽，达到补偿指定频率振幅的目的。

$$A'(f) = A(f)^{\left[\frac{1}{M}+(1-\frac{1}{M})(1-A(f))^N\right]} \tag{5.3.20}$$

式中，$A'(f)$ 是输出的子波振幅谱；$A(f)$ 是输入子波的振幅谱；f 为子波频率；M，N 为补偿系数。

对补偿系数 M 和 N 进行试验，可以起到不同的补偿效果，M 决定了补偿的宽度，N 决定了补偿的幅度。对低频补偿后的频谱做傅里叶反变换得到低频补偿的地震记录，这样既保留了原始信息又包含了补偿信息。该算法的优点是不但可以控制低频补偿的幅度，也可以控制低频补偿的宽度。通过调整补偿系数，可以实现不同的补偿结果。

图 5.3.7 是低频补偿前后的叠加剖面（准噶尔盆地），从频谱上可以看到 2 ～ 10Hz 的低频能量得到较大的提升，低频补偿后石炭系顶面成像大幅改善。

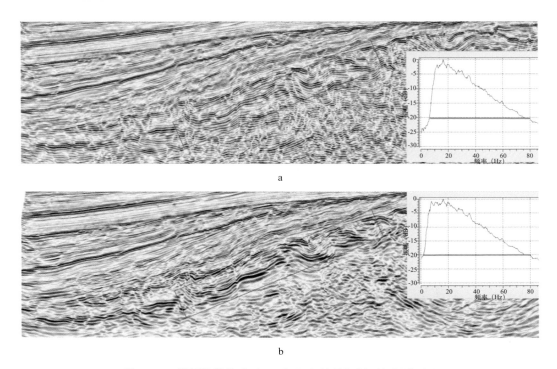

a

b

图5.3.12　低频补偿前（a）、后（b）的叠加剖面与频谱对比

6 "两宽一高"地震资料解释技术

通过"两宽一高"地震资料处理技术处理所获得的 OVT 域地震数据，不但能提供高质量的偏移成像成果，还能提供丰富的与各向异性和岩石物理参数有关的信息。由于传统的地震解释方式无法充分挖掘宽方位高密度地震资料中所蕴含的地质、岩石物理和流体等信息，因而必须针对"两宽一高"地震资料的特点，采用新的地震解释技术开展地质分析和研究才能突出"两宽一高"地震勘探的价值，提高解决储层描述、裂缝预测和流体识别等问题的能力，使地震勘探从油气田勘探领域延伸到油气田开发领域，从解决构造油气藏问题发展到解决中小型油气藏以及隐蔽性油气藏问题。

6.1 "两宽一高"地震资料解释理论基础及基本流程

从地震解释任务角度看，常规地震资料解释以构造和储层分析为主，而宽方位地震资料解释则是构造、储层和流体分析并重；从地震解释方法角度看，由于宽方位地震资料具有更丰富的入射角和方位信息，宽方位地震解释必然以方位各向异性分析和 AVO 分析为主。OVT 处理技术的出现为实现有别于常规地震资料解释的高精度地震资料解释提供了可能（Williams 等，2002）。

从本质上说，OVT 地震处理技术不仅是一种地震数据体组织形式，是一种技术，更重要的是一种思想，甚至是一种理论。OVT 是 "Offset Vector Tile" 炮检距矢量片的简称，是一种"螺旋状"组织形式的叠前地震道集，并同时表示一种地震处理技术（Vermeer，1998，2002；2005）。与 OVT 这一术语类似，其他的术语，如 OVS（Offset Vector Slot）（Vermeer，2000）、COV（Cary，1999；2001）及 OVG（Offset Vector Gather）等，都具有相同或类似的含义。

OVT 技术的本质是按照地震观测方位和炮—检关系对叠前地震道集进行分块，形成一系列由特定方位角和炮检距所划分的区块组。在 OVT 技术中，将以上每一个由特定方位角和炮检距所划分的区块称之为一个 OVT 片（这些 OVT 片可视作一个具有有限方位角和炮检距范围的数据单元，可进行独立处理），然后在每一个 OVT 片内进行偏移和叠加形成一个叠后地震数据体。由于宽方位高密度勘探一般采用三维地震勘探模式，如果将这些增加了方位角和炮检距坐标信息的叠后地震数据体有序地组织起来，则这些叠后地震数据体序列可组合为称之为 OVT 道集的五维地震数据体。

在 OVT 域五维地震数据中，除表示地理坐标的 3 个坐标外，方位角通常表示地震观测的地理方位，而炮检距通常与目的层入射角有一定的关系，这是 OVT 域五维地震数据区别于常规三维地震数据的本质特征。正是由于方位角和炮检距信息的存在，才使 OVT 域五维地震数据能够借助各向异性理论和弹性波理论开展高精度地震解释。因此，要实现"两宽一高"地震勘探目标，必须基于各向异性理论和 AVO 理论开展 OVT 域五维地震解释，也就是说，各向异性理论和 AVO 理论是开展 OVT 域五维地震解释的理论基础。

6.1.1　各向异性理论

各向异性，又称非均向性（Anisotropy），是指物质或物体的全部或部分物理、化学等性质随方向的不同而发生变化，导致在不同的方向上呈现出差异性的特征。各向异性是材料和介质中常见的性质，从晶体（图 6.1.1）到日常生活中各种材料，再到地球内部结构和地球中的各种物质，都具有各向异性（Thomsen，2002）。

各向异性分析方法在地球物理学和地质学中应用广泛。在地球物理勘探领域，应用最广泛的是地震波的非均向性，意指地震波在不同方向传播的波速不同，并呈现椭圆状各向异性（Helbtg，1979；1983）。造成此现象的原因是岩石的组成矿物本身就是不具有均向性的（实际上，唯一具有均向性的晶系为等轴晶系），而且大部分的造岩矿物都具有此现象，例如石英、长石、橄榄石等。当地震波传播并经过此种晶体时，会造成垂直方向振动的波与水平方向振动的波的波速不同，借助这种波速差异性及其所带来的时差可以推知地球内部矿物的分布情况。此外，不同岩层或岩体之间的电阻率的非均向性（例如平行岩层走向与垂直岩层走向所测量到的电阻率不一样）可用于探测油气或固体矿产资源的分布。

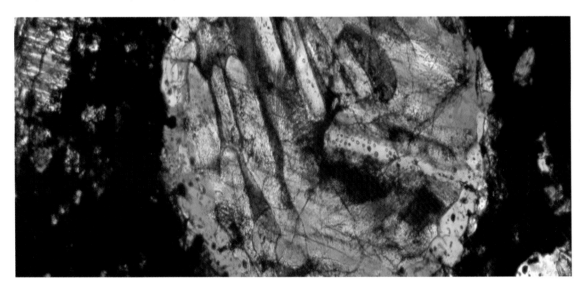

图6.1.1　晶体的各向异性特征

地震勘探中的各向异性通常指的是地震波速度随着地震波的传播方向发生改变的现象（Helbtg，1979，1983；Thomsen，1986）。它是一个大尺度范围内介质内物质有序排布的标志，当要测量的地震地质对象小于地震波长（例如晶体、裂缝、孔隙、薄层或层间填充物），且其内部物质沿着某一个方向规则分布时，会导致弹性地震波速度发生变化。测量地震数据中的这种各向异性效应可为地震处理和矿物学提供重要信息。实际上，在地壳、地幔和地核中已经检测到了明显的地震各向异性。需要注意的是，这里研究的地质对象尺寸小于地震波长，也就是地震波长在此处相当于我们的测量尺度，只有在其尺度下的地质体的各向异性才能被地震数据观测研究，但这不是说研究的地质体的最终尺寸一定要小于地震波长，因为多个薄层是可以叠加的，此时地层可视作是厚地层。

地震勘探中的各向异性理论极其复杂。在常规地震勘探中，出于成本限制及可行性的考虑，通常对地震波传播理论进行简化，地下介质常常被假设为各向同性介质，因而几乎所有的常规地震采集、处理和解释中所使用或依据的介质模型都是各向同性介质。当然，将地下介质假设为各向同性是迫不得已的。其主要原因是，常规地震勘探的技术精度和成本要求限制了各向异性理论的应用，且各向同性假设在低精度条件下确实是有效的。

随着地震勘探技术的发展特别是"两宽一高"地震勘探技术的出现，各向异性理论越来越得到重视，并且在地震处理和解释的某些环节进行了应用。出现这种现象的原因是：（1）随着大量的油田勘探开发进入中晚期，特别是碳酸盐岩缝洞储层、生物礁、河道砂成为重要勘探对象，石油物探已经从粗糙的宏观介质的物理属性研究转向了微观岩石物理结构的研究，需要揭示储层的成分、物理结构等特征；（2）现有的计算机处理能力可以满足各向异性研究要求，"两宽一高"地震采集技术所提供的海量数据中含有各向异性信息，这是各向异性研究的物质基础；（3）各向异性理论基础和各向异性分析技术逐步完备，已具备商业化应用的条件。

在地质学中，裂缝和非均质薄互层是引起地壳中地层各向异性的主要原因。地下岩层的裂缝主要由构造运动所形成，由于受到上覆地层巨大的垂直重力压迫，与重力线方向垂直或大角度相交的裂缝都已经闭合了，从而易于形成与构造应力相关的定向裂缝。地下岩石的薄互层结构则是由沉积运动所形成，由于地球表面的原始沉积都是水平层状介质，因而广泛存在薄互层是必然的。

地壳中岩层的各向异性主要分为 3 类（Thomsen，1986；2002）：

（1）通过周期性薄互层引起的各向异性介质（Periodic Thin Layer，简称 PTL），VTI 介质是它的一个特例；

（2）由裂缝诱导引起的各向异性介质（Extensive Dilatancy Anisotropy，简称 EDA），HTI 介质是其特例。

（3）如果有定向裂隙组在薄层中发育，且薄互层和裂隙面相互正交，则称该介质为正交各向异性介质（Orthohombic Anisotropy），该种介质实质上是第一和第二种介质模型的叠加体。

在地球物理学中，研究各向异性介质有两个最常用的介质模型，VTI 介质和 HTI 介质。如果用更通俗的语言来描述，VTI 介质是指具有一个垂直对称轴的横向排列的裂缝所构成的介质，HTI 介质是指一组平行的定向排列的垂直裂隙所构成的介质。对 VTI 和 HTI 这样定义显然是针对地层及地层中的裂缝之间的关系而言的。

VTI 介质是指具有水平叠层或裂隙特征的介质模型。因其对称轴是垂向的，在物理上讲是长波长条件下周期性交替薄层平均构成的各向异性。这种介质结构很像千层饼，多个相似的面饼叠合在一起（图 6.1.2）。显然，VTI 介质的物理性质沿着横向（水平方向）是各向同性的，纵向是变化的，所以它适用于地表水平薄互储层或裂缝的描述，这类地层通常位于地表附近。

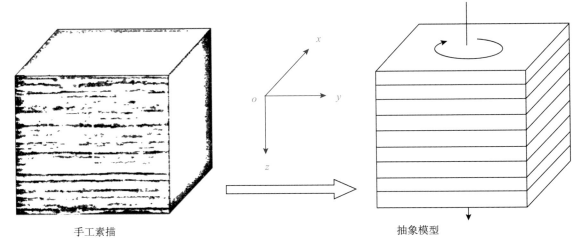

图6.1.2　VTI各向异性介质模型（引自Wikipedia）

HTI 介质是指各向同性介质中分布着一组平行的定向排列的垂直裂隙所构成的各向异性介质模型。这句话包含 3 个含义：（1）这种介质上存在的裂缝都是垂直分布的；（2）裂缝之间都是平行的；（3）沿着裂缝方向观察是各向异性的。在与裂缝平面垂直的平面上观测这种介质则是各向同性的（图 6.1.3）。因此，此介质属于方位各向异性，地震波在该类介质中传播，速度随方向变化的特性不仅表现在随着相位角的变化而变化，而且随着观测方位（方位角）的变化而变化。

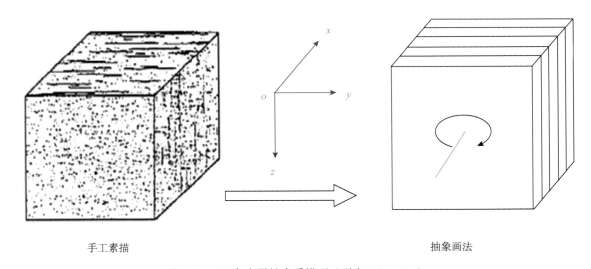

图6.1.3　HTI各向异性介质模型（引自Wikipedia）

根据各向异性的定义，物质或物体的各向异性可以表现为任何物理、化学等性质随方向变化的特征，因而方向性是各向异性的最主要的性质。对于地壳中的地层，则主要表现为地层厚度、岩性、岩石物性、流体等特征随方位而变化，我们称之为方位性。在方位性之外，各向异性还有一个重要特征，即尺度敏感性。也就是说，任何一种各向异性特征都是在一定尺度下测量和分析的，在不同尺度下对各向异性分析，所获得的各向异性特征是不同的。同时，已有研究结果表明，当地震波垂直裂缝方向传播时可以观测到频散或频率衰减现象，表明地震波在传播过程中频率成分发生了变化，且地震数据的频率变化与周期性薄互层特征和流体充填特征存在相关性，表明各向异性还具有频段敏感性。此外，由于地球物理探测手段或分析精度的限制，一些很细微的物性变化常常难以反映在地球物理响应中，只有那些足够大或足够强的各向异性特征才能被探测到，因而各向异性强度是衡量各向异性强弱的定量化指标，方位性、尺度敏感性、频段敏感性都需要通过各向异性强度变化分析而得到。由此可见，方位性、尺度敏感性、频段敏感性和强度是各向异性分析中 4 个最重要的目标参数。

6.1.2　AVO 理论

AVO（Amplitude variation with offset，振幅随炮检距的变化）是指一种用于研究地震反射振幅随炮点与接收点之间的距离即炮检距（或入射角）的变化特征来探讨反射系数响应随炮检距（或入射角）的变化，进而确定反射界面上覆、下伏介质的岩性特征及物性参数的技术（Aki 和 Richards，1980；Ostrander，1984；Shuey，1985；Rutherford 和 Williams，1989）。

20 世纪 60 年代初，地球物理学家们通过研究发现，砂岩中如有天然气存在就常常在一般振幅的背景上伴有强振幅（专业上称亮点）出现（Stone，1977）。当时以为只要在地震记录上找到亮点就能找到天然气。然而，事实并非如此简单，不久人们发现亮点有局限性，也就是说，除地层含天然气外，一些其他因素（如煤层、火成岩侵入等）也可能引起亮点反射。为此，人们继续探索比亮点更确切的方法，以便在地震记录上直接找到天然气。到 20 世纪 80 年代，勘探工作者在地震记录上发现一些违反常规的现象，即随着检波器离开炮点距离的加大，其接收到的反射能量反而越大，并将这种现象称之为 AVO 技术（Ostrander，1984）。AVO 技术出现之后，得到迅速普及和应用，多年来在流体检测和储层特征描述中扮演了重要的角色。

从 AVO 的英文含义看，AVO 是反射振幅（反射能量）随炮检距（即检波器到炮点之间的距离）变化的一种现象（Ostrander，1984）。由于炮检距与入射角密切相关，有人又将其称之为 AVA（振幅随入射角变化）。在本文中，AVO 和 AVA 含义相同。

根据地震波动力学中反射和透射的相关理论，反射系数（或振幅）随入射角的变化与分界面两侧介质的岩石物理参数有关。这一事实包含两层意思：一是不同的岩性参数组合的反射系数（或振幅）随入射角变化的特性不同，二是反射系数（或振幅）随入射角变化本身隐含了岩性参数的信息。利用 AVO 现象可以获得岩石的密度、纵波速度和横波速度等信息，并进而推断出地层的含油气性。

Rutherford 和 Williams（1989）对含气砂岩的 AVO 特性进行了研究，并将在含气砂岩中反射波的 AVO 现象分为 3 种类型（图 6.1.4）。当砂岩体的地震波阻抗大于围岩的地震波阻抗时，表现为暗点特征，为第一类 AVO；当砂岩体与围岩的波阻抗相等或近似相等时，表现为具有相位反转特征，为第二类 AVO；当砂岩体的波阻抗小于围岩的波阻抗时，表现为亮点特征，为第三类 AVO。从图 6.1.4 可以看出，第三类 AVO 随炮检距增大而增强的亮点特征最容易识别，多数成功的 AVO 分析实例都是这种类型，而第二类 AVO 因其振幅较弱和极性反转最难识别。此外，图中还标示了 Castagna（1993）所提出的第四类 AVO 现象，其所表示的含义是，在零炮检距处具有负反射系数且阻抗较低，振幅随偏移而减小；极性在某个入射角度发生变化，然后幅度将与炮检距成比例增加，可见这种 AVO 现象更加复杂且难以分析。

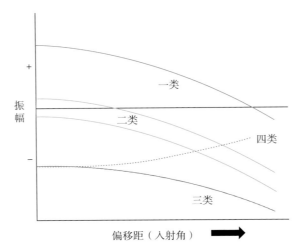

图6.1.4 AVO现象分类（引自Rutherford等，1989和Castagna，1993）

当岩石颗粒间隙和裂缝中缝充满流体特别是当地层含气后，含气地层的地震波速度会发生明显变化，它改变了岩石的物理性质，从而改变了反射振幅的相对关系，因此AVO现象更加明显，这为确定气田位置提供了宝贵资料，使探井成功率大幅度提高。

AVO技术的理论基础是Zoeppritz方程。Zoeppritz方程由德国地球物理学家Karl Bernhard Zoeppritz（1881—1908年）于1906年提出并得名（Sheriff，1995）。该方程用地震波反射系数序列描述质点的位移特征。对于给定的地震波反射界面，Zoeppritz方程的解取决于反射界面两侧两种介质的纵横波速度和密度差异，且与地震波入射角有关，而纵横波速度比又直接反映了介质的泊松比，因而可利用泊松比异常识别地层中的流体。

设有两层水平各向同性介质，当地震纵波非垂直入射（即非零偏移距）时，在弹性分界面上会产生反射纵波、反射横波、透射纵波和透射横波（图6.1.5）。

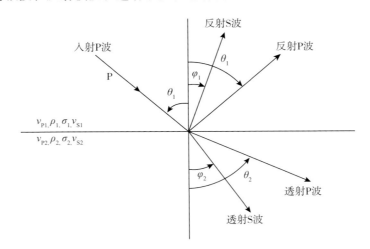

图6.1.5 入射波、反射波和透射波的关系

各种波型之间的运动学关系服从Snell定理，即

$$\frac{\sin\theta_1}{v_{P1}} = \frac{\sin\varphi_1}{v_{S1}} = \frac{\sin\theta_2}{v_{P2}} = \frac{\sin\varphi_2}{v_{S2}} \qquad (6.1.1)$$

式中，θ_1、φ_1为纵波、横波的反射角（根据反射定律，θ_1同时为入射角）；θ_2、φ_2为纵波、横波的透射角；v_{P1}、v_{P2}为反射界面上下介质的纵波速度；v_{S1}、v_{S2}为反射界面上下介质的横波速度。

在这种情况下，反射系数的变化与偏移距的变化（或者说与入射角的变化）有关，计算反射系数需要解一个4阶线性矩阵，即 Zoeppritz 方程。

$$
\begin{bmatrix}
\sin\theta_1 & \cos\varphi_1 & -\sin\theta_2 & \cos\varphi_2 \\
-\cos\theta_1 & \sin\varphi_1 & -\cos\theta_2 & -\sin\varphi_2 \\
\sin 2\theta_1 & \dfrac{v_{P1}}{v_{S1}}\cos 2\varphi_1 & \dfrac{\rho_2 v_{S2}^2 v_{P1}}{\rho_1 v_{S1}^2 v_{P2}}\sin 2\theta_2 & \dfrac{-\rho_2 v_{S2} v_{P1}}{\rho_1 v_{S1}^2}\cos 2\varphi_2 \\
\cos 2\varphi_1 & \dfrac{-v_{S1}}{v_{P1}}\sin 2\varphi_1 & \dfrac{-\rho_2 v_{P2}}{\rho_1 v_{P1}}\cos 2\varphi_2 & \dfrac{-\rho_2 v_{S2}}{\rho_1 v_{P1}}\sin\varphi_2
\end{bmatrix}
\begin{bmatrix} R_{PP} \\ R_{PS} \\ T_{PP} \\ T_{PS} \end{bmatrix}
=
\begin{bmatrix} -\sin\theta_1 \\ -\cos\theta_1 \\ \sin 2\theta_1 \\ -\cos 2\varphi_1 \end{bmatrix}
\quad (6.1.2)
$$

式中，R_{PP}、R_{PS}为纵波、横波的反射系数；T_{PP}、T_{PS}为纵波、横波的透射系数；ρ_1、ρ_2为反射界面上、下介质的密度。

式（6.1.2）揭示了反射系数（影响反射波振幅的主要因素）与入射角及界面两侧介质的物理性质之间的关系。

当入射角为零（即零炮检距）时，按照斯内尔定理 $\theta_1=\theta_2=\varphi_1=\varphi_2=0°$，通过解 Zoeppritz 方程可得

$$
\begin{cases}
R_{PP}=\dfrac{\rho_2 v_{P2}-\rho_1 v_{P1}}{\rho_2 v_{P2}+\rho_1 v_{P1}} \\
T_{PP}=1-R_{PP}=\dfrac{2\rho_2 v_{P2}}{\rho_2 v_{P2}+\rho_1 v_{P1}} \\
R_{PS}=T_{PS}=1
\end{cases}
\quad (6.1.3)
$$

用 Zoeppritz 方程计算出的反射系数，与实际观测反射波振幅是有差别的，其主要原因有以下4点：

（1）Zoeppritz 方程描述的是平面波，实际观测的是球面波；

（2）Zoeppritz 方程给出的是波沿传播方向的反射系数，这与观测所得反射系数不同；

（3）Zoeppritz 方程给出的是两个半无限空间界面的反射（非层状介质），不存在各个界面反射子波的相互干涉；

（4）在 Zoeppritz 方程中，振幅是在不考虑诸如透射损失、衰减、球面发散、检波器的方向特性等影响因素下的反射系数的测量值。

由此可见，基于 Zoeppritz 方程所求的反射系数的解，不可能作为精确的地震响应，只能是一种近似。

Zoeppritz 方程可以预测任意岩性组合时振幅的变化，但对 AVO 分析来说，我们只对以下3种情况感兴趣：

（1）若波阻抗和 v_p/v_s（或泊松比 σ）值通过界面时同时减小，或者是同时增大（相同方

向变化），则反射系数随入射角增加而增加（图 6.1.6a）；

（2）若波阻抗和 v_p/v_S（或 σ）值通过界面时，一个减小，而另一个增大（不同方向变化），则反射系数随入射角增加而减小（图 6.1.6b）；

（3）若泊松比 σ 通过界面时保持不变，则反射系数变化很小，可近似认为几乎保持不变（图 6.1.6c）。

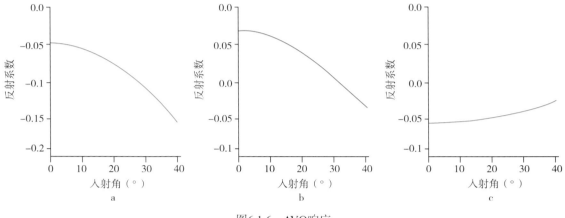

图6.1.6　AVO响应

Zoeppritz 方程中的地震波振幅随入射角变化的特征与地层岩石物理特征的关系十分复杂，所表达的物理概念不够直观和清晰，且求解 Zoeppritz 方程的过程也非常复杂，因此，人们提出了不同形式的近似方程，如著名的 Aki-Rechards 近似方程（Aki 和 Rechards，1980）、Shuey 近似方程（Shuey，1985）等。这些简化公式使振幅与炮检距（或入射角）之间的关系更加直观和容易理解，且具有较明显的物理意义，因而成为当前 AVO 分析的基础表达式。关于 Aki-Rechards 和 Shuey 近似公式，将在后续章节中进行介绍。

6.1.3　基于各向异性理论和 AVO 理论的地震解释基本流程

从以上论述可以看出，各向异性理论描述的是地震响应随方位变化的特征，而 AVO 理论描述的是地震响应随尺度（炮检距或入射角）变化的特征。

由于地下构造都是三维立体展布，常规窄方位地震数据在有限的方位内很难做到对地下地质体的全方位观测和描述，且由于采集密度和覆盖次数不够高等影响，很难开展不同炮检距、不同方位的地震解释工作。即使勉强将叠前地震数据划分为多个炮检距或方位道集，受信噪比影响也很难取得良好效果。与常规窄方位地震数据不同的是，OVT 域地震数据的最大特点是拥有丰富而分布均匀的炮检距和方位角信息，可对三维空间分布的地质体的边界和内幕从不同尺度和不同方位上给予准确的成像和描述。要获得 OVT 数据或基于 OVT 域数据开展 OVT 域解释，请参考第 5 章 5.2 节及本章 6.2 节的相关内容。

基于 OVT 地震道集在炮检距和方位角方面的优势可对地质体进行多尺度和多方位地质解释，然后将不同尺度和不同方位的解释结果进行优化组合，更清晰地确定和描述地质体的分布范围及岩性组合和沉积特征等内幕细节，实现高精度构造分析、储层描述、裂缝探测和流体预测（图 6.1.7）。

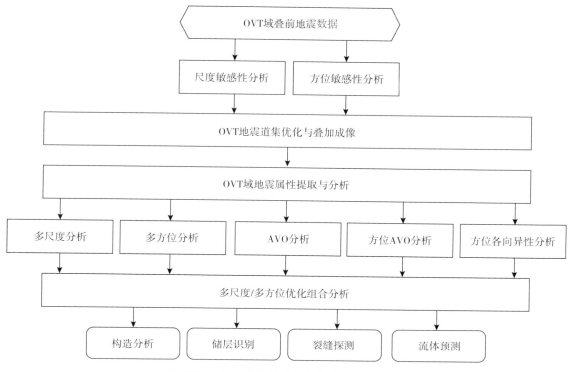

图6.1.7 OVT域多尺度多方位地震解释流程

图 6.1.7 展示了一个完整的 OVT 域地震解释流程。根据业务内容,将整个 OVT 域地震解释流程划分为 5 个关键步骤:(1)OVT 地震道集方位—尺度敏感性分析;(2)OVT 地震道集优化与叠加成像;(3)OVT 域地震属性提取与分析;(4)OVT 域地震地质解释;(5)多尺度 / 多方位优化组合分析。其中,OVT 域地震地质解释是"两宽一高"地震解释的核心,包含多尺度分析、多方位分析、AVO 分析、方位 AVO 分析和方位各向异性分析等多种方法和技术。

在这一流程中,OVT 道集,或称 OVT 域五维地震数据,作为输入,经过以上处理和分析,获得一系列与构造、储层、流体有关的信息,最终实现地质研究目标的刻画和表征。

以上流程中各步骤与其相应的技术均以各向异性理论为基础和指导而实现。尺度敏感性和方位敏感性分析用于选择适合于地质目标的敏感炮检距(或入射角)和方位角;OVT 域地震道集优化用于提高 OVT 道集信噪比或生成多尺度、多方位地震数据体;OVT 域地震属性提取与分析用于检验与地质目标探测有关的地震属性的有效性。显然,之所以选择对地质目标敏感的炮检距、方位角和地震属性,均因为地震响应具有各向异性特征。至于其后的多尺度分析、多方位分析、AVO 分析、方位 AVO 分析和方位各向异性分析,均是基于地震各向异性理论而实现的。

多尺度分析是指基于各向异性特征的尺度敏感性将地球物理探测信息按照炮检距大小分别提取出来两个或多个子数据体,然后采用一定的数学手段对这些具有不同尺度属性的子数据体进行分析,通过计算它们之间的差异性以获得某种各向异性特征。根据研究目标的不同,多尺度分析所采用的数学手段可以是统计性方法或数据拟合方法。

与多尺度分析类似,多方位分析是指基于各向异性特征的方向性将地球物理探测信息按照方位角分别提取出来两个或多个子数据体,然后采用一定的数学手段对这些具有不同方位属性的子数据体进行分析，通过计算它们之间的差异性以获得敏感方位。根据研究目标的不同，多方位分析所采用的数学手段各种各样，可以是统计性方法，如最大值、最小值等；也可以是数据拟合，如线性拟合、二次多项式拟合或椭圆拟合等。

在多尺度和多方位分析中，优化组合分析是一个非常重要的步骤。所谓优化组合分析，是指对不同尺度或不同方位的地震属性或地质解释结果进行运算或组合。首先需要对不同方位的数据体进行振幅归一化处理，然后对不同方位的数据体采用数学运算、数学统计、数据融合等方法来突出异常。其中，常用的数学运算有加、减、乘、除等运算方法，数学统计有最大值、最小值、平均值、方差等。此外，还可以采用比例融合、颜色融合等方法对其进行组合。

在一般情况下，多尺度分析和多方位分析仅利用了 OVT 道集中的部分数据及其所蕴含的地质信息，实质上是一种简化的各向异性分析方式。为了更充分地利用五维地震数据进行构造、储层和流体分析与识别，可基于各向异性理论利用全炮检距、全方位 OVT 道集开展 AVO 分析、方位 AVO 分析和方位各向异性分析。

这里，AVO 特指狭义的"振幅随炮检距变化"。由于 OVT 道集中拥有丰富和均衡分布的炮检距信息，基于 OVT 道集开展 AVO 分析（简称 OVT 域 AVO 分析）是顺理成章的。与前面所述的多尺度分析相比，OVT 域 AVO 分析可视作一种全尺度（或全炮检距）分析。

除炮检距信息外，OVT 道集中还拥有丰富的方位角信息，将方位角信息与炮检距信息结合起来进行联合分析，就形成了方位 AVO 分析技术，因此，方位 AVO 分析可视作一种全方位—全尺度分析技术。

随着地震各向异性分析技术的发展，除地震振幅外，旅行时、速度、相位、频率等信息也可以作为各向异性信息的载体用于方位 AVO 分析。从这一意义上看，这是一种广义的方位 AVO 分析技术。由于这种广义的 AVO 分析技术以椭圆拟合为基础而实现，为区别于经典的方位 AVO 技术，我们将其称之为方位各向异性分析技术。

需要注意的是，不同的 OVT 道集解释方法并非仅适用于某一目的，比如多方位分析既可以用于不同方位的构造特征对比，提高构造解释的准确度，也可以用于提高储层识别效果的稳健性。此外，不同方法可以联合使用，如将不同类型的方位各向异性分析结合起来，可从不同侧面提高地质体识别精度。

6.2　五维地震道集优化与叠加成像方法

6.2.1　炮检距—方位角域地震数据全方位化和规则化

经过 OVT 偏移后的 OVT 数据保留了炮检距信息（图 6.2.1 中的红色曲线）和观测方位信息（图 6.2.1 中的蓝色曲线）。由此可见，不同炮检距的共炮检距道集道数不同，不同方位角的共方位角道集道数也不同，导致无法在对等的情况下进行数据分析和解释，不利于各向异性分析和描述。

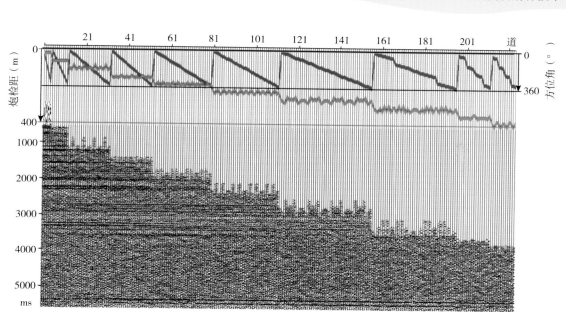

图6.2.1 经过OVT域偏移后的原始OVG道集（王霞等，2019）

将整个 OVT 数据的炮检点绘制在一起（图 6.2.2），我们可以看到在不同的方位和炮检距上地震道的数量是不同的。为了使不同方位之间的道集数据具有可对比性，需要对 OVT 道集进行全方位化。全方位化的目的就是改变 OVT 数据的分布方式，使其能够方便进行不同方位的对比分析、可视化显示、道集内任意炮检距、方位角道集的抽取及分析（王霞等，2019）。

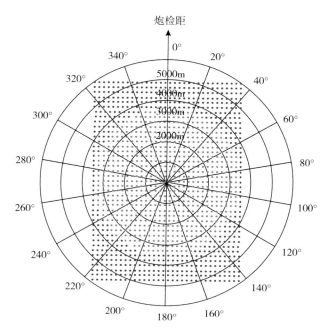

图6.2.2 OVG数据在炮检距—方位角域的分布（王霞等，2019）

红色为保留的数据点，蓝色为剔除的数据点

在对 OVT 道集进行全方位化时，首先设置一个最大非纵距，然后剔除大于最大非纵距的数据（图 6.2.2 中蓝点），将小于最大非纵距的数据（图 6.2.2 中红点）保留下来，形成全方位 OVT 道集数据。

在分方位数据处理和解释中，经常按照方位角大小将其划分为不同的方位扇区，进而生成几个方位的叠后数据体。这种常规的拆分方法存在小炮检距数据采样不足、远近道采样不均匀、抗噪性差的缺点，因而降低了各向异性分析的保真度。

为了克服上述不足，实现不同方位角、不同炮检距的道集中的地震道数相等，需要对 OVG 道集进行规则化，使方位角和炮检距信息尽量均匀。

通常采用在矩形区域内进行加权内插算法实现炮检距—方位角域数据规则化（图 6.2.3）。每一个矩形区域对应着一个主方位。

炮检距—方位角域数据规则化的计算公式为

$$Y_{i,j} = \sum_{a,b} \mu_{i,j,r,\alpha} X_{r,\alpha} \tag{6.2.1}$$

式中，X 为初始地震道；Y 为规则化后的地震道；r、α 分别为原始地震道的炮检距和方位角；i、j 分别代表规则化后方位角和炮检距序号；μ 为加权系数；a、b 为矩形的长和宽，二者共同定义了规则化的邻域范围。

加权系数 μ 是地震道到矩形中心点的距离的函数，其表达式为

$$\mu_{i,j,r,\alpha} = \frac{1/D_k}{\sum (1/D_k)} \tag{6.2.2}$$

式中，D_k 是矩形区域内一个地震道至矩形中心点的距离。

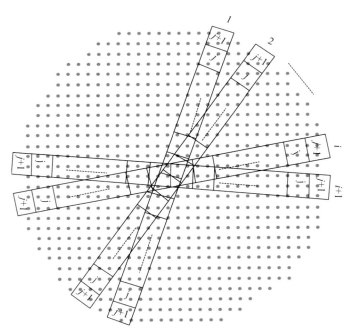

图6.2.3 矩形数据规则化方法示意图（王霞等，2019）

除矩形外，还可以选择扇形作为 OVT 道集规则化的邻域范围。

规则化后的道集数据的方位角和炮检距分布的疏密程度（图 6.2.4）由原始数据的疏密程度而定，原则上以规则化后数据的数据量与原数据量变化不大为宜。经矩形数据规则化处理后，同方位不同炮检距的地震道是由相同采样数的地震道计算得到，这保证了内插前后的一致性。图 6.2.5 为 OVT 道集全方位振幅切片与规则化后的振幅切片的对比图。与扇形规则化处理结果（图 6.2.5c）相比，矩形数据规则化处理后（图 6.2.5b）振幅切片与规则化处理前（图 6.2.5a）一致性更好，并在一定程度上提高了 OVT 道集的信噪比。

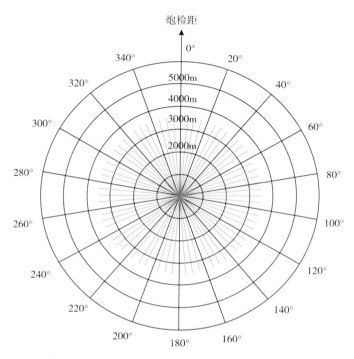

图6.2.4　炮检距—方位角域矩形规则化后的地震道分布（王霞等，2019）

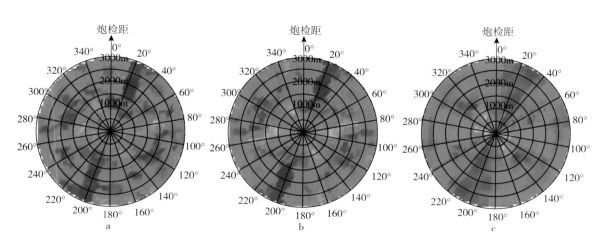

图6.2.5　全方位道集振幅切片（王霞等，2019）

a—原始OVT道集；b—矩形规则化后道集；c—扇形规则化后道集

图 6.2.6 为规则化前、后道集的对比，规则化后任意抽取的共炮检距道集道数都相同，共方位角道集亦然。对 OVT 道集按照炮检距检索，受各向异性影响，道集中地震同相轴的同相性很差（图 6.2.6a）；经规则化后，OVT 道集经炮检距—方位角域检索，道集中同相轴的振幅和反射时间是随方位角的变化呈周期性变化的（图 6.2.6b），更有利于各向异性特征描述。

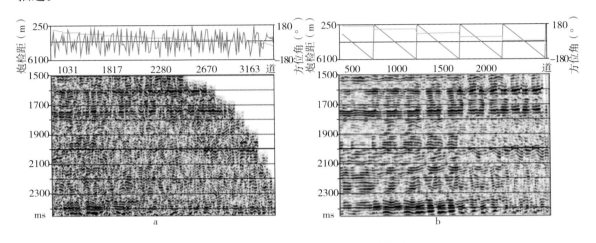

图6.2.6 规则化前（a）、后（b）道集对比

红色为方位角曲线，绿色为炮检距曲线（王霞等，2019）

将规则化后的 OVT 数据按炮检距—方位角域以三维可视化的形式绘制出来，可清晰地表达出五维地震数据的地震反射形态和特征（图 1.3.13）。

"两宽一高"采集、保方位角偏移的地震数据使地震解释技术由三维延伸到了五维。对 OVT 道集进行方位角—炮检距域规则化为各向异性表征提供了基础，并提高了 OVT 数据信噪比，而矩形数据规则化在不改变数据信息分布特征的基础上确保了数据在方位角域（各向异性）和炮检距域（AVO）的保真度，使分方位、全方位各向异性分析具有一致性。

五维数据可视化本身即是解释过程，方位角—炮检距域规则化技术即是可视化显示及方位统计法各向异性表征的关键基础，也是提高数据信噪比的有效手段，而矩形数据规则化又是方位角—炮检距域数据内插的关键所在，是数据内插在不改变数据信息分布的基础上确保了数据在方位角域（各向异性）和炮检距域（AVO）的保真度。

6.2.2 OVT 域地震道集叠加模板定义与敏感叠加参数选择

在常规窄方位地震数据处理过程中，往往通过全部叠加方式实现提高信噪比、加强振幅能量和稳定性的目的。但这种处理方式会湮灭地层及地质体所具有的各向异性特征，降低了原始资料的分辨率和目标地质体的识别精度。因此，常规道集的全方位和全炮检距叠加方式使两宽一高地震勘探失去了优势，无法满宽方位高密度地震解释的需要。但有了 OVT 地震道集就万事大吉了吗？显然不是。尽管在地震处理过程中已经对叠前地震数据进行了一定程度的均衡和部分叠加，但为了包含尽量多的方位角和炮检距，原始 OVT 道集的质量可能不够理想，信噪比、地震波能量、地震道密度可能是不稳定的，这会影响后续的地震资料解释结果的稳定性和可靠性，因而对 OVT 道集进一步优化是必要的。

　　不同地层和地质体具有不同的埋深、不同的成岩机制、不同的储层成藏机制和不同的空间分布形态，导致 OVT 道集中不同层系的地震反射特征是不一致的，不同地质勘探目标所对应的敏感炮检距和方位角参数也不同。可根据地质目标的类型、特点和其他需要对原始 OVT 道集进行动态叠加和优化，进一步提高其质量。

　　通过 OVT 道集动态分析技术可选取适用的道集叠加参数，以改善成像质量。此外，OVT 道集动态分析和叠加可在满足地质目标分析精度的前提下减小 OVT 道集的数据量，提高 OVT 道集地震属性分析效率。

　　为了实现 OVT 道集动态分析和优化，可使用一种基于叠加模板的地震道集叠加成像技术，即根据待识别目标地质体（如断层、河道、生物礁等）的地质特征和储层特征定义不同的叠前道集叠加模板，并依据该模板对 OVT 地震道集进行叠加。该技术能增强目标地质体的主要特征，提高叠前地震资料的信噪比，减小数据规模，提高属性分析的有效性。

　　基于叠加模板的地震道集叠加成像技术的核心是叠加模板。所谓叠加模板，是一种炮检距—方位角动态选择与定义工具，同时也是一种 OVT 道集的炮检距与方位角联合分析工具（图 6.2.7）。

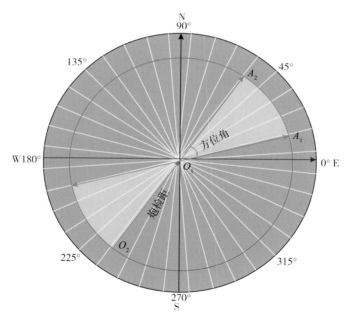

图6.2.7　OVT域地震道集叠加模板示意图（詹仕凡等，2015）

　　叠加模板由极坐标系统定义，并由指定的偏移距（或称敏感偏移距，表现为一个圆环型区域）和方位角（或称敏感方位角，表现为一个扇形区域）唯一地确定地震道集叠加参数。可以根据 OVG 道集的成像质量和地质目标确定敏感偏移距和方位角，其中的成像质量指标包括反射能量的一致性、分辨率和信噪比等。

　　叠加模板包括 3 个关键参数：炮检距范围（$O_1 \sim O_2$）、方位角范围（$A_1 \sim A_2$）和地震属性类型。每一对方位角和炮检距参数可唯一地确定一个地震道集叠加范围（图 6.2.7 中黄色扇区），其他区域的地震道将在道集叠加时被舍弃。

图 6.2.8 是 OVT 道集的敏感偏移距选择示例。由于 OVT 道集的最大偏移距为 6000m，因此我们定义了 5 个模板，它们具有不同的偏移距：0 ～ 6000m（全偏移距），0 ～ 800m，800 ～ 4500m，3500 ～ 4500m 和 4500 ～ 6000m（它们的方位角范围相同且为 0 ～ 180°），并基于这些模板对地震道集进行叠加获得了 5 个地震数据集（图 6.2.8 下部的地震剖面）。由于小偏移距叠加得到的地震剖面（图 6.2.8b）和大偏移叠加得到的地震剖面（图 6.2.8e）存在空白反射区域或由空白道和弱反射能量导致的能量不一致现象，因此，中偏移距叠加（图 6.2.8c 和图 6.2.8d）效果最佳。

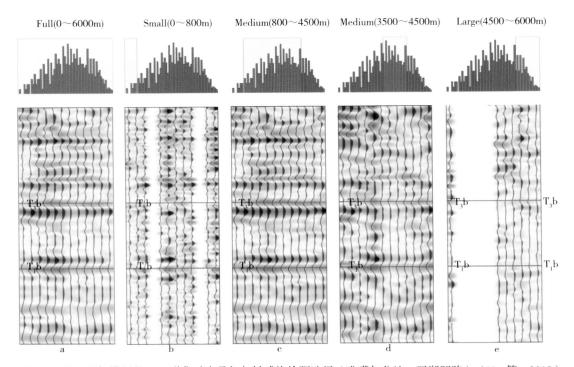

图6.2.8　基于叠加模板的OVG道集动态叠加与敏感炮检距选择（准噶尔盆地，玛湖凹陷）（Han等，2018）

与图 6.2.8 所示的敏感偏移距选择类似，敏感方位角选择也可以通过 OVT 道集的叠加效果来确定。此外，利用椭圆拟合所获得的椭圆形状（将在后面讨论）可用于测量特定偏移或方位角范围的灵敏度。

除了偏移距和方位角之外，方位扇区的数量（对应于极坐标中的扇形区域，如图 6.2.7 所示的黄色区域）也是方位各向异性分析中的关键参数之一。由于方位各向异性分析依赖于椭圆拟合，因此方位分区和划分的方位段数会在很大程度上影响方位各向异性分析的准确性。

图 6.2.9 是关于如何确定敏感段方位角的一个示例。首先，将 OVT 道集划分为不同数量的扇区，扇区数量分别为 6，12，24，36，48，180，360 和 720（由于该 OVT 道集中的地震道总数为 720，所以扇区数量为 720 表示没有任何叠加）。在这里我们所选择较低的方位角段，例如 6 和 12，唯一的目的是检查部分方位角叠加的灵敏度，在实际地质研究中不具有可行性。其次，通过部分叠加产生叠加增强后的地震道集。最后，沿着目标地层界面提取振幅，并根据其方位角将其投影到极坐标系中。根据方位振幅分布的集中度和部分叠加的成像质量，我们认为图 6.2.9d（方位段数为 36）是最佳选择。

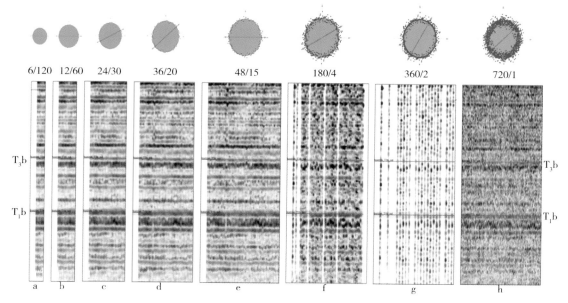

图6.2.9 敏感方位扇区数量选择（准噶尔盆地，玛湖凹陷）（Zhan等，2018）

6.2.3 基于地震道集叠加模板的 OVT 域地震道集优化叠加

模板法 OVT 道集动态分析与叠加是一种交互分析与批量叠加相结合的方法。其具体步骤为：设定一个叠加模板，以该模板为基础进行 OVT 道集动态叠加并据叠加效果选择合适的叠加参数；待叠加模板选定后采用批量运算方式实施 OVT 道集叠加并据指定的地震属性类型提取地震属性，实现地质目标驱动的地震道集叠加成像。

为了提高或改善宽方位高密度叠前地震道集资料的成像效果，需针对地质目标和区域地质特点如断层走向、河道分布、裂缝走向等信息定义叠加模板，然后根据所选择的模板对 OVT 道集进行优化叠加。

可通过指定关键参数的方式定义 OVT 道集叠加模板，也可以利用炮检距与方位角联合分析工具交互式定义 OVT 道集叠加模板。首先定义两个叠加模板：模板 1（图 6.2.10a）和模板 2（图 6.2.10b）。这两个模板的方位角范围相同但炮检距不同。模板 1 和模板 2 的方位角是 0°～110° 和 150°～180°，即去掉了 110°～150° 范围内的方位角。模板 1 的炮检距范围是 0～2000m，模板 2 的炮检距范围是 0～3000m。模板定义后，可利用这两个模板对不同炮检距范围内的 OVT 道集（图 6.2.10b 和图 6.2.10e）进行叠加，获得不同的叠加效果（图 6.2.10c 和图 6.2.10f）。以上过程是动态的，每改变一个参数，会将道集叠加结果实时显示出来，因而可对道集叠加效果进行实时可视化监控，直至获得满意的叠加效果。

在一个工区中，叠前道集叠加模板数量不限，可以仅定义一个，也可以定义多个，需要视地质特征不同而区别对待。当叠前道集模板定义完成后，可以利用这些模板对 OVT 道集进行优化。

图 6.2.11 展示了一个分区域优化叠加实例，展示的是该工区的目的层构造形态。从中可以看到目的层埋深差异明显，可大致划分为左部的浅层、中部的中深层、右部的深层等 3 个

区域。因而我们可以针对这 3 个区域分别定义叠加模板，然后利用这些模板分别对各自区域内的 OVT 道集进行叠加，最后将优化后的道集合并起来，形成一个完整的优化后的 OVT 道集（图 6.2.12）。

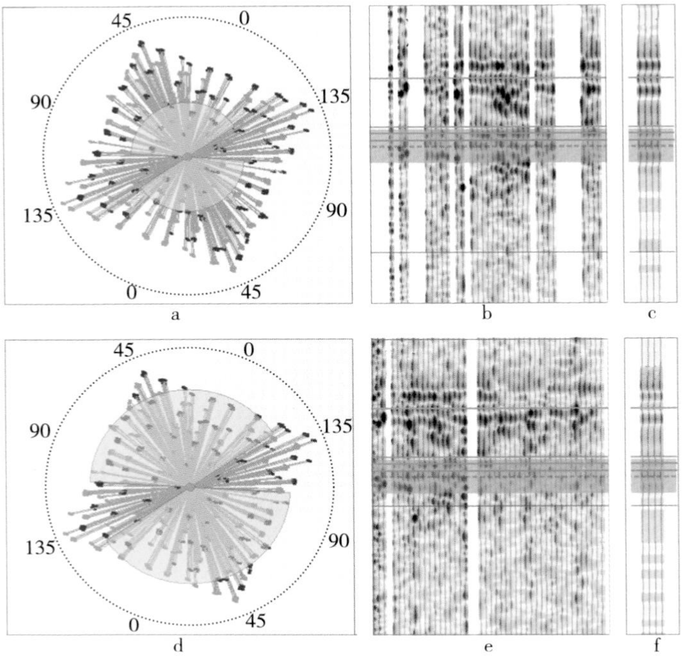

图6.2.10　基于叠加模板的交互式OVT道集叠加效果分析

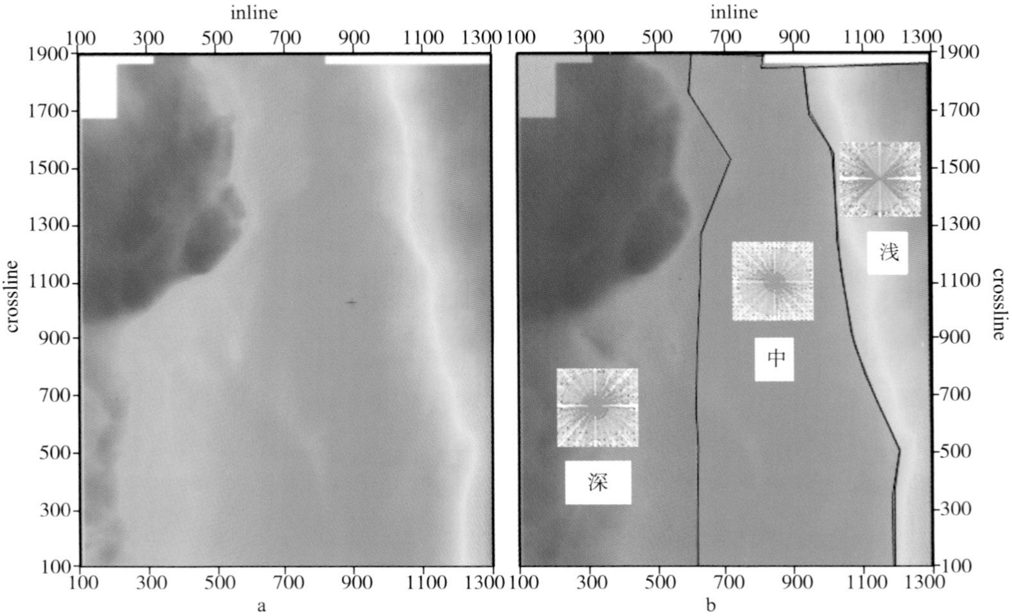

图6.2.11　基于地质特征的OVT道集分区域叠加模板定义

a—表明该区地质特征明显的条带状；b—根据地擀特征对工区进行分区并定义不同的叠加模板

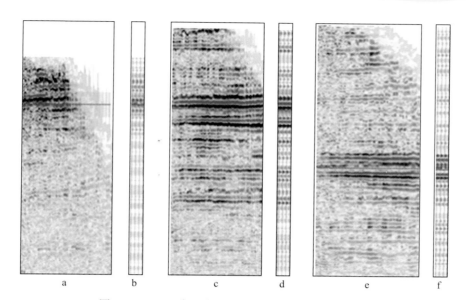

图6.2.12 基于分区域叠加模板的OVT道集优化效果

a和b-浅层道集优化结果；c和d-中深层道集优化结果；e和f-深层道集优化效果

对于同一个地震数据，不同的叠加模板会产生不同的叠加效果（图6.2.13a）。在很多情况下，全部叠加可能会导致地震响应异常不突出或消失（图6.2.13b），而在部分方位叠加的情况下，会突出区域振幅的异常现象（图6.2.13c）。

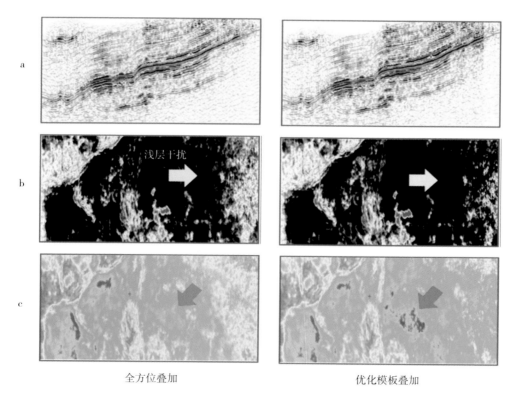

全方位叠加　　　　　　　　　　优化模板叠加

图6.2.13 利用分方位叠加改善地震属性分析效果

6.3　五维地震属性分析技术

OVT 域地震数据蕴含着丰富的构造信息、储层信息和流体信息。根据各向异性理论，这些构造信息、储层信息和流体信息具有各向异性特征。因而利用 OVT 道集中多个炮检距或多个方位角的地震响应信息之间的差异性可识别地层岩性和流体特征，利用多个方位地震响应信息的差异性可识别地层的裂缝发育特征。

对 OVT 道集进行地震属性分析有两个主要目的：一是根据地质研究目的和研究目标选择敏感地震属性，并可将其作为后续多方位分析、多尺度分析的载体；二是利用多方位、多尺度分析中的敏感属性差异性实现地质解释。

6.3.1　多尺度地震属性分析原理

在地震勘探中，地震波在遇到地层界面时会发生反射、透射和绕射。对于绕射波的产生，有几何地震学和物理地震学两种观点。几何地震学（Sheriff，1995；陆基孟等，1993）认为，地震波在传播过程中遇到一些地层岩性的突变点（如断层的断棱，地层尖灭点，不整合面的突起点等）时，根据惠更斯原理这些突变点将成为新的震源，再次发出球面波，向四周传播从而形成绕射波。物理地震学认为，地震波是一个波动，不能简单地把它看成沿射线传播；绕射波是最基本的，反射波是反射界面上所有小面元产生的绕射波的总和。因此把物理地震学阐述的这种绕射称之为广义绕射，而将几何地震学中岩性突变点的绕射称为狭义绕射。几何地震学只保留了波的运动学特征，不能用来研究波的动力学问题；而物理地震学考虑了波的传播时间兼顾波的能量强度，能够同时研究波的运动学和动力学特征。相比之下，物理地震学能够对地震波场进行更加合理的描述。

不同情况下地震横向分辨率的定义见式（1.3.2）至式（1.3.4）。显然，地震波的空间分辨力与地震波长和地震反射界面的深度成正比。单个反射体的正演模拟结果表明，当反射体的横向尺度小于 $2r_1$ 时，反射体在地震记录上表现为绕射波特征，此时该反射体是不可分辨的；当反射体的尺度等于或大于 $2r_1$ 时，反射体在地震剖面上表现为反射波特征，此时该反射体是可以分辨的。

非零炮检距地震道的横向分辨率比零炮检距道的地震到横向分辨率低，零炮检距道的地震道的横向分辨率最高。这一结论说明，不同炮检距的地震道能够表征的地质体的尺度不同，在一定程度上，炮检距的大小表示尺度的不同。因此，我们将多炮检距地震分析称之为多尺度分析。

图 6.3.1 为塔里木盆地某区块多尺度地震相干属性分析实例，其中，图 a 为大尺度；图 b 为中尺度；图 c 为小尺度。针对 3 个不同炮检距的道集叠加数据进行相干属性分析，可见当炮检距较小（图 6.3.1c）时，相干属性对断层的描述更加清晰。

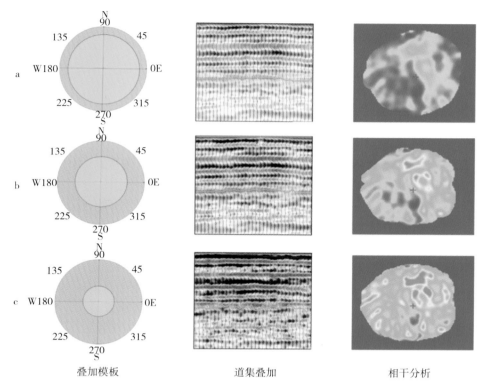

图6.3.1　多尺度相干属性分析（塔里木盆地H区块）

6.3.2　多方位地震属性分析原理

Rüger（1998）对HTI介质中地震波传播理论进行了深入研究，在弱各向异性理论假设条件下，提出了各向异性介质中纵波反射系数随方位角和入射角变化公式，即

$$R(\theta,\varphi)=\frac{\Delta Z}{2\overline{Z}}+\frac{1}{2}\left\{\frac{\Delta\alpha}{\overline{\alpha}}-\left(\frac{2\overline{\beta}}{\overline{\alpha}}\right)^2\frac{\Delta G}{G}+\left[\Delta\delta+2\left(\frac{2\overline{\beta}}{\overline{\alpha}}\right)^2\Delta\gamma\right]\cos^2\varphi\right\}\sin^2\theta$$

$$+\frac{1}{2}\left\{\frac{\Delta\alpha}{\overline{\alpha}}+\Delta\varepsilon\cos^4\varphi+\Delta\delta\sin^2\varphi\cos^2\varphi\right\}\sin^2\theta\tan^2\theta$$

$$(6.3.1)$$

式中，$R(\theta,\varphi)$为纵波反射系数；α为纵波速度；β为横波速度；ρ为密度；θ为入射角；φ为方位角；Z为波阻抗，且$Z=\rho\alpha$；G为横波切向模量，且$G=\rho\beta^2$；γ，δ和ε为Thomsen各向异性参数；$\Delta(\bullet)$表示某参数在界面两侧的差值，$(\overline{\bullet})$表示均值。

式（6.3.1）表明，当入射角较小时，裂缝发育方向对反射系数的影响很小，由叠后反演得到的波阻抗不能反映裂缝；当入射角较大时，裂缝发育方向对反射系数影响较大，这是典型的方位各向异性。因此Rüger公式奠定了利用纵波振幅随方位变化探测裂缝的理论基础。

Grechka和Tsvankin（1998）提出了纵波在HTI（裂缝）介质中旅行时（旅行时方位各

向异性）表达式，即

$$t^2(x,\varphi) = t_0^2 + \frac{x^2}{v_{nmo(\varphi)}^2} - \frac{\eta(\varphi)x^4}{x^2 + z^2}$$ (6.3.2)

和弱各向异性HTI介质中纵波群速度（速度方位各向异性）表达式，即

$$v(\theta,\varphi) = v_0 + [1 + (\delta - 2\varepsilon)\sin^2\varphi\sin^2\theta + (\varepsilon - \delta)\sin^2\varphi\sin^4\theta]$$ (6.3.3)

式中，t_0 为垂直旅行时；x 为炮检距；z 为地层深度；v_{nmo} 为动校正速度；v_0 为垂直入射速度；θ 为入射角；φ 为方位角；$\eta(\varphi)$、ε 和 δ 为各向异性参数。

由式（6.3.2）和式（6.3.3）不难看出，地震波在地下介质中的传播旅行时及传播速度与方位角有关，即存在方位各向异性。诸多研究表明，在 HTI 裂缝介质中，地震波旅行时随方位角呈周期性变化，变化周期为 180°。当地震波传播方向与裂缝走向平行（即 $\varphi=0°$）时，旅行时最小，且随方位角增加而增大；当地震波传播方向与裂缝走向垂直（即 $\varphi=90°$）时，旅行时最大。类似地，地震波传播速度也随着观测方位的变化而呈现周期性变化，所不同的是，当地震波传播方向与裂缝走向平行（即 $\varphi=0°$）时传播速度最大，当地震波传播方向与裂缝走向垂直（即 $\varphi=90°$）时传播速度最小。

此外，根据 Rüger（1998）对 HTI 介质中地震波传播机理的研究，地震振幅、泊松比等也具有和地震波旅行时类似的各向异性特征，利用这些特征可以进行多方位分析。

图 6.3.2 是一个全方位与部分方位相干分析的例子。图 6.3.2a 为全方位叠加相干分析；图 6.3.2b 为部分方位叠加相干分析，虚线椭圆区域内的线状特征指示断层的存在，表明在部分方位叠加数据体上进行相干分析可以更清楚地识别断层或断裂特征。

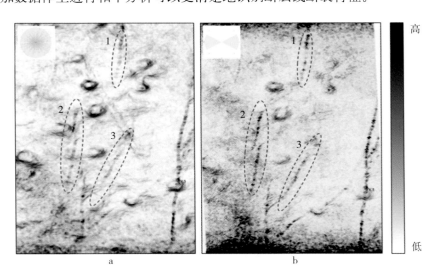

图6.3.2　全方位与部分方位相干分析识别断层效果对比（塔里木盆地）

6.3.3 多尺度（多方位）地震属性敏感性分析

地震响应信息有多种表现形式，最直观的当属地震振幅及其随空间变化的特征，但需要注意的是，原始的振幅、频率或相位属性可能不够敏感，因此，通过地震属性分析手段选择敏感地震属性并将其应用于地质目标体识别是必要的。

地震属性（如地震振幅、地震波传播速度、旅行时和地震波衰减等）都是地层与目标地质体的某种地震响应。它们揭示或暗示了地层的构造、岩性及其岩石孔隙中所充填的流体的某种或某些特征。由于可用的地震属性众多，并且地质条件对地震属性的影响不同，针对研究目标评估其敏感性是必要的。

识别特定地质目标或地质特征的有效性和可靠性是评估地震属性是否敏感的测量标准。可使用敏感性分析技术来识别和选择敏感的地震属性。同时考虑到地震数据信噪比和分辨率对敏感性分析有一定影响，选择合适的方位扇区数量和炮检距也是必要的。

有两种敏感性分析方法：单因素敏感性分析和多因素（或多变量）敏感性分析（Schervish，1987；Saltelli，2002）。前者用来分析地震属性解决特定地质问题的有效性，后者来分析几种地震属性解决特定地质问题的有效性，前提是这些因素彼此独立。以多因素敏感性分析为例，可建立一个二维矩阵来显示与不同参数对应的椭圆拟合结果。图6.3.3是一个多因素敏感度矩阵，其水平轴是方位扇区数量，垂直轴是地震属性类型，该矩阵单元中的椭圆是通过椭圆拟合从这些方位角属性估算得到的（关于椭圆拟合技术，后续章节有详细描述）。

建立多因素敏感度矩阵需要 3 个步骤：选择待分析的地震属性，定义方位扇区数量（设炮检距范围是固定的且是全炮检距）；在所有方位扇区中提取目标地层的方位属性或沿地层界面提取方位属性；对多方位属性进行椭圆拟合。可以根据其方位属性分布形态和拟合误差来评估各地震属性的敏感性。通常，椭圆的偏心率越大，它表示的各向异性就越大，并且它所代表的地震属性越敏感。在本例中，从椭圆偏心率这一指标看，均方根振幅是最敏感的属性，其最佳方位扇区数是 36。

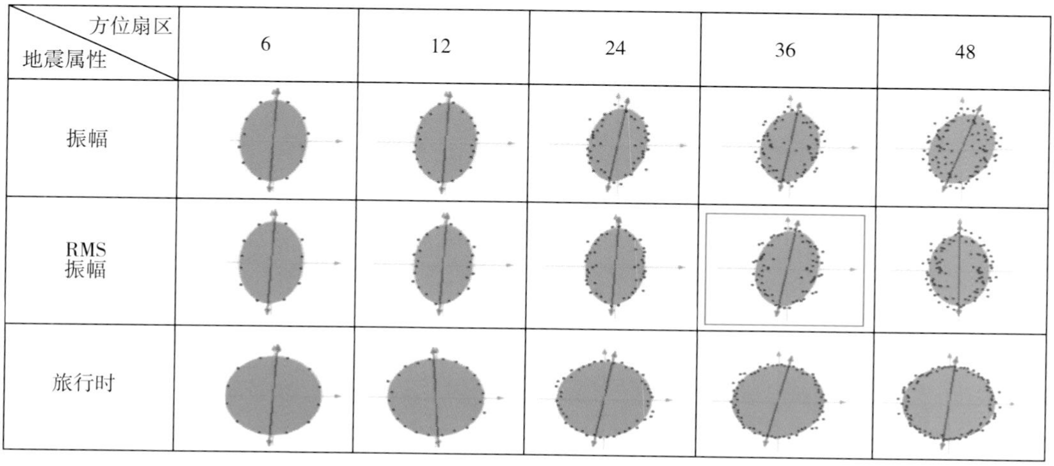

方位扇区 地震属性	6	12	24	36	48
振幅					
RMS 振幅					
旅行时					

图6.3.3 基于多因素敏感度矩阵的多方位敏感地震属性分析（准噶尔盆地玛湖区块）

6.3.4 多尺度（多方位）地震属性分析

OVT 域多尺度和多方位地震属性分析是一种利用分炮检距或分方位地震数据联合识别岩性和流体的地震解释方法。可根据地质目标的不同，选择合适的炮检距范围和方位扇区数量，对 OVT 道集做部分叠加后提取多种类型的地震属性，形成地震属性体集，然后求取不同炮检距段或方位扇形地震属性之间的差异性，形成一个或多个地震属性异常体（图 6.3.4）。

在图 6.3.4 中，定义了两个炮检距段：远炮检距和近炮检距，经过部分叠加后形成了远炮检距数据体和近炮检距数据体，从这两个数据体中分别提取振幅和高亮体属性，然后求取远炮检距和近炮检距的地震属性异常体。

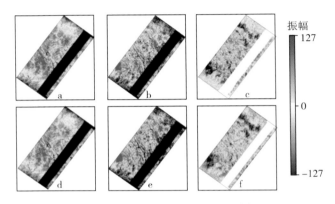

图6.3.4 多尺度叠前地震属性分析

a—远偏移距峰值振幅；b—近近偏移距峰值振幅；c—远近偏移距峰值振幅差；d—远偏移距高亮体；
e—近偏移距高亮体；f—远近偏移距高亮体差

在计算地震属性异常体时，可对地震属性进行不同类型的数学运算（如加、减、乘、除等），当然使用最多的还是减法和除法。图 6.3.5a 为 10°～15°方位地震振幅；图 6.3.5b 为 5°～10°方位地震振幅；图 6.3.5c 为振幅差异值；图 6.3.5d 为振幅比。对两个不同方位的沿层振幅属性（图 6.3.5a 和图 6.3.5b）分别进行减法和除法运算，得到振幅差（图 6.3.5c）和振幅比（图 6.3.5d），从不同的振幅异常图上可更直观地观察到含气砂岩的分布范围形态基本一致的，但细节有所区别。

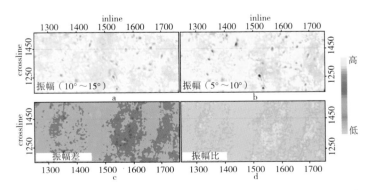

图6.3.5 利用多方位振幅差异性识别含气砂岩（鄂尔多斯盆地M区块）

6.3.5　基于五维地震属性的多方位地震构造解释

多方位构造解释与常规窄方位地震资料解释基本一致，利用OVT域地震资料开展构造解释的主要依据仍然是地震波的运动学信息。通过研究地震波运动学特征（如反射波旅行时、传播速度等）与地层的空间特征和几何形态之间的关系，获得地下地层的构造形态、厚度、埋藏深度、接触关系等地质构造特征。

由于地下构造都是三维立体展布，常规的窄方位地震数据在有限的方位内很难做到对地下地质体的全方位观测和描述，无法开展不同方位的构造解释。而OVT域五维地震数据可对三维空间分布的地质体的边界和内幕从不同的方位上给予准确的成像和描述，因此可利用OVT域五维地震数据对地质体从不同的方位进行描述和地质解释，然后将不同方位的刻画结果进行联合优化组合，可更清晰和准确地确定和描述地质体的分布范围及岩性组合和沉积特征等内幕细节。

下面以基于OVT道集的断裂系统识别为例对多方位联合构造解释方法和技术进行进一步说明。

在地质研究中，断裂是构造研究、储层分布规律性分析和油藏特征分析的重要依据，同时也是地质研究的主要目标之一。断裂有不同的尺度。一般认为，横向延展几十公里及以上级别的断裂为断层，公里级别的为大尺度裂缝，几十米级别的为中尺度裂缝，米级及以下的为小尺度裂缝。依据地震勘探原理，当地震波沿垂直于断裂的方向传播时，其传播时长要大于平行于断裂方向的地震波传播时长，垂直断裂传播的地震响应更大，更有利于该级别断裂的精细识别，这是各向异性理论在地震波传播领域的体现。基于五维地震资料，我们可以通过方位扇区和炮检距的优选开展裂缝的精细解释。图6.3.6为塔里木盆地某区块宽方位高密度地震数据的多方位地震剖面对比图，显然，在垂直于断裂的方位上，地震数据对断裂的刻画更清晰。

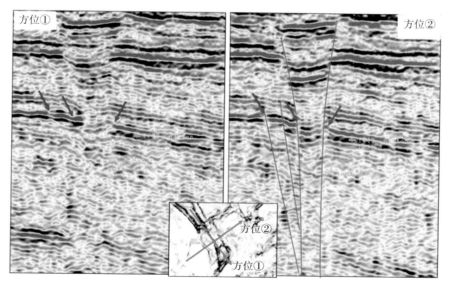

图6.3.6　不同方位下地震数据体对断裂系统的刻画效果（塔里木盆地）

下面是另一个关于断裂系统识别的例子。在塔北哈拉哈塘地区主要发育"X"形走滑断裂，通过优选垂直于断裂方向的数据叠加，然后对地震数据进行相干分析得到的断裂相干平面图更能反映断裂特征，可进一步提高断裂识别精度，更加明确断裂之间的组合关系（图6.3.7）。

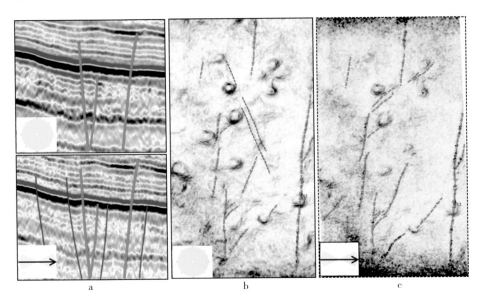

图6.3.7　塔北哈拉哈塘油田玉科三维方位角优化前后相干属性对比图

a—上图为全方位叠加剖面，下图为优化方位叠加剖面；b—全方位叠加相干；c—优化方位叠加相干

显然，在OVT域中开展构造解释的优势依然是丰富的炮检距信息和均衡分布的全方位角信息。这是因为不同的断裂系统具有不同的走向和倾向，同一个断裂系统不同的断层也会具有不同的走向和倾向，这些具有不同走向和倾向的断裂系统在不同接收方位的地震数据上会有不同的地震响应。常规的窄方位地震数据由于接收地下信息的方位较窄，因此只能使走向垂直于采集方向的断裂系统得到较好的成像。宽方位地震勘探能够从不同方位充分接收到各种走向断裂系统的地震信息，从而能使各种走向的断裂系统都得到较好的成像结果。利用宽方位地震资料的这一优势，对OVT域处理后的多方位数据体进行联合解释，得到不同方位下的地震数据的断裂系统展布，进而通过断层组合可优化识别具有不同走向和倾向的断裂系统与构造形态。

6.3.6　基于五维地震属性分析的多方位地震储层识别

利用地震资料进行地质解释与储层识别，通常是根据地震剖面总的地震特征，即一系列的地震反射参数来划分沉积层序，分析沉积岩相和沉积环境，进一步预测沉积盆地的有利油气聚集带。地质解释的内涵非常广泛，一般来说包含层序解释、岩性解释、沉积相解释等，最后识别出有利储集层。由于受到地震勘探精度的限制，单纯利用地震资料开展岩性识别是很困难的，通常与有利储层识别共同进行。

在窄方位角地震处理中，通常使用全方位、全尺度叠加方式提高信噪比并增强振幅能量和地震数据的信噪比，但是，这种做法消除或破坏了隐藏在地震数据中的地层各向异性信息，并降低了地震分辨率。由于窄方位地震勘探以构造特征分析为主，全方位、全尺度叠加方式所带来的影响并不严重，但当试图利用宽方位地震资料进行储层识别时，这种全部叠加方式会严重破坏宽方位地震数据的保真度。因此，利用 OVT 地震道集进行储层预测与分析具有优势。

利用 OVT 地震道集进行储层预测与分析的方式是，在构造解释的基础上，综合利用 OVT 数据和地震属性分析技术对储层空间展布形态进行多方位、多尺度分析和刻画。图 6.3.8 和图 6.3.9 展示了一个应用 OVT 道集进行砂体解释的实例。

该实例来自渤海湾盆地黄骅坳陷，该区古近系断裂系统复杂，构造破碎，储层类型多，非均质性强，常规的地震资料和传统的地震解释技术很难准确解释该区的断裂系统，也很难准确刻画该区的储层边界和内幕。为了落实构造、准确识别出砂体的分布范围和含油气特征，利用不同方位的地震数据体对砂体的空间展布范围进行分析，筛选出 4 个对砂体空间展布范围比较敏感的方位扇区，分别对位于选定扇区内的 OVT 道集进行叠加，然后对叠加后的数据体进行振幅归一化处理。

图 6.3.8 中展示了不同方位的 G187 号砂体的顶界面的沿层振幅属性。对比这些图件可以清楚地看到该砂体的边界和内部细节在不同方位上的差异。根据振幅与含油气性之间的关系（强振幅对应着好储层和可能的含油气区域），可以大致识别出有利含油区。

为了进一步突出 G187 号砂体的地震响应异常，将不同方位的数据体进行乘法运算，获得了 G187 号砂体的分布范围（图 6.3.9）。通过综合应用多方位数据体对砂体的空间展布特点和可能含油气性区域进行了精细的解释和刻画。 利用这一结果在 G187 号砂体的有利部位部署了 G13-7 井，该井在 Es_1 段发现含油地层 10.3 m / 层，日产油 14.35t。

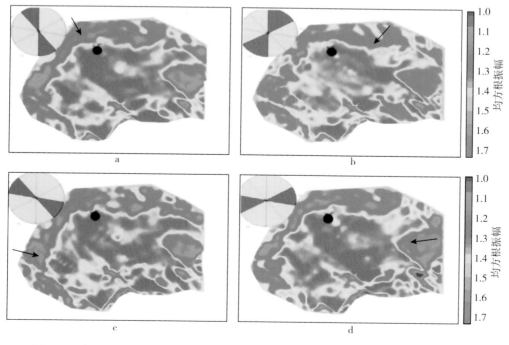

图6.3.8　多方位联合砂体展布区域分析（渤海湾盆地黄骅凹陷）（白辰阳等，2015）

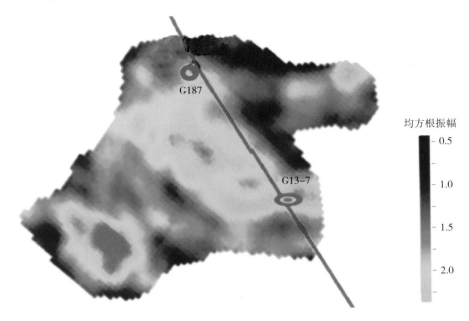

图6.3.9　综合4个方位的解释结果得到该砂体的展布特点和优质储层的分布范围
（渤海湾盆地黄骅凹陷）（白辰阳等，2015）

6.4　五维地震方位AVO分析技术

前面已经详细论述了 AVO 技术的理论基础是 Zoeppritz 方程，Zoeppritz 方程描述了两种不同介质的分界面反射系数随入射角的变化规律，即反射系数是入射角和地层参数的函数。但该方程组的表达式极其复杂，所表达的物理概念不够直观和清晰，很难直观地观察它们之间的关系，且求解 Zoeppritz 方程的过程是非常复杂的，其应用受到限制。因此，前人们对 Zoeppritz 方程进行了简化，提出了多种不同形式的近似方程，如著名的 Aki-Rechards 近似方程（Aki 和 Richards，1980）、Shuey 近似方程（Shuey，1985）等。这些简化公式特别是后者使振幅与炮检距（或入射角）之间的关系更加直观和容易理解，且具有较明显的物理意义，因而成为当前 AVO 分析的基础表达式，奠定了 AVO 正演和反演的理论基础。

Shuey（1985）所提出的 Zoeppritz 方程的简化公式为

$$R(\theta) \approx P + G\sin^2\theta \tag{6.4.1}$$

式中，R 为反射系数；P 为垂直入射时的纵波反射系数（R_0）；G 为反射系数随偏移距变化率，即 $G = A_0 R_0 + \Delta\sigma/(1-\sigma)$；$\theta$ 为入射角和透射角的平均值。

经典 Shuey 简化公式描述了入射角小于 30° 时的入射角与反射系数的关系，是一种典型的双参数公式。显然，式（6.4.1）表达的是一种线性关系，即不同入射角的反射系数随 $\sin^2\theta$ 线性变化。可以通过线性拟合获得截距 P 和斜率 G。通过 P、G 结合，还可以得到更多的参数来反映储层的特性。经典 Shuey 简化公式非常简洁，很容易应用，但也存在着应用条件比较苛刻和精度不够高的问题。

为了提高 AVO 分析精度，可以利用 Shuey 的思路得到另一种三参数 AVO 分析公式，即

$$R(\theta) \approx \frac{1}{2}\left(\frac{\Delta v_P}{v_P} + \frac{\Delta \rho}{\rho}\right) + \left(\frac{1}{2}\frac{\Delta v_P}{v_P} - 4\frac{v_S^2}{v_P^2}\frac{\Delta v_S}{v_S} - 2\frac{v_S^2}{v_P^2}\frac{\Delta \rho}{\rho}\right)\sin^2\theta + \frac{1}{2}\frac{\Delta v_P}{v_P}\left(\tan^2\theta - \sin^2\theta\right) \quad (6.4.2)$$

该方程包含了小入射角、中入射角和大入射角项 3 个部分，经重新整理可得

$$R(\theta)\cos^2\theta \approx \frac{1}{2}\left(\frac{\Delta v_P}{v_P} + \frac{\Delta \rho}{\rho}\right) - \left(\frac{1}{2}\frac{\Delta \rho}{\rho} + 4\frac{v_S^2}{v_P^2}\frac{\Delta v_S}{v_S} + 2\frac{v_S^2}{v_P^2}\frac{\Delta \rho}{\rho}\right)\sin^2\theta +$$

$$\left(4\frac{v_S^2}{v_P^2}\frac{\Delta v_S}{v_S} + 2\frac{v_S^2}{v_P^2}\frac{\Delta \rho}{\rho}\right)\sin^4\theta \quad (6.4.3)$$

假设

$$Y = R(\theta)\cos^2\theta$$

$$A = R_0 = \frac{1}{2}\left(\frac{\Delta v_P}{v_P} + \frac{\Delta \rho}{\rho}\right)$$

$$B = -\left(\frac{1}{2}\frac{\Delta \rho}{\rho} + C\right)$$

$$C = 2\frac{v_S^2}{v_P^2}\left(\frac{2\Delta v_S}{v_S} + \frac{\Delta \rho}{\rho}\right)$$

$$X = \sin^2\theta$$

式（6.4.3）可以表示为

$$Y = A + BX + CX^2 \quad (6.4.4)$$

式（6.4.4）是一个二次多项式，可以作为抛物线方程求解。

令误差最小，根据最小平方原理可得

$$\sum_{i=1}^{n}(A + BX_i + CX_i^2 - Y_i)^2 \rightarrow \min \quad (6.4.5)$$

式中，n 为参加计算的入射角的数量。

分别对 A、B、C 进行微分，得

$$\sum_{i=1}^{n}(A + BX_i + CX_i^2) = \sum_{i=1}^{n}Y_i \quad (6.4.6)$$

$$\sum_{i=1}^{n}(A + BX_i + CX_i^2)X_i = \sum_{i=1}^{n}Y_iX_i \quad (6.4.7)$$

$$\sum_{i=1}^{n}(A+BX_i+CX_i^2)X_i^2=\sum_{i=1}^{n}Y_iX_i^2 \tag{6.4.8}$$

在入射角和反射角均为已知的条件下，式（6.4.6）～式（6.4.8）是一个三元一次方程组，A、B、C 的值不难求得。根据式（6.4.3）的假设，求得 B、C 的值，其实就求出了第一个参数 $\Delta\rho/\rho$，同时也就可由 A 的值求出参数 $\Delta v_p/v_p$。如果已知 v_p/v_s 的比值，则可求得 $\Delta v_s/v_s$ 的值。v_p/v_s 的比值可以根据多波勘探通过速度解释求得，也可以根据测井或实验室数据得出，最常用的方法就是令 $v_p/v_s \approx 2$。有了以上 3 个参数，就可以求取纵波速度、横波速度、梯度 G、泊松比和密度等参数。

从以上分析可以看出，双参数 AVO 分析公式简单，在入射角小于 30°时可以得到较好的效果；三参数 AVO 分析公式比双参数公式复杂，但精度要高一些。从理论分析和实际应用效果看，无论是双参数还是三参数 AVO 分析，其精度都是可以接受的，可以根据需要及地质条件选择相应的公式进行 AVO 分析。

需要注意的是，在裂缝型储层发育地区进行 AVO 分析要注意各向异性对 AVO 现象的干扰，因为裂缝各向异性对 AVO 特征有明显影响，会严重影响 AVO 分析的可靠性。理论模型验证表明，当裂缝纵横比一定（裂缝纵横比为 0.1）时，饱含气裂缝型碳酸盐岩储层的 AVO 响应随裂缝密度变化（图 6.4.1a 的裂缝密度为 0.05，图 6.4.1b 的裂缝密度为 0.005，图 6.4.1c 的裂缝密度为 0.0005）会产生明显变化（图 6.4.1），裂缝密度越大，对 AVO 现象的影响越明显。但这种影响也具有方向性（图 6.4.2），即在一定条件下，纵波沿垂直裂缝方向传播时衰减最严重（图 6.4.2a），沿平行裂缝方向传播时其衰减值可忽略（图 6.4.2b）。显然，为了保证 AVO 分析的准确性和精度，应优选平行于裂缝方向进行油气检测，以规避裂缝各向异性对流体预测的影响。

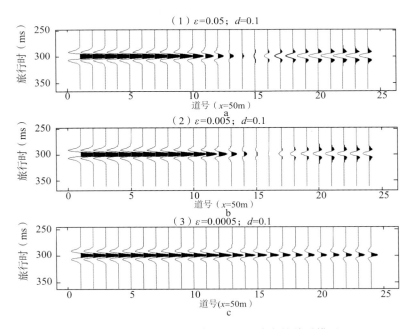

图6.4.1　裂缝密度与储层的AVO响应的关系模型

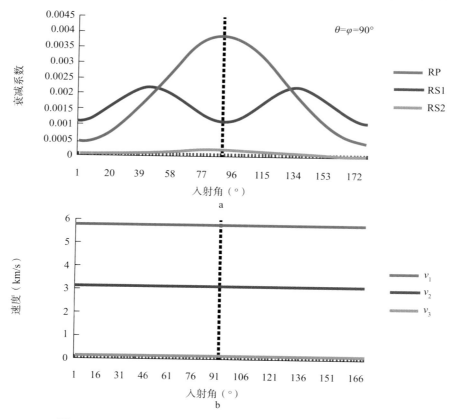

图6.4.2　HTI介质各向异性介质的AVO特征与入射角之间的关系

a—裂缝中衰减系数与入射角θ的关系（φ=90°）；b—裂缝中速度与入射角（θ）的关系平行裂缝方向（φ=0°）

基于上述 AVO 理论，可利用宽方位叠前地震道集进行 AVO 分析（图 6.4.3）。在这一过程中，可以首先对地震道集进行敏感性分析，选择合适的炮检距和方位角，然后利用双参数或三参数公式进行 AVO 分析试验。

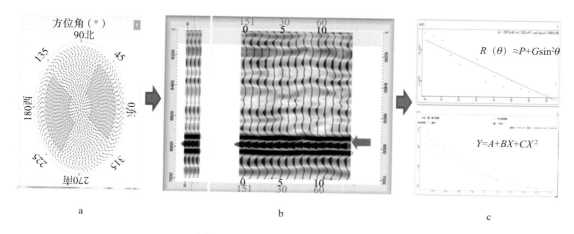

图6.4.3　宽方位叠前地震AVO分析

a—优化模板定义；b—左边为叠加道，右边为优化道集；c—AVO分析方法根据试验结果对叠前地震数据（图 6.4.4a）进行 AVO 分析，获得 AVO 截距属性（图 6.4.4b）、梯度属性（图 6.4.4c）。为了更好地突出碳酸盐岩储层中的含油气特征，将截距和梯度属性相乘，形成所谓的流体因子属性（图 6.4.4d）。

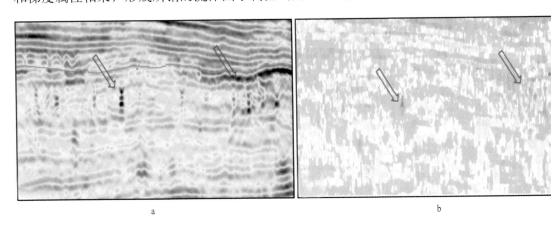

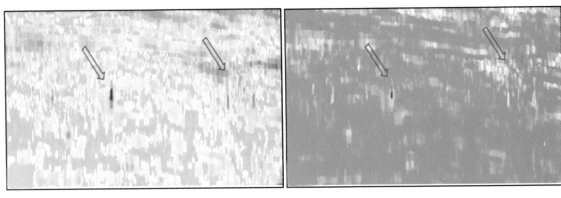

图6.4.4　宽方位叠前资料AVA分析结果

a—地震剖面；b—截距剖面；c—梯度剖面；d—流体因子剖面

　　下面以塔北地区哈拉哈塘油田某高密度全方位三维地震工区的应用为例，进一步说明 OVT 域 AVO 分析效果。该研究区面积为 80km²，区内奥陶系一间房组缝洞型储层发育，储层地震特征以"串珠状"反射为主。图 6.4.5 为该区 OVT 叠前地震数据。图 6.4.5a 为三维测网内某一共反射点（CRP）的 OVT 道集数据变密度可视化图，可清楚地区分偏移距和方位角的对应关系；图 6.4.5b 为该 CRP 点的 OVT 螺旋道集显示方式，6700m 深度位置表现出典型的振幅随偏移距增大而减小的 AVO 特征和中远偏移距处明显的走时各向异性；图 6.4.5c 为 OVT 道集叠加后的连井地震剖面，对目的层内"串珠状"储层的刻画非常清晰，振幅保持效果好，可以满足方位各向异性和方位 AVO 分析的需要。在研究区内，W1 井和 W2 井为两口完钻井，主要为缝洞型储层。W1 井为一口典型的高产稳产油井，截至目前井口累产原油超过 12×10^4t；W2 井所钻缝洞体预测资源量约为 35×10^4t，该井投产时产原油 0.0015×10^4t，之后井口敞开放喷不出液体，油压为零，预测资源量与实际采收结果差异巨大，该井最终定性为干井。

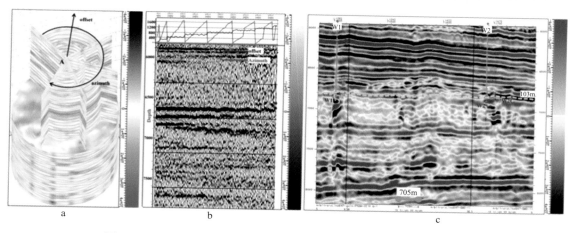

图6.4.5 塔北地区哈拉哈塘油田某高密度全方位三维OVT域处理数据

a—某一CRP点OVT道集数据变密度可视化图；b—该CRP点的OVT螺旋道集显示；
c—OVT道集叠加后过W1井和W2井的连井地震剖面

图 6.4.6 分别为 W1 井（a）、W2 井（b）各向异性裂缝预测结果与 FMI 成像测井解释结果对比图，基于 OVT 域地震数据的各向异性裂缝方位预测与 FMI 成像测井解释结果一致。研究区内有 FMI 资料井 15 口，预测结果与实钻结果符合率为 80%，表明裂缝预测可靠程度高，可为方位 AVO 分析提供有效指导。

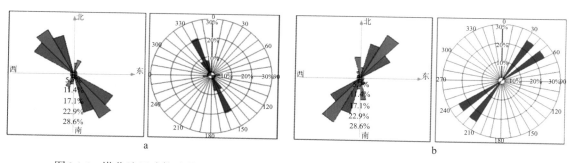

图6.4.6 塔北地区哈拉哈塘油田W1井、W2井各向异性裂缝预测结果与FMI测井结果对比

a—W1井基于OVT道集各向异性分析裂缝预测方向（左）与FMI测井解释结果（右）；
b—W2井基于OVT道集各向异性分析裂缝预测方向（左）与FMI测井解释结果（右）

图 6.4.7 为 W1 井、W2 井去裂缝各向异性前后 AVO 特征对比图。图 6.4.7a，c 分别为两井基于原始 OVT 道集分析的 AVO 特征；图 6.4.7b，d 分别为两井基于平行裂缝方位扇区内道集分析的 AVO 特征，其中 W1 井选用 120°～145°方位角扇区内数据，W2 井选用 15°～60°方位角扇区内数据（图 6.4.7）。预测结果表明，应用全部方位地震资料进行油气预测时，两井 AVO 特征相似，均有油气显示，显然与实钻结果不符；应用平行裂缝方向预测时，两井的 AVO 表现出明显差异，其中 W2 井处看不到振幅随偏移距增大而减小的特征（图 6.4.7c 和图 6.4.7d），指示无油气显示，与实钻试采结果相符。采用平行裂缝方位扇区内道集 AVO 分析求得的 AVO 流体因子属性如图 6.4.8 所示。从图上可以看出，在 W2 井北偏东约 500m 的 W2C 井处存在油气异常，与全方位异常一致。这些实例都表明，当两种方法都存在异常时，含油气可能性比较高，并经钻井证实，W2C 井确实获得了高产工业油流，

证明方位 AVO 分析方法能够有效规避裂缝各向异性对油气的影响，进而提高油气预测精度。

通过在研究区开展变方位 AVO 分析，AVO 含油气性预测结果符合率可提高到 80.5%，与常规 AVO 含油气性预测结果相比，符合率提高了 20%。

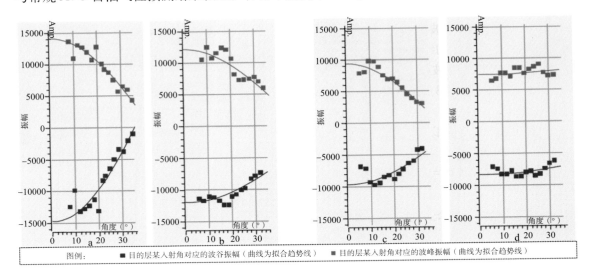

图6.4.7　塔北地区W1井、W2井去裂缝各向异性前后AVO特征对比

a—W1井基于原始OVT道集AVO特征（方位角0°～180°）；b—W1井基于平行裂缝方位扇区内道集AVO特征（方位角120°～145°）；c—W2井基于原始OVT道集AVO特征（方位角0°～180°）；d—W2井基于平行裂缝方位扇区内道集AVO特征（方位角15°～60°）

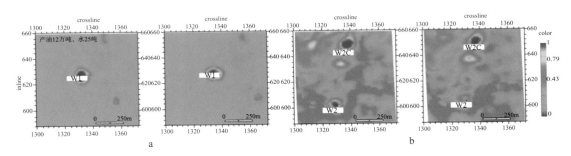

图6.4.8　塔北地区W1井、W2井去裂缝各向异性前后AVO流体因子

a—W1井基于原始全部方位数据AVO流体因子（左）与平行裂缝方向数据AVO流体因子（右）；b—W1井基于原始全部方位数据AVO流体因子（左）与平行裂缝方向数据AVO流体因子（右）

6.5　五维地震裂缝预测技术

早在 20 世纪 80 年代初，AVO 效应就被发现。随着 AVO 技术的完善和成熟，AVO 分析被广泛应用于储层预测和流体识别。在 OVT 技术出现后，由于 OVT 地震道集拥有丰富的方位角和炮检距信息，而且经过数据规则化之后的 OVT 道集保幅性更好，这些条件的出现使

得方位 AVO 分析成为可能。

所谓方位 AVO，是指 AVO 现象随方位变化而变化的一种各向异性特征。由于地层中裂缝的存在，方位 AVO 特征普遍存在，利用这一特征可以进行裂缝预测，并提高流体预测的成功率。

裂缝介质中 P-P 波反射系数的计算结果表明，在发育有垂直裂缝的方位各向同性介质中，P-P 波反射系数的绝对值在平行于裂缝方向达到极大值，在垂直于裂缝方向达到极小值，裂缝倾角会影响 P-P 波的 AVO 特征（刘洋等，1999）。

对于 Rüger（1998）提出的各向异性介质中纵波反射系数随方位角和入射角变化公式（6.3.3），一般地，如果 $\theta < \pi/4$，$\sin^2\theta\tan^2\theta \le 1$，则式（6.3.1）右边第三项可以忽略。因此，式（6.3.3）可以简化为

$$R_{\mathrm{PP}}(\theta,\varphi) = \frac{\Delta Z}{2\overline{Z}} + \frac{1}{2}\{\frac{\Delta\alpha}{\overline{\alpha}} - (\frac{2\overline{\beta}}{\alpha})^2\frac{\Delta G}{G} + [\Delta\delta + 2(\frac{2\overline{\beta}}{\alpha})^2\Delta\gamma]\cos^2\varphi\}\sin^2\theta \tag{6.5.1}$$

固定方位角 φ，公式（6.5.1）可以进一步简化为

$$R_{\mathrm{PP}}(\theta) \approx A + B\sin^2\theta \tag{6.5.2}$$

式中，A 和 B 是常系数，即

$$A = \frac{\Delta Z}{2\overline{Z}} \tag{6.5.3}$$

$$B = \frac{1}{2}\{\frac{\Delta\alpha}{\overline{\alpha}} - (\frac{2\overline{\beta}}{\alpha})^2\frac{\Delta G}{G} + [\Delta\delta + 2(\frac{2\overline{\beta}}{\alpha})^2\Delta\gamma]\cos^2\varphi\} \tag{6.5.4}$$

固定入射角 θ，式（6.5.1）可简化为

$$R_{\mathrm{PP}}(\varphi) \approx C + D\cos^2\varphi \tag{6.5.5}$$

式中，C 和 D 为常系数，即

$$C = \frac{\Delta Z}{2\overline{Z}} + \frac{1}{2}[\frac{\Delta\alpha}{\overline{\alpha}} - (\frac{2\overline{\beta}}{\alpha})^2\frac{\Delta G}{G}]\sin^2\theta \tag{6.5.6}$$

$$D = [\Delta\delta + 2(\frac{2\overline{\beta}}{\alpha})^2\Delta\gamma]\sin^2\theta \tag{6.5.7}$$

式（6.5.2）和式（6.5.5）具有相同的形式，且表达了纵波反射系数 R_{PP}、入射角 θ 和方位角 φ 之间的关系。

如果入射角 θ 和方位角 φ 同时变化，公式（6.5.2）可转换为

$$R_{\mathrm{PP}}(\theta,\varphi) \approx A + B(\varphi)\sin^2\theta \tag{6.5.8}$$

式中，A 是方位 AVO 截距，可表示为

$$A = \frac{1}{2}\frac{\Delta Z}{Z} \tag{6.5.9}$$

$B(\varphi)$ 是方位 AVO 梯度，可表示为

$$B(\varphi) = B_{\text{iso}} + B_{\text{ani}} \cos^2 \varphi \qquad (6.5.10)$$

式中

$$B_{\text{iso}} = \frac{1}{2} \left[\frac{\Delta \alpha}{\overline{\alpha}} - \left(\frac{2\overline{\beta}}{\overline{\alpha}} \right)^2 \frac{\Delta G}{\overline{G}} \right] \qquad (6.5.11)$$

$$B_{\text{ani}} = \frac{1}{2} \left[\Delta \delta + 2 \left(\frac{2\overline{\beta}}{\overline{\alpha}} \right)^2 \Delta \gamma \right] \qquad (6.5.12)$$

式（6.5.11）包含了两项：B_{iso} 和 B_{ani}，它们分别表示各向同性和各向异性效应。由于各向异性一般较弱（10% ～ 20%），这种简化是允许的（Thomson，1986）。

尽管式（6.5.10）表示了 HTI 介质中纵波反射系数随 AVO 梯度的变化呈现余弦的平方特征，但余弦拟合易受地层孔隙中所充填的流体影响不够稳定（Xie 等，2014）。在弱各向异性介质中，由于 $B_{\text{iso}} \geqslant B_{\text{ani}}$（Thomson，1986），在极坐标系中将余弦曲线展开后可近似表示为椭圆，因而可以用椭圆拟合代替余弦曲线拟合。

在方位 AVO 分析中，椭圆拟合是一个关键方法和步骤。业内公认地震波在各向异性介质中沿不同方向传播的波速不同，并呈现椭圆状各向异性（Helbtg，1979；1983）。此外，齐宇等（2009）利用单组垂直定向排列的裂缝物理模型验证了 HTI 介质的纵波振幅方位各向异性，结果表明裂缝介质顶、底界面反射波振幅大致以 90° 方位角为中心对称变化，即沿裂缝走向（$\varphi = 90°$）传播时反射波振幅最大，垂直裂缝走向（$\varphi = 0°$）时振幅最小，且这种差异随炮检距的增大而增大。刘百红等（2010）利用数值正演分析了反射系数 R 与方位角 φ 之间的关系，并对其关系曲线进行拟合，发现两者近似满足以下公式，即

$$R = a + b\cos(2\varphi) \qquad (6.5.13)$$

式（6.5.13）说明理论模拟结果与实际经验关系是吻合的，并同时说明：（1）当裂缝密度和充填物相同时，即使上、下岩石骨架有差异，b 值几乎相同；（2）当其他参数相同时，裂缝密度越大，b 的绝对值也越大，因而在确定裂缝充填物以及上、下岩层的岩性的条件下，可以将 b 值的绝对值作为反映裂缝密度相对大小的因子。

基于以上原因，利用椭圆拟合可以实现各向异性分析，通过分析 AVO 梯度随方位角变化而变化的特征预测裂缝发育的强度和方向。

椭圆拟合的基本思路是，对于给定平面上的一组样本点，寻找一个椭圆，使其尽可能靠近这些样本点，然后求出该椭圆方程的各个参数。由于最小二乘法的优越性，通常采用最小二乘法进行椭圆拟合，其基本思想是考虑数据受随机噪声的影响进而追求整体误差的最小化。随着对椭圆拟合问题的深入研究，围绕着整体误差最小化这一思想出现了一些改进型方法，比如在误差距离的定义上就有几何距离和代数距离之分，在求最小值的过程中也用到了不同的方法。

对于窄方位地震资料，常规的裂缝预测方法采用的是分方位预测，即将数据按不同的方

位分成多个方位数据，然后对这些分方位数据进行属性变化分析并通过椭圆拟合确定裂缝走向。但该方法由于样点数据有限，因此预测精度相对有限，并且容易受到采集脚印的影响，预测效果变差。常规方位各向异性分析一般采用分方位部分叠加方式获得有限的方位道集（以 8 个方位为例），导致椭圆拟合精度较低。

与常规分方位裂缝预测技术（图 6.5.1a）相比，宽方位或全方位（OVT 域）地震资料的方位信息更加丰富，可以细分出更多的方位和更多采样点，因而椭圆拟合精度更高，裂缝预测结果更可靠（图 6.5.1b）。

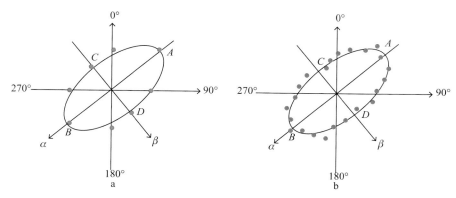

图6.5.1 OVT域方位各向异性分析方法及优势

图 6.5.2 为一个方位 AVO 分析实例。H 区块位于塔里木盆地北缘，该区裂缝—溶洞型碳酸盐岩储层发育，区内构造形式较单一，目的层埋藏深（大于 6000m），非均质性强，成藏规律复杂，构造圈闭难以落实，储层预测困难。为此，尝试应用 OVT 域叠前地震属性分析技术进行储层裂缝预测。

首先根据地质特征和地质研究目标定义叠加模板，再根据选定叠加模板优化 OVT 道集，并进行多种形式的地震属性分析，然后用方位各向异性分析技术预测碳酸盐岩储层裂缝。图 6.5.2a 为裂缝强度与裂缝主方位叠合图；图 6.5.2b 为裂缝强度与裂缝玫瑰图叠合图。从该图可看出，利用 OVT 域方位各向异性分析技术可较高精度或高精度地预测裂缝发育方位。

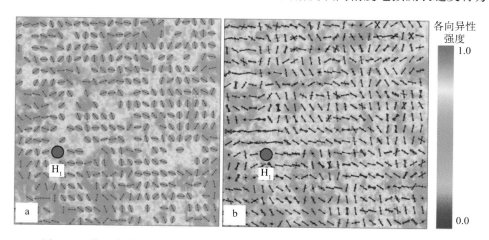

图6.5.2 塔里木盆地H区块OVT域方位各向异性特征与裂缝带分布图（局部）

　　为了检验 OVT 域方位各向异性分析技术对碳酸盐岩储层裂缝的预测效果，利用从钻井和测井资料中获取的地层裂缝方位信息与 OVT 域方位各向异性分析结果进行对比。图 6.5.3 为 H 区块 H$_1$、H$_2$ 和 H$_3$ 井处的裂缝发育方位对比图。图 6.5.3a 为此三井通过钻井取心获得的裂缝发育玫瑰图；图 6.5.3b 为通过地震各向异性分析获得的此 3 井处的裂缝发育玫瑰图。对比结果表明二者基本一致。对该区块具有钻井裂缝信息的 15 口井进行统计分析，二者吻合度（主方位误差小于 15°）达到约 80%，说明基于 OVT 道集的叠前方位各向异性分析结果是准确、可靠的。

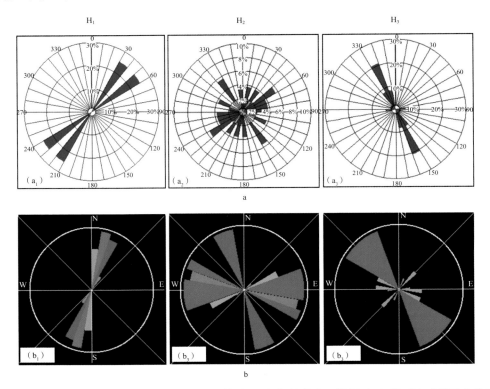

图6.5.3　H区块OVT域方位各向异性裂缝预测结果（b）与钻井取心资料（a）的对比（塔里木盆地）

　　在利用 OVT 道集进行方位各向异性分析时，一般应先以工区中的某一个 CMP 点进行试验，再对全区进行分析。

　　首先选择一个 CMP 点，对该点的 OVT 道集的偏移距和方位角扇区进行优化，然后选择一种地震属性进行椭圆拟合（图 6.5.4）。

　　在 OVT 道集炮检距优化中，通过不同炮检距叠加对比（图 6.5.5），应舍去近偏移距强反射能量数据和远偏移距资料和覆盖次数不均的数据，以避免覆盖次数不均所引入的假各向异性），提高参与裂缝预测数据的资料品质。

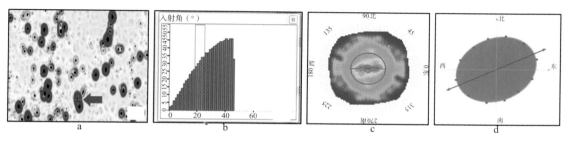

图6.5.4　单点方位各向异性分析

a—在属性平面图选择一个分析点；b和c—优化选取入射角或偏移距范围；确定道集数据模板；
d—目的层的单点各向异性分析—椭圆拟合

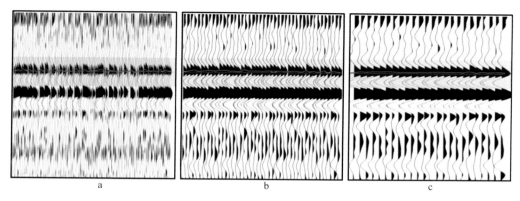

图6.5.5　不同偏移距范围下方位角道集对比图（塔里木盆地）

a—全方位全偏移距方位角道集；b—全方位0～5000m偏移距方位角道集；c—全方位1000～5000m偏移距方位角道集。

图 6.5.6 为 ZG8 奥陶系良里塔格组顶面 0 ～ 5000m 与 2000 ～ 5000m 偏移距范围内基于均方根属性各向异性裂缝预测结果对比图。从图中可以看出，全炮检距范围裂缝预测结果对断裂的刻画效果一般，反映拉张断裂的平面展布规律不够清晰，而 2000 ～ 5000m 炮检距缝预测结果对断裂的平面展布规律则要清晰很多，特别是在 ZG23-H1 井区，预测结果与钻井生产结果更吻合。

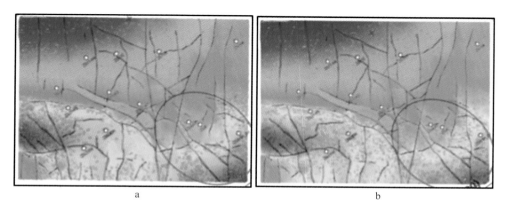

图6.5.6　ZG8井区不同炮检距范围各向异性裂缝预测结果（塔里木盆地）

a—鹰山组裂缝预测（偏移距0～5000m）；b—鹰山组裂缝预测（偏移距2000～5000m）

由于方位 AVO 分析技术是以 AVO 技术为基础实现的，而 AVO 技术的本质是利用振幅随炮检距变化进行分析。因此，方位 AVO 分析是基于 AVO 特征即地震反射波振幅随方位角变化特征而实现的。

振幅是表征地震波形的一个重要参数，除振幅外，还有其他参数也可以用于表征地震波形特征，如频率、相位、旅行时、地震波速度等，如果我们用除振幅之外的地震波参数按照方位 AVO 公式进行分析，则与 AVO 分析有所不同，因而我们给其一个新名称——方位各向异性分析。

方位各向异性分析是一种广义的方位 AVO 分析技术（或者说方位 AVO 分析是一种基于地震振幅的方位各向异性分析，是方位各向异性分析的一种类型），其实现方法与方位 AVO 分析基本一致，所不同的是用非振幅特征代替振幅特征进行分析。下面对旅行时和地震波速度各向异性分析进行简要说明。

固定入射角并忽略式（6.3.3）右边第 3 项，该式可以简化为

$$v(\varphi) = \bar{v} + \eta \cos^2 \varphi \tag{6.5.14}$$

式中，$\bar{v}$ 为地层平均速度；η 为与方位速度有关的调制因子。

由（6.5.14）式可以看出，对 HTI 裂缝介质地层速度随着观测方位角呈椭圆变化；当地震波传播方向与裂缝走向平行时，地层速度最大；随着地震波传播方向与裂缝走向之间的夹角增大，速度逐渐变小，当地震波传播方向与裂缝走向垂直时，速度最小。理论上，只要知道 3 个或者 3 个以上方位的速度就可以求解式（6.5.14）的未知数 $\bar{v}$、η 和 φ。对于不同方位角的数据，采用双曲时差独立进行速度分析可得到叠加速度，转换成均方根速度后利用 Dix 公式可计算出目的层不同方位的层速度。宽方位数据一般多于 3 个方位，式中的未知数 $\bar{v}$、η 和 φ 可通过最小二乘法拟合得到。

从以上分析可见，只要某一种地震响应参数具有各向异性特征，就可以基于 OVT 道集进行方位各向异性分析（可将其称为广义各向异性分析）。当然，要获得令人满意的各向异性分析效果，还需要对地震响应参数进行敏感性分析，并针对地质目标对 OVT 道集进行优化。

创新的五维地震解释技术作为宽方位高密度地震勘探技术的配套技术之一，实现了三维到五维的进步，助推并实现了陆上地震勘探技术的升级换代。五维地震解释突破了常规构造解释思路的局限性，创新提出了基于模板的方位优化道集叠加、五维裂缝预测、变方位 AVO 油气检测等特色技术，提高了储层预测、裂缝预测及油气检测精度，满足了油气藏高效勘探开发的需求。实际数据应用表明，高密度宽方位解释（五维解释）技术在缝洞连通性分析与量化研究和砂岩储层裂缝预测及含油气性分析方面取得了良好效果，为缝洞型油气藏、砂岩油气藏和非常规油气藏高效开发提供了强有力的技术支撑。为油气勘探开发做出了重要贡献，必将成为未来一段时期的主打技术，并将引领全球陆上地震勘探技术的发展。

参 考 文 献

白辰阳，张保庆，耿玮，肖婧．2015.多方位地震数据联合解释技术在 KN 复杂断裂系统
    识别和储层描述中的应用 [J]．石油地球物理勘探，50(2):351-356.

蔡希玲．1999.声波和强能量干扰的分频自适应检测与压制方法 [J]．石油地球物理勘
    探，34（4）：373-380.

程乾生．1996.信号数字处理的数学原理 [M].北京：石油工业出版社．

大港科技丛书编委会．1999.地震勘探资料采集技术 [M].石油工业出版社．

狄帮让，顾培成．2005.地震偏移成像分辨率的定量分析 [J].石油大学学报（自然科学
    版），29(5):23-27.

狄帮让，孙作兴，顾培成，魏建新，徐秀仓．2007.宽 / 窄方位三维观测系统对地震成像
    的影响分析—基于地震物理模拟的采集方法研究 [J].石油地球物理勘探，42(1):1-6.

狄帮让，熊学良，等．2006.面元大小对地震成像分辨率的影响分析 [J].石油地球物理勘
    探，41(4): 363-368.

丁吉丰，裴江云，包燚．2017."两宽一高"资料处理技术在大庆油田的应用 [J].石油地
    球物理勘探，52(增刊 1):10-16.

段卫星，邸志欣，张庆淮，等．2003.SK 地区目标地震勘探采集设计技术及应用效果 [J].
    石油地球物理勘探，38(2)：117-121.

甘其刚，杨振武，彭大钧．2004.振幅随方位角变化裂缝检测技术及其应用 [J].石油物探，
    43(4):373-376.

贾福宗，李道善，曹孟起，李隆梅，黄莉莉．2013.宽方位纵波地震资料 HTI 各向异性
    校正方法研究与应用 [J].石油物探，52(6):650-654.

李培明，康南昌，邹雪峰，蔡加铭．2013."两宽一高"高精度地震勘探关键技术 [R].中
    国地球物理，598-600.

李庆忠．1994.走向精确勘探的道路——高分辨率地震勘探系统工程剖析 [M].北京：石
    油工业出版社，12-30.

李庆忠．2001.对宽方位角三维采集不要盲从 [J]．石油地球物理勘探，36(1):122-125.

李伟波，胡永贵，张少华．2012.地震采集观测系统的构建与优选 [J]．石油地球物理勘
    探，47(6):845-848.

李伟波，李培明，王薇，王纳申．2013.观测系统对偏移振幅和偏移噪声的影响分析 [J].
    石油地球物理勘探，48(5):682-687.

李欣，尹成，等．2014.海上地震采集观测系统研究现状与展望 [J].西南石油大学学报，
    36(5):67-80 .

凌云研究小组 .2003. 宽方位角地震勘探应用研究 [J]. 石油地球物理勘探，
　　38(4):350 ～ 357.

刘百红，杨强，石展，等 .2010. HTI 介质的方位 AVO 正演研究 [J]. 石油物探，
　　49(3):27-34.

刘洋，李承楚 . 1999. 双相各向异性介质中弹性波传播特征研究 [J]. 地震学报，21(4):368-
　　373.

陆基孟 .1993. 地震勘探原理 [M]. 东营：中国石油大学出版社 .

罗国安，杜世通 . 1996. 小波变换及信号重建在压制面波中的应用 [J]. 石油地球物理勘探，
　　31(3):337-349.

罗卫东，张晓斌，赵晓红，陈江力，王晓阳 . 2018. 山地高密度宽方位三维地震采集技
　　术应用 [C]. CPS/SEG 北京 2018 国际地球物理会议 .

马在田 . 2005. 反射地震成像分辨率的理论分析 [J]. 同济大学学报，33(9): 1144-1153.

倪宇东，王井富，等 . 2011. 可控震源地震采集技术的进展 [J]. 石油地球物理勘探，46(3)：
　　349-356.

潘家智 . 2017. 准东山前带高密度空间采样地震采集技术 [D]. 中国石油大学（北京）硕
　　士学位论文 .

齐宇，魏建新，狄帮让，等 .2009. 横向各向同性介质纵波方位各向异性物理模型研究
　　[J]. 石油地球物理勘探，44(6):671-674.

钱荣钧 .2008. 地震波的特征及相关技术分析 [M]. 北京：石油工业出版社 .

钱绍瑚 .1993. 地震勘探 [M]. 武汉：中国地质大学出版社 .

佘德平，等 . 2007. 应用低频信号提高高速屏蔽层的成像质量 [J]. 石油地球物理勘探，
　　42(5):564-567.

孙晶波 . 2007. 方位各向异性介质纵波速度分析方法研究与应用 [D]. 中国石油大学（北
　　京）硕士学位论文 .

唐东磊，蔡锡伟，何永清，等 . 2014，面向叠前偏移的炮检组合方法 [J]. 石油地球物理
　　勘探，49(6):1034-1038.

田梦，张梅生，万传彪，等 . 2007. 宽方位角地震勘探与常规地震勘探对比研究 [J]. 大
　　庆石油地质与开发，(6):138-142.

王华忠，冯波，王雄文，等 . 2015. 地震波反演成像方法与技术核心问题分析 [J]. 石油
　　物探，54(2):115-125.

王华忠，郭颂，周阳 . 2019."两宽一高"地震数据下的宽带波阻抗建模技术 [J]. 石油物
　　探，58(1):1-8.

王华忠 .2019."两宽一高"油气地震勘探中的关键问题分析 [J]. 石油物探，58 (3):313-
　　324.

王金龙，胡治权 .2012. 三维锥形滤波方法研究及应用 [J]. 石油地球物理勘探，47(5):705-
　　711.

王井富，徐学峰，关业志 . 2010. 高效采集技术简介及对装备需求 [J]. 物探装备，20(2)：
　　106-109，116.

王林飞，刘怀山，童思友 .2009. 地震勘探空间分辨力分析 [J]. 地球物理学进展，

24(2):626-633.

王梅生，胡永贵，王秋成，等．2009.高密度地震数据采集中参数选取方法探讨 [J]. 勘探地球物理进展，32(6)：404-408.

王喜双，赵邦六，董世泰，等．2014.面向叠前成像与储层预测的地震采集关键参数综述 [J]. 中国石油勘探，19(2):33-38.

王霞，李丰，张延庆，等．2019.五维地震数据规则化及其在裂缝表征中的应用 [J]. 石油地球物理勘探，54(4):843-852.

王学军，于宝利，赵小辉，等．2015.油气勘探中"两宽一高"技术问题的探讨与应用 [J]. 中国石油勘探．20(05):41-53.

吴志强．海洋宽频带地震勘探技术新进展 [J]. 石油地球物理勘探，49（3）：421-430.

阎世信，谢文导．1998.三维地震观测方式应用的几点意见 [J]. 石油地球物理勘探，33(6):787-795.

印兴耀，张洪学，宗兆云．2018.OVT 数据域五维地震资料解释技术研究现状与进展 [J]. 石油物探，57(2):155-178.

俞寿朋．1993.高分辨率地震勘探 [M]. 北京：石油工业出版社．

云美厚．2005.地震分辨率 [J]. 勘探地球物理进展，28(1): 13-18.

云美厚，等．2005.地震道空间分辨率研究 [J]. 地球物理学进展，20(3): 741-746.

云美厚，等．2005.地震分辨率新认识 [J]. 石油地球物理勘探，40(5):603-608.

云美厚，等．2005.地震子波频率浅析 [J]. 石油物探，44(6): 578-581.

詹仕凡，陈茂山，李磊，万忠宏，等．2015.OVT 域宽方位叠前地震属性分析方法 [J]. 石油地球物理勘探，50(5):956-966.

张昌君，曲良河，吕功训，李卫忠．1997.多频带消除地滚波的方法 [J]. 中国石油大学学报（自然科学版），21（5）：13-15.

张金森．2018.海上双正交宽方位地震勘探技术研究与实践 [J]. 中国海上油气，30(4):66-75.

张军华．2011.地震资料去噪方法——原理、算法、编程及应用 [M]. 东营：中国石油大学出版社．

张慕刚，骆飞，汪长辉，等．2017."两宽一高"地震采集技术工业化应用的进展 [J]. 天然气工业，37(11): 1-8.

张晓江．2007.宽、窄方位角三维地震勘探采集方法研究与应用 [J]. 中国石油大学（华东）硕士论文．

Alkhalifah T and Larner K. 1994. Migration error in transversely is tropic media [J]. Geophysics, 59(9):1405-1418.

Alkhalifah T.1997. Seismic data processing in vertically inhomogeneous TI media [J]. Geophysics, 62(2):662-675.

Andreas C, Mike G and John P. Planning Land 3-D Seismic Surveys[M]. Geophysical Developments Series No.9, SEG Publications.

Andreas C. 2004.Acquisition footprint can confuse[J]. AAP G Bulletin, 88(3):26.

Bakulin A Grechka V and Tsvankin I.2000. Estimation of fracture parameters from reflection seismic data. Part II: Fractured models with monoclinic symmetry[J]. Geophysics, 65(6):1803-1815.

Bin L. 2004. PHD thesis: Multi-dimensional Reconstruction of Seismic Data[D]. University of Alberta, Canada.

Cary P W and Li X. 2001. Some basic imaging problems with regularly-sampled seismic data[C]. SEG Technical Program Expanded Abstracts, 20:981-984.

Cary P W. 1999. Common-offset-vector gather: an alternative to cross-spreads for wide-azimuth 3-D surveys[C]. SEG Technical Program Expanded Abstracts, 18:1496-1499.

Chen J and Schuster G T. 1999. Resolution limits of migrated images[J]. Geophysics, 64:1046–1053.

Cordsen A,Galbraith M.2002. Narrow Vs versus wide azimuth land 3D seismic surveys [J] .The Leading Edge, 21(8):764-770.

Craft K L, Mallick S, Meister L J et al.1997. Azimuthal anisotropy analysis from P wave seismic traveltime data [C] . Expanded Abstracts of 67th Annual Internat SEG Mtg, 1214-1217.

Gijs J O Vermeer, Den Rooijen H P G M and Douma J.1995.DMO in arbitrary 3-D acquisition geometries [C] . 65th SEG meeting, Houston, USA: Expanded Abstracts, 1445-1448.

Grechka V and Tsvankin I.1998.3-D description of normal moveout in anisotropic media[J]. Geophysics, 63:1079-1088.

Helbtg K. 1979.Discussion on "The reflection, refraction and diffraction of waves in media with elliptical velocity dependence" [J]. Levitt. Geophysics, 44: 987-990.

Helbtg K. 1983. Elliptical anisotropy--its significance and meaning[J]. Geophysics, 48: 825-832.

Jianfeng Z, Jizhong W, Xueying L. 2013. Compensation for absorption and dispersion in prestack migration: An effective approach [J] . Geophysics, 78(1): S1-S14.

Levin S A. 1998. Resolution in seismic imaging: Is it all a matter of perspective? [J] . Geophysics, 63(3):743 - 749.

Liner C L, Underwood W D and Gobeli. R 1999. 3-D seismic survey design as an optimization problem[J]. The Leading Edge, 18:1054–1060.

Mallick S, Frazer L N. 1991. Reflection/Transmission cofficients and azimuthal anisotropy in marine seismic studies [J] . Geophysical Joumal International, 105:241-252.

Maureen D, Silver, Paul G. 2009. Shear Wave Splitting and Mantle Anisotropy: Measurements, Interpretations, and New Directions[J]. Surveys in Geophysics, 30 (4-5): 407–61 .

Mike G. 2004. A new methodology for 3D survey design [J] . The Leading Edge, 10:1017-1023.

Morrice D J, Kenyon A S and Beckett. C J 2001. Optimizing operations in 3-D land seismic survey[J]. Geophysics, 66:1818–1826.

Ostrander W J.1984. Plane waves reflection coefficients for gas sands at normal angles of incidence[J].Geophysics, 49(10):1637-1648.

Ricker W.1953. Wavelet contraction, wavelet expansion and control of seismic resolution[J]. Geophysics, 18(2): 768-792.

Robein E. 2010. Seismic Imaging: A Review of the techniques, their principles, merits and limitations[M]. EAGE Publications .

Roche S.2001.Seismic data acquisition —the new millennium[J]. Geophysics, 66: 54–54.

Rüger A and Tsvankin I. 1997b. Using AVO for fracture detection: Analytic basis and practical solutions. The Leading Edge, 16(10):1429-1434 .

Rüger A. 1997.P-wave reflection coefficients for transversely isotropic models with vertical and horizontal axis of symmetry[J]. Geophysics, 62(3):713-722.

Rüger A. 1998. Variation of P-wave reflectivity with offset and azimuth in anisotropic media[J]. Geophysics, 63(3):935-947.

Rüger A. 2002. Reflection coefficients and azimuthal AVO analysis in anisotropic media[M]. Society of Exploration Geophysicists, pp, 63-82.

Rutherford S R and Williams R H. 1989. Amplitude versus offset variations in gas sands[J]. Geophysics, 54(6):680-688.

Safar M H. 1985. On the lateral resolution achieved by Kirchhoff migration [J] . Geophysics, 50 (4): 1091-1099.

Saltelli A. 2002. Sensitivity analysis for importance assessment[J]. Risk Analysis, 22(3):1–12.

Schervish Mark J.1987. A review of multivariate analysis[J]. Statistical Science, 2(4):396–413 .

Sheriff R E, Geldart L P. 1995. Exploration Seismology[M]. Cambridge University Press.

Shuey R T.1985. Amplification of the Zoeppritz equations[J]. Geophysics,50(4): 609-614.

Thomsen L. 1986. Weak elastic anisotropy[J]. Geophysics, 51(10): 1954-1966..

Thomsen L. 2002. Understanding seismic anisotropy in exploration and exploitation[M]. SEG-EAGE Distinguished Instructor Series 5. Society of Exploration Geophysicists.

Tsvankin I.1997. Anisotropic parameters and P-wave velocity for orthorhombic media [J] . Geophysics, 62(4):1292-1309.

Tsvankin I.1997. Reflection moveout and parameter estimation for horizontal transverse isotropy[J]. Geophysics, 62(2):614–629.

Vermeer G J O. 1990. Seismic Wave Field Sampling[R]. SEG and Shell Research BV.

Vermeer G J O. 1998. Creating image gathers in the absence of proper common offset gathers[J]. Exploration Geophysics, 29(4):636-642.

Vermeer G J O. 1999. Factors affecting spatial resolution[J]. Geophysics, 64: 942–953.

Vermeer G J O. 2000. Processing with offset-vector-slot gathers[C]. SEG Technical Program Expanded Abstracts, 5-8.

Vermeer G J O. 2003. 3D seismic survey design optimization[J]. The Leading Edge, 22: 934–941.

Vermeer G J O. 2003. Responses to wide azimuth acquistion special section [J] . The Leading Edge, 22(1):26-30.

Vermeer G J O. 2005. Processing orthogonal geometry - what is missing[C]. SEG Technical

Program Expanded Abstracts, 2201-2204.

Vermeer G J O. 2007. Reciprocal offset vector tiles in various acquisition geometries[C].SEG Technical Program Expanded Abstracts, 61-65 .

Von Seggern D. 1991. Spatial resolution of acoustic imaging with the Born approximation [J] . Geophysics, 56(8):1185 - 1202.

Wei L et al. 2004. Mitigation of uncertainty in velocity and anisotropy estimation for prestack depth imaging[C]. Expanded Abstracts of 74th SEG Mtg.

Widess M A. 1973. How this is a thin bed? [J] . Geophysics, 38(4):1176-1184..

Yanghua W. 2007. Inverse-Q filtered migration [J] . Geophysics, 73(1): 1-6.